KB239409

우리나라 최고의 럭셔리 여행지 올 가이드

천국보다 멋진

럭셔리여행

글·사진 유철상

상상출판

럭셔리 여행으로
인생의 쉼표를 찍어라!

길은 사람이 만들지만 사람은 길을 따라간다. 여행지에서 머뭇거리며 아름다운 길을 만났었다. 오가는 이 없어도 몸을 열고 존재를 확인시키는 숲길 속에서 한동안 서성거렸다. 사람은 길을 따라가며 세상과 만나고 또 다른 길을 만든다.

여행, 생각만 해도 심장이 두근거리는 단어다. 여행기사를 쓰고, 여행책을 만드는 일을 업으로 삼고 사는 지금도 여행을 생각하면 입가에 미소가 걸린다. 하지만 여행은 떠남이 아니라 돌아옴의 약속인 것처럼 연습이 필요하고 공부가 필요하다.

여행 기자를 하면서 가장 많이 받는 질문이 '어디가 좋아요?'였다. 그럼 나는 질문한 사람에게 더 많은 질문을 던진다. '어디를 좋아하는데요?' '누구랑 갈 건데요?' '경비는 어느 정도 생각하세요?' '차 가지고 가세요?' 등을 묻는다. 여행지에 대해서 말해주기 전에 '그 사람이 어떤 여행을 하고 싶은가'를 먼저 알아야 하기 때문이다.

여행지에서 만나는 풍경을 마음에 담으면서 여행은 무작정 나서야 제맛이라는 생각을 한 적이 있다. 원시림처럼 겹겹이 산속에 뿌리를 둔 계곡 트레킹이나, 자동차가 가지 못하는 오지마을을 찾으며 야릇한 설렘을 느낄 때 말이다. 가방 하나 둘러메고 발길 닿는 곳으로 무작정 나서는 여행, 꽤 낭만적이지만 보통 이런 생각은 혼자 떠나는 여행일 경우다.

동행자가 있거나 가족이 함께 나서는 여행은 달라야 한다. '아는 만큼 보인다'라는 말이 있듯이, 충분히 준비해서 가는 여행이 좋은 여행을 만들 수밖에 없다.
여행은 마치 주식과 같아서 충분한 공부와 투자가 필요하다. 가는 방법, 일정, 경비, 맛집 등을 알아보는 기본적인 공부 외에 함께 떠나는 동행자를 배려하는 것이 여행 준비의 핵심이다. 편안한 잠자리를 중심으로 움직이고 적절한 경비를 투자한다면 여행의 재미와 즐거움을 보장받을 수 있다.

그렇다면 어디를 어떻게 여행해야 할까? 지중해의 눈부신 쪽빛 파라다이스, 알프스 산장처럼 푸른 초원, 요정이 등장할 것만 같은 동화나라, 제트스키를 타며 물살을 가르는 레포츠…. 누구나 꿈꾸는 '럭셔리 여행'은 그리 멀리 있지 않다. 해외에서 뿐만 아니라 국내에서도 가능한 것이다.

바쁘게 돌아가는 일상일수록 찐빵의 앙꼬처럼 꼭 필요한 것이 인생의 재충전일 것이다. 인생의 쉼표 같은 휴식을 원한다면 럭셔리 여행을 경험하는 것이 좋다. 누구나 한번쯤 꿈꾸는 럭셔리 여행은 자세한 계획을 세우고 좋은 정보를 찾는 것이 중요하다.

이 책에 소개된 여행지들은 대한민국을 대표하는 '호텔&리조트 여행', 비행기 타지 않고 즐기는 '한국 속 세계여행', 재충전을 위한 '행복 충전 나들이', 몸과 마음을 위한 '휴식여행', 눈과 귀가 즐거워지는 '아트여행', 애인과 함께하는 '낭만여행', 가족과 함께 떠나는 '웰빙여행'의 테마로 나눴다. 좋아하는 스타일은 달라도 최고의 여행지는 바로 자신의 만족에서 완성되기에 럭셔리 여행의 다양한 테마를 반영했다.

여행은 단순히 떠나는 것이 아니라 스스로의 행복을 찾는 여정으로 확대된다. 일단 여행을 나서면 일상에서 벗어나 그곳에서 만들 수 있는 추억과 행복을 찾아내는 일이 쉬워진다. 너무 욕심내지 않고 자연과 호흡할 수 있는 여행을 누리면 되는 것이다. 그래서 럭셔리 여행은 선택이 아니라 꼭 해야 하는 투자다.

유철상

대한민국 대표 잠자리

럭셔리 호텔&리조트

제주에서 즐기는 럭셔리 힐링

해비치 호텔&리조트

백사장을 걷지 않아도 제주 앞바다의 수평선이 해안도로 옆으로 펼쳐지는 유일한 호텔
이 해비치다. 테라스에 서서 바다 저편을 보면 성산일출봉이 시야에 들어온다. 가만히
앉아서 눈을 감고 귀를 여는 것만으로도 힐링이 되는 명품호텔을 맘껏 누려보자.

BEST SEASON

봄	★★★★★
여름	★★★★★
가을	★★★★★
겨울	★★★★

TRAVEL PARTNER

가족	★★★★★
연인	★★★★★
친구	★★★

TRAVEL COURSE

1일 제주공항 – 만장굴 – 비자림 – 성산민속마을 – 제주민속촌

2일 제주 신양해안도로 – 표선해수욕장 – 섭지코지 – 성산일출봉

3일 두모악 – 남원 큰엉 – 쇠소깍 – 제주국립박물관 – 용두암 – 제주공항

Address	제주특별자치도 서귀포시 표선면 민속해안로 537
Tel	064-780-8100
Web	www.haevichi.com
Price	수페리어 36만원~, 스위트 70만원~

제주에서 해변이 좋기로 유명한 표선해수욕장과 제주민속촌이 있는 호젓한 호텔. 해비치의 정식명칭은 '해비치 호텔&리조트'다. 이름처럼 호텔과 리조트를 함께 즐길 수 있어 호텔과 리조트의 장점을 두루 공유할 수 있다. 리조트에 머무는 사람이 호텔 레스토랑에 갈 수 있고, 호텔 이용자가 엔터테인먼트존이나 편의점과 같은 리조트 시설을 이용할 수 있는 것. 편의점은 자정까지 문을 연다.

해비치 호텔은 지난 2007년 제주도 표선에 개관한 호텔로 색다른 현대적 디자인과 시설을 갖췄다. 제주를 몇 번 여행해 본 사람이라면 모를까 제주를 잘 안다는 사람들에게도 다소 낯선 표선은 때묻지 않은 자연과 제주의 민속 문화가 가장 잘 보존된 곳으로 알려져 있다. 근처에 위치한 성읍 민속 마을과 민속촌 박물관, 섭지코지와 주변의 높고 낮은 오름들에서 바람, 돌, 여자로 대표되는 인위적이지 않은 가장 제주도적인 풍치를 엿볼 수 있다.

현대자동차 그룹의 자회사인 해비치 호텔은 설계에서부터 완공에

이르기까지 심혈을 기울인 프로젝트로, 제주 최초의 6성급 호텔이자 제주 최초의 골프장, 콘도미니엄, 호텔 시설을 모두 갖춘 새로운 종합 휴양 리조트의 면모를 보여준다. 해비치 호텔은 브랜드 이미지에 걸맞게 시설과 서비스 면에서도 특별하다. 특히 '해비치 익스프레스 센터'를 통한 원스톱 예약 서비스로 골프와 콘도, 호텔 예약을 한번에 손쉽게 해결할 수 있다.

6성급 럭셔리 스타일을 갖춘 호텔 객실

242개의 디럭스 객실과 46개의 스위트 객실로 이뤄진 288개의 호텔 객실은 가장 작은 객실의 크기가 14.2평으로 도내는 물론 국내에서도 최대 크기를 자랑한다. 뿐만 아니라 전체 객실의 70%가 바다를 바라볼 수 있도록 설계됐다. Pillow-top 공법(독립 스프링에 라텍스 패드가 추가 삽입)에 의해 주문 제작된 객실 침대는 킹 사이즈(210cm×210cm)가 기본이며, 일반 싱글 침대 크기도 일반 더블 침대

사이즈와 맞먹는 넉넉한 크기로 트윈 객실에서 4인 가족이 함께 투숙할 수 있도록 크게 차별화했다. 또한 전 객실에 비데와 32인치 평면 LCD TV, 개별 샤워 부스가 설치돼 있고, 4 pipe system으로 냉난방을 동시에 가동 가능하게 해 투숙객 개개인의 체감 온도에 따라 적절한 실내 온도를 유지할 수 있도록 했다. 6성급에 걸맞게 모든 객실 용품 또한 최고급 사양인 불가리 제품으로 제공되고 있다.

해비치 컨트리 클럽과 콘도미니엄 리조트

호텔에서 20분가량 떨어져 있는 '해비치 컨트리 클럽 제주' 역시 제주의 향기가 물씬 묻어난다. 제주도 특유의 수종을 이용한 주변 자연 경관과 조화를 이루는 환경 친화적인 조경, 곳곳에 자리한 제주 돌담이 그렇다. 특히 낮은 고도에 위치해 있어 한겨울에도 기후의 영향을 덜 받아 거의 365일 연중 라운딩이 가능한 것이 장점이다.

컨트리 클럽은 47만 평 부지에 펼쳐진 스카이 코스, 팜 코스, 밸리 코스, 레이크 코스까지 총 12,486m의 36홀 규모를 자랑한다. 해발 220~270m의 광활한 초원 위에 크고 작은 연못들이 들어서 있어 한 타 한 타에 지혜와 기술, 도전의 전략을 요구하는 절묘함을 맛볼 수 있는 코스들이다. 또한 끝없이 펼쳐진 그린 위에서 아름다운 자연 경관과 제주 바다가 어우러진 풍경을 보며 여유로운 라운딩을 즐길 수 있다.

해비치 콘도미니엄 리조트는 기존의 콘도에 대한 이미지와 선입견과는 전혀 다른 모습이다. 고급스럽고 세련된 인테리어와 로비의 대리석 바닥, 최고급 호텔을 연상시키는 욕실 시설 등을 갖추고 있으며 더블 침대와 싱글 침대로 보다 여유로운 분위기를 느낄 수 있다. 간단하게 식사를 하고 차를 마실 수 있는 로비 라운지와 여러 종류의 술과 안주를 즐길 수 있는 Bar, 그리고 호텔에는 없는 한식 및 일식 식당이 마련돼 있어 제주 전통음식은 물론 신선한 해산물을 신선하게 맛볼 수 있다. 또한 표선해수욕장과 해안도로가 맞닿아 있는 해비치 앞 해안도로에서는 드라마 〈아이리스〉에 등장한 하얀 등대도 볼 수 있다.

사계절 내내 따뜻한 야외수영장과 윈터가든

윈터가든은 사계절 종합 레저 시설이다. 약 2,000평 규모의 윈터가든은 푸른 제주 바다와 깔끔하게 꾸며 놓은 정원을 효과적으로 누릴 수 있도록 호텔과 리조트 사이에 위치해 있어 호텔 고객은 물론 리조트 고객들도 이곳을 통해 로비로 들어설 수 있다.

윈터가든에는 건식, 습식, 핀란드식 사우나와 Whirlpool이 있는 수영장, 그리고 영상 모니터가 장착된 최신 장비가 갖춰져 있는 것은 물론 푸른 바다와 넓은 정원이 함께 보이는 피트니스까지 있다. 특히 피트니스 센터에서는 최고급 이태리 운동 기구 브랜드인 Technogym사의 첨단 체련 장비로 효과적인 웨이트 트레이닝과 운동을 즐길 수 있다.

실내와 실외 수영장이 연결돼 있는 수영장에서는 야외의 잔디 정원과 푸른 바다를 보며 수영과 선텐을 즐길 수 있다. 폭 6m, 길이 25m, 깊이 1.2m 규모의 실내 수영장은 자쿠지와 어린이 수영장 등의 시설도 갖추고 있다.

<h1 align="center">TRAVEL PLUS</h1>

근교 여행지

1 | 만장굴

구좌읍에 위치한 만장굴은 총 길이가 13,422m로 세계 최장의 용암동굴이다. 만장굴은 약 250만 년 전 제주도 화산 발생 시 한라산 분화구에서 흘러넘친 용암이 바닷가 쪽으로 흘러내리면서 생겨났다. 만장굴의 내부 경관은 웅장하면서 환상적인 분위기를 연출하는데, 600m 정도 들어가면 보이는 정교한 조각품 같은 돌거북은 그 모양이 꼭 제주도 같이 생겨 관광객들에게 특히나 인기 있다. 또한 동굴 천장의 용암 종유석과 벽의 용암 날개 등이 동굴 내부로 이어져 지하세계를 연출한다. 이 외에도 동굴 안에서는 7m 높이의 용암기둥, 2층 터널 등 신기한 경관을 볼 수 있다. 거대한 돌기둥에 이르는 1km 지점까지 관람 가능하며 왕복 40분 정도 소요된다.

☎ 064-710-7903

2 | 비자림

비자림은 나도풍란, 풍란, 콩짜개란, 흑난초, 비자란 등 희귀한 난과식물의 자생지다. 녹음이 짙은 울창한 비자나무숲 산책은 혈관을 유연하게 할 뿐만 아니라 정신적, 육체적 피로 회복에 효과적이다. 원시림처럼 우거진 새천년숲길과 비자림 돌담길을 따라 걷다 보면 저절로 운동이 되는 기분을 느낄 수 있다. 특히 비자림은 특유의 신비한 분위기 때문에 영화 촬영지로도 인기가 좋다.

☎ 064-710-7912

3 | 성산일출봉

성산포에 위치한 성산일출봉은 암석이 짙푸른 바다 위에 떠 있는 듯한 높이 182m의 분화구다. 이 분화구는 99개의 크고 작은 바위들로 둘러싸여 있으며, 일출 광경은 제주 영주 10경 중 으뜸이다. 일출봉을 오르며 보는 풍경 또한 아름답다. 둥근 바위산에 올라서면 발아래 검푸른 태평양과 넓은 초원이 펼쳐져 저절로 탄성이 터진다. 평평하고 완만한 갯바위가 수묵화처럼 펼쳐진 풍경도 인상적이다. 종달리 해안도로를 걷다 보면 성산일출봉과 우도가 손에 잡힐 듯 가깝게 보인다.

☎ 064-783-0959

가는 법

제주공항 6호광장 사거리-국립박물관 사거리 우회전-97번 동부관광도로-표선사거리에서직진-표선해수욕장에서 우회전-해비치호텔

근처 맛집

1 | 바 99

제주 한라산의 아흔 아홉 골짜기를 뜻하는 '바 99'은 오후 4시부터 익일 1시까지 운영하며 86개의 좌석이 마련돼 있다(6~8월에는 오후 5시부터 익일 2시까지 운영). 아트리움 로비와 아늑한 실내 분위기에서 전문 연주단의 감미로운 라이브 선율과 함께 칵테일부터 양주, 세계 각국의 다양한 맥주, 제주 전통주, 해외 유명 와인에 이르기까지 다양한 음료를 즐길 수 있다. 제주 모듬 해산물을 이용한 특선 메뉴를 비롯해 일품 요리도 함께 곁들일 수 있다.

☎ 064-780-8325

2 | 델리

로비 중앙에 자리한 델리는 고객들이 쉽게 접할 수 있는 로비 라운지다. 아침 7시부터 저녁 10시까지 갓 구워낸 제과와 케이크, 먹음직스러운 각종 특선 샌드위치 등을 테이크아웃 서비스와 함께 제공한다. 선물을 구입할 수 있는 선물 코너도 함께 마련돼 있다. 라떼 마키아토, 카페 모카, 카페 라떼 등 테이크아웃 커피도 있으니 향기로운 커피와 함께 아름다운 제주 관광을 나서보자.

3 | 섬모라

제주를 지칭하는 제주 고어인 '섬모라'는 190개의 좌석과 2개의 프라이빗 룸이 마련된 캐주얼 레스토랑이다. 오전 7시부터 저녁 10시까지 운영하는데, 아침에는 전면에 드리운 창을 열 수 있어 시원하게 불어오는 바닷바람을 맞으며 여유롭게 식사할 수 있다. 사계절 푸른 잔디와 햇살에 반짝이는 제주 바다가 전면 창으로 들어오는 섬모라는 메뉴에 따라 조리사가 요리하는 광경을 직접 볼 수도 있다.

☎ 064-780-8322

우리봉식당 ☎ 064-782-0032
전라도식당 ☎ 064-782-7877
해오름식당 ☎ 064-782-2256
오조리해녀의집 ☎ 064-784-7789

한려수도의 비경을 품은 한국의 '산토리니'

통영 클럽이에스

한려수도의 로맨틱한 휴양 마을 '통영 클럽이에스'는 2009년 3월 통영에 둥지를 틀었다. 리조트의 건물 배치는 통영의 지리적인 장점을 최대한 살려 자연과 인문의 조화를 최우선으로 고려한 흔적이 역력하다. 한려수도라는 천혜의 자연과 어울리는 통영 클럽이에스는 마치 그리스의 작은 마을을 보고 있는 것만 같다.

TRAVEL COURSE

1일 통영 시내 – 산양일주도로 – 달아공원 – 미남리 – 클럽이에스

2일 통영해저터널 – 마리나요트체험 – 청마문학관 – 미륵산 케이블카

Address	경상남도 통영시 산양읍 척포길 628-113
Tel	055-644-4600
Web	www.clubes.co.kr
Price	27평형 23만원~

흰색을 위주로 깔끔하게 단장한 객실 창밖으로 새파란 물빛의 한려수도가 내다보인다. '되도록 나무와 땅을 깎지 않는다'는 원칙을 세워 테라스에 나무줄기가 지나가기도 하는, 자연을 최대한 배려한 리조트가 바로 통영 클럽이에스다. 산등성이에 오밀조밀 자리한 나지막한 흰 건물들은 그리스의 산토리니를 연상케 한다.

빌딩 건물로 자연을 압도하거나 현대적이고 세련된 건축미가 부각되는 것을 배제하고 친환경 건축 스타일로 만든 빌라가 눈에 띈다. 섬의 자연 조건을 최대한 살린 통영 클럽이에스는 별장형 리조트인 이탈리아 샤르데니아 섬의 별장에서 모티브를 얻었다고 한다. 한국의 자연미와 지중해의 이국적 세련미가 어우러져 로맨틱 리조트로 탄생한 것이다.

볼거리와 즐길 거리가 넘치는 통영 클럽이에스

통영 클럽이에스의 최대 장점은 전 객실의 오션뷰. 리조트 어디에서든 파노라마처럼 펼쳐지는 다도해의 절경을 감상할 수 있다. 미륵도에 위치한 덕에 한려수도의 일몰과 일출의 감동을 동시에 맛볼 수

있는 것도 특징. 리조트의 화려한 조경도 볼거리다. 바다 풍경과 어우러진 잔디광장과 로맨틱 가든도 인기 코스. 2층으로 구성된 6개동 106실의 모든 객실은 통유리로 펼쳐지는 바다 전망은 물론 넉넉하고 독립된 공간에 욕조를 설치해 여유롭다. 2층 높이의 저층으로 구성된 리조트 외관과 함께 이태리 분위기를 살린 객실 인테리어 역시 건축의 실용성보다 이용객의 편안함을 위주로 꾸며졌다.

또한 다채로운 문화 공연 프로그램이 펼쳐지는 야외공연장과 라이브 카페, 여유와 휴식을 누리는 수영장, 카페테리아도 운영한다. 부대시설로는 로맨틱 가든, 카페테리아, 한식당, 중식당, 전망대, 삼림욕장, 크루즈, 야외수영장, 갤러리, 기프트숍, 플라워숍 등이 있다. 비회원도 이용할 수 있고, 특별회원 가입도 가능하다.

정이 넘치는 통영 시장과 일몰이 아름다운 달아공원

수많은 예술인을 배출한 통영 시내 구경도 재미있다. 통영 시내를 둘러본다면 중앙활어시장에 가는 것이 좋다. 중앙활어시장은 통영 강구안 문화마당 맞은편에 위치한 수산물 활어 도매 전문 시장으로

통영 앞바다 청정해역에서 갓 잡아 올린 싱싱한 활어들과 보기만
해도 먹음직스러운 해산물을 판매하는 곳이다. 통영의 중앙시장에
서 펼쳐지는 생생한 삶의 현장은 일반 대형할인마트와는 비교도 할
수 없는 따뜻함과 인간미를 담고 있다.

또한 통영에서 한산도를 경유하는 유람선 투어를 경험하는 것도
좋다. 통영여객터미널은 서호시장 근처에 있다. 서호시장에는 멸치
나 각종 건어물 판매 가게가 매우 많기 때문에 아침에 서호시장을 구
경하고 바로 여객선을 이용해 한산도에 가면 적당하다. 한산대첩을
이끌던 이순신 장군을 만나러 가며 역사의 생생함을 느낄 수 있다.

미륵로를 한 바퀴 도는 산양일주도로 역시 추천할 만하다. 30분
정도 달리면 달아공원에 닿는데, 해 질 녘에 달아공원을 찾으면 등
대의 불빛이 점점 바다에 뜨는 광경을 볼 수 있다. 벌건 하늘에 실
타래처럼 풀어지는 노을자락이 가슴 한복판에서 갈라지는 듯 물결
친다. 능금처럼 섬의 볼을 데우는 등대에 입술을 맞추고 싶을 정도.
이곳 석양이 선사하는 황홀함을 문자에만 가두는 게 아쉬울 정도로
눈으로 보고 마음으로 가득 담아도 모자란다. 가족과 함께 멋진 기
념사진을 찍어 아쉬움을 달래거나 오랫동안 바다를 바라보는 것만
으로도 여운이 남는 여행지다.

근교 여행지

1 | 미륵산 케이블카

미륵산 정상에 올라 한려수도를 보고 싶다면 미륵산 케이블카를 이용하면 된다. 왕복 8천원(어린이 4천 5백원)이면 노인이나 장애우도 케이블카를 타고 미륵산 정상에 설 수 있다. 정상의 산책용 데크를 따라 걸으며 아름다운 바다를 감상해보자.

☎ 055-649-3804

2 | 달아공원 전망대

달아공원에 올라서면 비진도, 연화도, 욕지도, 노래도, 사량도 등이 시야 가득 펼쳐진다. 한려수도의 파노라마가 입을 다물지 못할 정도로 아름답다. 이곳의 풍광은 산양일주로로 드라이브의 완성이기에 일몰 시간에 맞춰 여유롭게 머물면서 감상하는 것도 좋은 방법.

가는 법

대전·통영 간 고속도로를 타는 것이 가장 빠르다. 대전·통영 간 고속도로 종점인 통영IC에서 빠져나와 14번 국도로 바꿔 타면 통영 시내-산양일주로-달아공원-미남리-클럽이에스

근처 맛집

향토집

통영에서 굴 요리를 제대로 맛보려면 굴 전문 식당인 향토집에 가야 한다. 굴전, 굴돌솥밥, 굴죽 등 굴 요리를 맛있게 먹을 수 있다.

✉ 경상남도 통영시 무전5길 37-41
☎ 055-645-4808
🍴 굴돌솥밥 1만원, 굴전 6천원

에메랄드빛 제주 바다에 취하다

제주 샤인빌럭셔리리조트

제주로 떠나는 여행은 언제나 설렌다. 이국적인 야자수 그늘 아래 누워 바라보는 코발트
빛 바다. 봄바람은 마음을 달뜨게 하고 태양은 해변을 뜨겁게 달군다. 후회 없는 제주 여
행을 원한다면 럭셔리 리조트와 호텔을 실속 있게 이용하자.

TRAVEL COURSE

1일 제주공항 – 함덕해수욕장 – 행원리 풍차마을 – 성산항 – 점심식사(해물탕) – 섭지코지 – 신양리 해안도로 드라이브 – 표선해수욕장 – 저녁식사(갈치조림) – 샤인빌럭셔리리조트 숙박

2일 아침식사(한식) – 남원 큰엉 – 정방폭포 – 점심식사(흑돼지구이) – 서귀포 약천사 – 중문관광단지 – 아프리카박물관 – 샤인빌럭셔리리조트 – 저녁식사(활어회)

3일 아침식사(한식) – 종달리 해안도로 – 김녕미로공원 – 만장굴 – 제주시 – 점심식사(옥돔구이) – 제주공항

Address 제주도 서귀포시 표선면 일주동로 6347–17
Tel 064-780-7000
Web www.shineville.com
Price 샤인 디럭스(2인) 30만원
샤인 스위트(4인) 43만 5천원

제주는 신비한 느낌을 준다. 찾아갈 때마다 제주의 맛은 다르다. 매번 볼거리와 즐길거리가 새롭게 나타난다. 그래서 제주는 속마음을 알 수 없는 애인을 닮았다. 처음에는 낯설다가 어느새 친근해지고, 곧 아득해지며 다시 그리워진다. 그게 제주도의 매력이다.

추위가 물러서는 입춘이 지나면 누구나 봄을 그리워하게 마련이다. 중부지방에서 봄을 운운하기에는 아직 이르지만, 남녘 화산섬 제주도에는 설익은 봄기운이 곳곳에서 감지된다. 이맘때면 성산일출봉과 섭지코지 가는 길가에도 샛노란 유채꽃이 앞다투어 피기 시작한다. 드라마 〈올인〉의 촬영지였던 섭지코지는 이제 제주 동부지역에서 가장 인기 있는 관광명소가 되었다. 섭지코지 언덕에 서면 한결 따사로워진 바닷바람 속에서 가녀린 봄기운을 느낄 수 있다. 제주를 사랑했던 사진작가 김영갑 갤러리와 절물 자연휴양림도 각광받고 있는 명소다.

더불어 한적한 제주의 정취를 원한다면 중산간도로 드라이브와 종달리 해안도로가 적격이다. 중산간도로에 가면 꽃망울을 터트리는 초원과 서서히 푸른 빛으로 물드는 들판을 만날 수 있다. 종달

리 해안도로에서는 산호색 바다를 배경으로 여유롭게 드라이브를 즐길 수 있다.

유채꽃밭에는 벌써 관광객들이 유채꽃에 파묻혀 사진 찍기 바쁘다. 유채는 제주도민에게 어렵던 시절엔 구황식물이었고, 지금은 관광자원으로 소득 증대에 큰 몫을 하고 있다. 꽃밭 입장료를 받는 곳과 무료인 곳이 있으니 표지판을 잘 봐야 한다.

제주도에 가서 에메랄드빛 바다의 향연에 흠뻑 취하는 것도 기분 좋은 일이다. 제주의 바다는 햇빛이 비치는 각도 때문에 계절마다 색깔이 다르다. 겨울의 짙은 남색에서 여름의 초록과 봄철 파란색까지. 바다는 철마다 또 다른 풍광을 연출한다.

제주의 주상절리는 주민들과 여행사가 함께 손꼽는 최고의 절경. 마치 검은색 바위로 전봇대를 여럿 만들어 묶어 놓고는 제멋대로인 길이로 갈라놓은 듯한 모양의 절벽과 맑고 파란 바닷물이 어우러져 한 폭의 수채화를 그려 놓고 있다. 샤인빌럭셔리리조트에는 야자수와 금잔디공원이 바다로 이어지며 펼쳐져 있어 꿀맛 같은 휴식을 취할 수 있다.

또 꼭 소개하고 싶은 아름다운 산책로가 있다. 남원 큰엉해안 절벽을 거닐며 보는 봄바다 경치는 놓치기 아까운 곳이다. 해안 드라이브를 즐기고 해외 고급 호텔이 부럽지 않은 럭셔리 호텔에 머문다면 그 여행은 더없이 완벽하다. 여기에 몸도 마음도 건강해지는 스파와 맛있는 음식까지 더하면 뿌듯한 여행이 완성될 것이다.

제주도 최고의 럭셔리 리조트

자타가 공인하는 제주도 최고의 리조트 '샤인빌럭셔리리조트'. 우아하고 럭셔리한 제주 여행을 보내기에 더없이 좋다. 고급스럽게 꾸며진 빌라형과 아늑하고 단정한 호텔형 두 종류의 건물이 있고, 여기에 다양한 규모의 객실이 있다.

방값이 웬만한 특급 호텔과 비슷하지만 그에 못지않은 시설과 서비스를 누릴 수 있다. 샤인빌의 상징이 되다시피 한 야외 풀장은 그 끝이 마치 바다로 열려 있는 듯한 착각을 일으키게 한다. 비단결처

샤인빌럭셔리리조트는 객실과 욕실에서 바다를 바라볼 수 있다. 욕실에 누워 바다를 바라보는 상상만으로도 기분이 좋아진다.

럼 잘 가꿔진 잔디 정원은 감탄사가 절로 나올 만큼 깔끔하고 아름답다. 아침 일찍 일어나 산책하기에도 안성맞춤이다.

온실처럼 꾸며 놓은 실내 풀과 세계 수준의 '딸라소테라피 센터'도 놓치기 아까운 부대시설. 특히 바닷물을 이용한 스파 시설인 딸라소테라피 센터는 남제주 바다에서 갓 끌어올린 바닷물을 사용한다. 바닷물에 들어 있는 각종 영양소를 바로 섭취하기 위해서다. 스파 관련 장비 일체가 모두 유럽에서 수입됐다.

절벽 끝에 자리해서 시원하게 펼쳐진 바다를 볼 수 있는 것도 이곳의 특징. 호텔형 객실에서는 잘 가꿔진 잔디 정원과 수영장 그리고 그 너머의 바다를 볼 수 있다. 또 빌라형 객실에서는 거실과 욕실의 통창 너머의 바다를 온전히 조망할 수 있다.

제주도는 할인쿠폰 천국!
제주도에서 가장 손쉽게 만날 수 있는 것이 바로 할인쿠폰. 렌터카 회사와 현지 여행사에서 제공하는 할인쿠폰을 모아 사용하는 것이 바로 돈을 버는 길이다. 특히 연인끼리 제주 여행을 갔다면 잠수함관광. 승마. 요트 체험 등 나름대로 럭셔리 코스를 다니는 것도 좋다.

근교 여행지

1 | 행원리 풍차마을

행원리에서 시작되는 해안도로에는 풍력발전소가 있다. 용수리보다 운치는 없지만 먼저 알려진 곳이다. 이곳에는 풍력발전기만 보고 그냥 지나치게 되는 곳이 있는데, 바로 양어장 공원. 양어장에서 내보내는 바닷물을 정화하기 위해 만들어놓은 공원으로, 관광 지도에도 기재되지 않은 곳이다. 굽이굽이 흐르는 물줄기가 곧바로 바다로 떨어져 마치 아일랜드의 땅 끝을 연상케 하는 풍경이 신비롭다. 푸르스름한 새벽이나 석양이 물들 때면 환상의 경치를 자랑한다.

2 | 절물 자연휴양림

삼나무가 수림의 90% 이상을 차지하는 휴양림. 시원한 해풍 덕에 한여름에도 한기를 느낄 수 있다. 날씨 좋은 날 등산로를 오르면 동쪽으로 성산일출봉, 북쪽으로는 제주시를 한눈에 감상할 수 있다. 휴양림 내에는 다양한 식물이 서식한다. 주종인 삼나무 외에도 소나무, 다래, 산뽕나무 등이 있다. 휴양림 내에 전망대와 등산로 외에 자연관찰원 등의 부대시설이 있어 아이와 함께 찾으면 더욱 좋다.

☎ 064–721–7421

근처 맛집

1 | 쌍둥이횟집

제주에서 제대로 된 회를 내는 집. 서귀포 서귀동에 있는 쌍둥이횟집은 제주 토박이도 찾는 별미집이다. 식사 시간에는 줄을 섰다가 먹을 정도로 단골이 많다. 이 집의 인기 메뉴는 모둠회 정식 코스. 처음엔 물회와 굴무침이 나오고 이어서 전복회, 낙지무침, 소라회, 초밥, 생선구이, 호박죽이 나온다. 메인 메뉴인 회를 시식하기 전에 이미 배가 부를 정도로 푸짐하다. 포식은 여기서 끝나지 않는다. 회를 다 먹고 나면 전복 내장으로 양념한 볶음밥이 나오고, 비린 입맛을 깔끔하게 할 디저트로 팥빙수가 나온다. 이 집에서 내놓는 코스를 다 먹

으면 어느새 한 시간이 훌쩍 넘을 정도.

✉ 제주 서귀포시 중정로 62번길 14
☎ 064–762–0478 🍴 2인 스페셜 7만원, 매운탕 1만원

2 | 샤인빌럭셔리리조트 한식당 '소랑'

맛도 분위기도 럭셔리한 식당. 갈치구이는 팔뚝만한 제주산 갈치에 간수를 빼고 볶은 소금으로 간을 한다. 갈치에 칼질을 한 다음 노릇노릇하게 직화구이를 해 먹음직스럽다. 무나 파 같은 야채도 투박하게 썰어 넣어 제주의 향토적인 맛에 신경 썼다. 꽃게와 오분자기를 듬뿍 넣고 뚝배기에 끓인 해물뚝배기도 맛있다.

✉ 제주도 서귀포시 일주동로 6347–17
☎ 064–780–7413 🍴 갈치구이 3만 8천 5백원

가는 법

제주공항에서 12번 국도를 타고 함덕과 구좌읍을 지나면 성산항이 나온다. 성산에서 표선을 지나 12번 국도를 타고 달리면 남원읍 직전 좌측에 샤인빌럭셔리리조트 이정표가 나온다.

04
은빛 동화의 설국으로 떠나는 눈꽃 여행
무주리조트 호텔티롤
하얀 설국. 새하얗고 깨끗한 눈이 산 위의 바람을 만나 눈이 시리도록 아름다운 장관을
만들었다. 평생에 한 번 보기 힘들다는 순백의 설국. 산과 바람, 은빛 동화의 눈꽃나라
무주로 가보자.

TRAVEL COURSE

1일 무주IC – 무주리조트 – 점심식사(명동갈비) – 무주리조트 스키 & 눈썰매장 – 노천탕 – 저녁식사(양식) – 호텔티롤 숙박

2일 아침식사(뷔페) – 곤돌라 탑승 – 설천봉 – 눈꽃 터널 – 덕유산 정상 – 곤돌라 – 무주리조트 – 점심식사(어죽)

Address	전북 무주군 설천면 만선로 185
Tel	063-320-7200
Web	www.mdysresort.com
Price	디럭스 주중 38만원
	프리미어 주중 43만원
	(온라인 예약 시 기간별 할인된 요금 적용)

평생 한 번 보기 힘든 순백의 설국. 산과 바람, 눈이 빚어낸 은빛 동화 속의 눈꽃나라가 펼쳐진다.

덕유산을 품은 거대한 산자락이 눈으로 덮였다. 웅대하고 넓게 펼쳐진 산 전체가 하얗게 바뀌었고, 매서운 바람을 맞고 선 천년고목에는 눈꽃이 피었다. 해발 1,614m의 주봉 향적봉에는 여전히 사람들의 발길이 끊이지 않는다. 산꼭대기의 세찬 바람과 차가운 공기는 설화·빙화·상고대로 불리는 세 가지 눈꽃을 만들어낸다.

낮은 산에서는 볼 수 없는 은색의 산호숲. 능선을 따라 하얗게 늘어선 눈꽃이 햇빛을 받아 눈부시다. 하늘과 맞닿은 덕유산의 정상은 하루에도 몇 번씩 옷을 갈아입는다. 파랗고 맑은 하늘과 맞닿은 거대한 산 그림자가 겹겹이 그림처럼 펼쳐지다가도 갑자기 구름이 몰려와 운해를 만들어낸다.

동화 속 눈꽃나라를 보고 싶었다면 바로 무주 덕유산으로 가야 한다. 무주리조트에서 해발 1,522m인 설천봉까지 관광 곤돌라를 타고 20분이면 도착할 수 있고, 설천봉에서 덕유산의 정상인 향적봉까

덕유산 중봉 능선에 하얀 눈꽃이 피었다.
구름과 눈꽃이 어우러진 신비한 풍경은 몽상을 갖게 한다.

지는 30분 정도면 충분히 오를 수 있다. 겨울 무주는 눈꽃이 한창이다. 리조트에서 스키나 스노보드를 즐기고 눈꽃의 향기 속에 푹 파묻힐 수 있다.

덕유산은 산을 좋아하는 이들에게 오랜 사랑을 받아온 곳인 만큼 드러나지 않는 내실이 있다. 남으로 지리(智異)에 가려지고, 북으로 계룡(鷄龍)에 막히는 바람에 그 명성이 가려질 것도 같건만, 오히려 무주 구천동이란 지명으로 더욱 유명해졌다. 전라도의 대표 오지였던 '무진장' 무주가 청정지역으로 인기를 끌고 있는 것이다.

자연주의 철학에 딱 어울리는 호텔

호텔티롤은 오스트리아 서부 티롤 지방의 리조트 호텔을 그대로 옮겨온 특1급 호텔이다. 유럽풍의 아름다운 발코니·벽난로·침대뿐 아니라 티롤 현지의 소품을 그대로 사용해 유럽 여행을 온 기분을 느낄 수 있다.

원래 티롤(TIROL)은 오스트리아의 9개 주 중 하나로 중서부에 위치하고 있다. 이 티롤 지역에는 250년 된 유서 깊은 호텔 '쉬탕엘비르트'가 있다. 서유럽의 저명한 인사들이 주로 찾는 호텔이다. 무주 리조트의 특급 호텔인 티롤은 이 쉬탕엘비르트 호텔을 그대로 옮겨 놓았다고 할 만큼 똑같이 지어졌다. 오스트리아 엔지니어가 직접 시공에 참여했다고 한다. 알프스 스타일의 건축 양식과 오스트리아풍의 섬세한 벽화, 오스트리아산 적상목을 마감재로 사용해서 앤티크의 고급스러움과 친근감을 함께 풍긴다.

티롤의 디럭스룸은 서울 특급 호텔 스위트룸 수준이다. 침실과 거실이 분리되지 않았지만, 공간과 조명의 조화가 분위기를 밝고 부드럽게 만든다. 스위트룸의 고급스러움은 욕조와 침대에서도 느낄 수 있다. 침대와 욕조는 미닫이문으로 분리되지만, 문을 열어 놓으면

호텔티롤 내부에 있는 레스토랑.
동굴모양의 와인 바는 연인들의 프러포즈 장소로 인기가 좋다.

탁 트인 넓은 공간을 만든다. 유럽의 발달한 욕실 문화가 느껴진다.

또 오스트리아산 적상목 마감재와 벽난로 장식 등의 인테리어는 오스트리아의 별장에 있는 듯한 착각을 불러일으킨다. 특히 적상목으로 짠 침대에서 보낸 하룻밤은 오래도록 기억에 남을 만하다. 룸마다 코끝을 살짝 스치는 적상목 향기가 삼림욕도 필요 없을 만큼 머리를 개운하게 한다.

호텔티롤에서 기분 좋게 숙면을 취한 다음에는 여유롭고 럭셔리한 호텔 식사를 즐기자. 아치형 메인 카페의 우아한 분위기에서 꿈결 같은 아침 식사를 즐기는 것도 이곳만의 매력. 식사를 마치고 나면 곧장 아름다운 설경 감상을 나선다.

곤돌라를 타고 설천봉에 올라 눈꽃을 감상한다. 눈꽃을 보려면 부지런히 서둘러야 한다. 제대로 된 눈꽃 풍경은 낮보다는 아침에 더 멋스럽기 때문이다. 기후 변화가 심한 산꼭대기에서는 바람이 조금만 세게 불거나, 햇볕이 내리쬐어도 눈꽃이 지닌 본래 모습을 구경하기가 쉽지 않다.

향적봉에 오르는 방법은 두 가지다. 삼공리 구천동에서 백련사를 지나 걸어서 오르는 3시간 30분짜리 등산 코스와 리조트에서 관광곤돌라를 타고 설천봉에 올라 향적봉까지 30여 분을 걸어 오르는 관광 코스다. 등산하기로 마음먹고 겨울 산행 장비를 모두 갖추었다면 전자를 추천한다. 하지만 가족들은 관광 코스를 택해서 편안하게 둘러보고 내려오는 편이 좋다.

설천봉 정상에는 광장과 전망대, 나무로 지은 팔각정 건물이 있다. 오래된 건축물처럼 보이지만 실은 무주리조트에서 지어놓은 건물이다. 하지만 나무로 된 창틀 사이사이에 눈이 스며들면 그 어떤 오래된 건축물보다도 운치 있다.

설천봉에서 향적봉까지 오르는 길은 경사가 완만하고 계단과 난간이 잘 설치돼 있어 굳이 등산 장비가 없어도 갈 수 있다. 가는 길 양옆에는 키 작은 구상나무가 눈꽃터널을 이뤄 장관이다. 덕유산은 '서리눈꽃'인 상고대가 더 유명하다. 등산로 좌우로 맺힌 상고대의 제 모습은 1월 말에나 볼 수 있다. 향적봉까지 올랐다면 내친김에 중봉까지 가보는

윤석호 감독의 인기 드라마 사계절 시리즈 중 〈여름향기〉의 주 촬영지는 무주리조트다. 호텔티롤 앞에 위치한 카니발 상가는 지금도 촬영지 당시의 분위기를 살려 노란 색깔로 유럽의 거리를 재현해 놓았다. 카니발 상가 중에서도 꽃집 카페는 여주인공 손예진이 주로 찾던 공간이다. 꽃가게를 배경으로 기념촬영도 해보자.

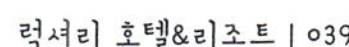

보는 게 좋다. 눈꽃 트레킹의 하이라이트는 향적봉에서 중봉까지 구간이기 때문. 주목에 맺힌 눈꽃 군락은 열대 바다의 새하얀 산호 군락을 보는 듯하다. 평생 가도 보기 힘든 감동의 풍광을 가슴 가득 담아올 수 있다.

설천봉에서 향적봉으로 오르는 길목에서 향적봉에 세워진 누각과 하얀 눈을 함께 찍는 것도 촬영 포인트. 찍고 보면 매우 괜찮은 눈꽃 사진이 된다. 또한 향적봉 바로 아래 능선에는 하얀 설화가 피어 있고, 정상이 올려다 보이는 바위 위에 작은 주목나무 한 그루가 하얀 눈을 뒤집어쓰고 서 있다. 그 모습이 실로 그림이다. 눈꽃 구경을 마치고 나면 설천봉 레스토랑에 들어가자. 덕유산 설경을 감상하며 진한 커피까지 한 잔 마시면 100점 만점에 100점짜리 여행이 완성된다.

근교 여행지

1 | 덕유산 향적봉

해발 1,614m의 덕유산 정상이다. 봉우리 주변엔 고산식물인 주목과 구상나무가 눈꽃 군락을 이뤄 한겨울 장관을 만들어 낸다. 11시부터 많은 사람들이 찾아오기 때문에 곤돌라가 운행 되는 10시쯤이 방문하기 적당한 시간이다. 30분만 산에 오르 면 탁 트인 설경이 한눈에 들어온다. 연애를 막 시작한 연인들 에게 적극 추천하는 코스! 중봉 쪽으로 조금 내려오면 산장에 서 컵라면도 먹을 수 있으며, 간단한 취사도 가능하다. 곤돌라 (10:00~16:00) 왕복 어른 1만 4천원, 어린이 1만원

☎ 063-322-3174

2 | 무주리조트 세솔동 노천탕

덕유산 아래에 펼쳐진 무주스키장 세솔동 콘도 앞에 노천온 천이 있다. 슬로프 바로 옆에 온천이 있어 스키를 타는 사람들 과 하얀 눈을 옆에 두고 온천을 하는 이색적인 재미가 있는 곳 이다. 차가운 눈밭에서 시간을 보낸 후 몸을 풀기에 아주 좋은 온천이다.

3 | 적상산 안국사

덕유산이 눈꽃 등산길로 좋다면 적상산은 무주리조트와 정반 대 방향으로 무주호를 끼고 돌아 나가는 코스가 절경이다. 물 론 클라이맥스는 산 중턱에 있는 명찰 안국사. 안국사에서 바 라본 덕유산 자락의 설경은 놀라울 정도로 아름답다. 나오는 길에 안국사 다원에 들러 차 한 잔 마시고 내려오는 것도 좋다.

☎ 063-322-6162

근처 맛집

무주 별미기행 섬마을

무주의 대표 음식은 어죽이다. 민물고기를 푹 고아 걸쭉하게 죽을 쑨 것으로 속을 편하게 다스려주는 보양 별미로는 그만 이다. 내도리 강변에는 어죽집 '섬마을'(063-322-2799) 등이 금강 물줄기를 따라 곳곳에 있다. 이 집의 어죽은 민물고기 특 유의 비린 맛이 덜하다. 잡어 대신 동자개(빠가사리)를 푹 고 아 맛을 낸 걸쭉하고 얼큰한 육수에 그 비결이 있단다.

가는 법

경부 고속도로 회덕 분기점(부산 방향)에서 대전 터널을 지나 무주 방향 대전–통영 고속도로로 진입한다. 무주IC 통과하여 좌회전 후 적상면 삼거리에서 좌회전한다. 다시 리베라 모텔 앞 좌회전 후 치목터널과 구천동터널을 차례로 지나면 무주리조 트 앞 삼거리. 여기서 우회전 후 직진하면 무주리조트 주차장.

한려수도의 낭만이 출렁이는 럭셔리 리조트

힐튼 남해 골프앤스파 리조트

겨울에도 남해는 푸른빛이다. 섬을 감싸고 있는 바다가 훈풍으로 일렁이고, 다랭이논 마을의 소박한 풍경이 마음을 따뜻하게 만드는 곳이다. 여기에 특급리조트인 힐튼 남해 골프앤스파 리조트가 여행 명소로 인기를 끌고 있다. 한려수도에 웅장하게 떠오르는 일출도 만나고, 골프와 스파도 덤으로 즐길 수 있다.

TRAVEL COURSE

1일 진교IC – 남해대교 – 점심식사(활어회) – 미조항 – 상주해수욕장 – 힐튼 남해 골프앤스파 리조트 – 저녁식사(멸치회) – 스파 – 숙박

2일 아침식사(해물탕) – 골프 – 리조트 산책 – 점심식사(굴밥) – 남해편백 자연휴양림 – 남해대교 – 진교IC

Address 경남 남해군 남면 남서대로1179번길 40–109
Tel 02-6742-1595, 055-860-0555
Web www.hiltonnamhae.com
Price 스튜디오 스위트 48만 7천원, 디럭스 스위트 58만 7천원

힐튼 남해 골프앤스파 리조트가 소개되면서 럭셔리 리조트의 진수를 보여줬다. 한려수도의 파도에서 영감을 얻어 설계되었다는 이 리조트는 건축사 켄민성진 소장의 작품이다. '2007 월드 트래블 어워드'에서 '한국 최고 리조트'와 '한국 최고 골프 리조트' 2개 부문을 석권한 힐튼 남해에는 자연과 사람이 자연스럽게 어울리며 빚어지는 편안함이 있다.

이곳에서는 골프를 치거나 식사를 하면서, 또는 스파를 하는 동안에도 고개만 돌리면 숲과 바다를 한눈에 볼 수 있다. 총 150개의 스위트룸과 20개의 프라이빗 빌라로 구성되어 있다. 리조트 건물은 시멘트 질감을 그대로 살렸고, 회색빛 철제 구조물은 현대 조각 작품처럼 독특하고 아름답다.

지형에 따라 그룹을 지어 들어선 건물들 중 가장 독특한 외양은 클럽하우스 역할을 하는 로비 건물. 밤이 되면 이 건물은 보라색, 주홍, 에메랄드빛의 조명을 번갈아 받으며 화사한 옷을 갈아입는다. 특히 석양 무렵 한려수도가 검푸른 빛으로 어두워지고, 리조트의 조명이 밝아지는 시간에는 영화의 한 장면처럼 낭만적인 풍경으로 변

하며 빛을 발한다.

더불어 이곳 리조트의 핵심은 골프장. 일부 땅을 깎고 또 일부는 바다를 매립해 일군 골프장에 서면 바다 위에 떠 있는 듯하다. 18홀 전체에서 바다를 조망할 수 있는 골프장으로 국내에서는 이곳이 처음. 이중 4개 홀은 바다를 가로질러 샷을 하도록 디자인되어 있다. 골프를 처음 시작하는 사람들에게 천혜의 그린을 선사하는 곳이다. 바다로 뻥 뚫린 그린은 눈을 시원하게 하고, 몸을 가볍게 한다.

또한 테라피센터인 '스파 오아시스'도 스파만 즐기기 위해 오는 여행객이 있을 정도로 유명하다. 골프를 전혀 치지 못하는 휴양객들은 약간 심심할 수도 있으니 동행자의 취미와 여가시간을 배려하는 것도 잊지 말자.

겨울 낭만의 진수 남해 해안도로

간간이 먼 바다로 나가는 어선들은 수평선 너머로 아스라이 사라진다. 물안개가 하얗게 피어오르는 날이면 겨울 남해는 여행의 포만감을 선물한다. 통영 한산도에서 여수를 잇는 한려수도의 중심이 바로 남해도다. 남해도에는 자리를 잡고 앉으면 그곳이 어디든 바로 명승지라는 말이 있을 정도로 볼거리가 많다.

겨울 남해도의 푸름을 만끽하는 가장 좋은 방법은 해안 드라이브다. 남해는 섬의 규모에 비해 도로가 잘 닦여진 곳이다. 제주, 거제, 진도, 강화도 등 아름다운 해안선을 간직한 곳들도 많지만, 특히 바다를 끼고 도는 남해도의 해안 일주도로는 한반도에서 가장 아름다운 해안도로로 꼽힐 정도다. 한 굽이 한 굽이를 돌 때마다 쪽빛 바다가 시원스레 펼쳐지고 푸릇푸릇 마늘밭이 나타난다.

해안도로를 따라 섬을 한 바퀴 완주하려면 5시간은 족히 걸린다. 그러나 긴 시간이 지루하지도 않다. 해안에 숨은 듯 자리한 어촌과 양식용 나무막대를 촘촘히 꽂아둔 자그마한 개펄, 반달형의 모래해변과 바위 절벽이 파노라마처럼 펼쳐진다. 눈이 시리도록 푸른 바다 색깔도 매력이다.

ⓒ힐튼 남해 골프앤스파 리조트

쪽빛보다 아름다운 겨울바다, 미조항과 상주해수욕장

남면에서 바다의 한 굽이를 돌아 앵강만을 지나면 미조만의 겨울 풍경이 펼쳐진다. 가천과는 또 다른 색깔의 겨울 풍경을 품고 있다.

미조항은 규모는 작지만 알아주는 멸치 집산지다. 그래서일까. 아침부터 뱃고동 소리며 경매 사이렌 소리로 시끌벅적하다. 초겨울에는 정오가 되면 하루 수십 척의 멸치 배가 모여들어 갓 잡은 멸치를 부려놓는다. 이곳 미조항에서만 만날 수 있는 싱싱한 먹을거리, 싱싱한 멸치회는 새콤달콤하고도 매콤한 맛이 매혹적이다.

남해도 본섬의 동쪽 끝은 창선도와 이어진다. 남해대교가 두 노량마을을 잇듯이 창선대교 역시 남해 본섬의 삼동면 지족리와 창선도의 창선면 지족리, 두 지족마을을 잇는다. 지족마을 사이에 놓인 바다는 빠른 물살이 지나는 좁은 해협이다. 이곳에는 대나무발을 쳐서 고기를 잡는 죽방렴이 남아 있다. 이 바다는 낙조 무렵에 절경을

만날 수 있는 숨겨진 여행지다.

　남해 여행의 필수 코스인 상주해수욕장도 놓치면 후회하게 된다. 상주해수욕장은 울창한 송림과 유난히 하얀 백사장이 특징이다. 남해에서 가장 유명한 해수욕장으로 해마다 많은 관광객들의 발걸음이 끊이지 않고 있다.

　해수욕장 양옆과 뒤편에는 남해 금산의 절경이 한 폭의 병풍처럼 둘러싸고 있고, 바닷물 또한 유난히 맑고 파랗다. 때문에 바다가 아니라 마치 아름다운 호수와 같은 모습을 하고 있다. 수심이 완만하면서도 얕고, 수온 또한 따뜻하기 때문에 아이를 동반한 가족의 휴가지로 최적의 조건을 갖추고 있다. 남해는 한겨울에도 봄빛을 간직하고 있어 독특한 정취를 만날 수 있는 곳이다.

근교 여행지

1 | 금산 보리암

남해의 그림 같은 바위봉우리 금산의 능선에 보리암이 있다. 강화 보문사, 양양 낙산사 홍련암, 여수 향일암과 더불어 아름다운 바다를 감상할 수 있는 사찰이다. 수평선이 아니라 섬 위에서 해가 떠오르기 때문에 사뭇 역동적이다. 일출 포인트는 삼층석탑과 만불전 앞. 수평선에 도열한 섬들은 일출의 홍조와 엷은 물안개 사이에서 눈부신 황홀경을 연출한다. 복곡저수지 매표소로 들어가면 근처까지 차로 오를 수 있다. 주차장에서 보리암까지는 약 10분 정도 산책하듯 걸으면 된다.

☎ 한려해상관리사무소 055-863-3521

2 | 다랭이논 마을

남해도 남면 가천마을에는 또 다른 남해의 명물이 있다. 삿갓배미에서 두세 마지기 논까지 100층이 넘게 이어진 다랭이논이다. 평지가 많지 않은 남해의 부지런한 농군들은 가천마을처럼 산비탈에 주먹돌을 쌓아 조각밭을 일구었다고 한다. 비료가 귀했던 1950년대에는 분뇨를 뿌려가면서 농지로 만들어야 했을 정도로 척박한 땅이었다고 한다. 하지만 늙은 어머니의 주름살처럼 보이는 다랭이논이 남해도의 명물이 됐다.

다랭이논 마을

3 | 죽방렴

물살이 빠르고 수심이 얕은 지역에서 활용되는 원시어장 죽방렴은 길이 10m 정도의 대나무 말목을 V자형으로 갯벌에 박고. 말목 사이를 그물로 엮은 원시어장이다. 창선교 부근이 유명하고. 해안도로를 달리다보면 죽방렴을 볼 수 있다.

4 | 남해편백 자연휴양림

남해편백 자연휴양림은 조용하게 밤을 보낼 수 있는 자연휴양림으로 유명하다. 어깨 너머로 바다를 감상하면서 삼림욕도 즐길 수 있는 곳이다. 특히 편백나무가 터널처럼 어우러진 오솔길은 데이트 코스로도 안성맞춤이고, 맑은 공기와 호흡하면서 가볍게 산책하기도 좋다.

☎ 055-867-7881

가는 법

대전 · 통영 고속도로를 타고 가면 한결 수월하다. 대전 · 통영 고속도로 진주 분기점에서 남해안 고속도로로 갈아탄 뒤 순천 방향으로 달리다가 진교 나들목에서 빠진다. 1002번 지방도로가 나온다. 여기서 30분 정도 달리면 남해대교 입구. 남해대교에서 남해 스포츠파크 방향으로 달리면 힐튼 남해 골프앤스파 리조트가 나온다.

스페인의 건축 미학이 깃든 동해의 명품 리조트

양양 쏠비치호텔&리조트

동해 바다에 지중해 스타일의 명품 리조트가 솟았다. 2007년 오픈과 동시에 예약이 다 차 버릴 정도로 입소문이 났다. 건강 치료 기능을 갖춘 테라피와 바다에 만든 노천탕은 완벽한 휴식을 보장한다. 쏠비치호텔&리조트는 동해안의 청정 지역 양양의 명물로 회자되면서 인기가 수직상승하고 있다.

ⓒ 대명리조트

TRAVEL COURSE

1일 양평 – 홍천 – 인제 – 한계령 – 점심식사(송이전골) – 낙산해수욕장 – 쏠비치 리조트 – 바다 노천탕 – 저녁식사(활어회) – 테라피 – 쏠비치리조트 숙박

2일 아침식사(뷔페) – 쏠비치리조트 수영장 – 스파 – 낙산사 – 점심식사(막국수) – 하조대 – 한계령 – 인제 – 양평

Address 강원도 양양군 손양면 선사유적로678
Tel 1588-4888
Web www.dqemyungresort.com/sb
Price 슈페리어 마운틴뷰 29만 7천원, 오션뷰 31만 9천원

동해와 설악의 청정한 지역과 스페인의 건축 미학이 깃든 리조트. 쏠비치는 대명리조트의 프리미엄 리조트로 강원도 양양의 지중해성 기후에 주변 동해의 쪽빛 바다를 끼고 있다. 뒤로는 백두대간의 설악산과 오대산이 병풍처럼 이어진 천혜의 자연환경을 가진 곳이다.

쏠비치호텔&리조트의 가장 큰 특징은 리조트와 호텔에서 바다를 조망할 수 있다는 점. '쏠비치'는 '태양'을 뜻하는 스페인어의 'SOL(쏠)'과 영어 'BEACH(비치)'가 합쳐져 태양의 해변이란 뜻이며 일반 리조트와 호텔이 공존한다는 의미를 담고 있다.

리조트의 외관은 스페인 남부 안달루시아 지방의 태양 해변 지역의 주변 건축 양식을 주된 모티브로 삼아 디자인했다. 스페인 남부 지방의 건축 양식은 적색의 벽돌 지붕과 흰색 외벽을 특징으로 하는 지중해 스타일이어서 눈에 띈다. 또한 풍경을 감상할 수 있는 넓은 창가와 테라스가 특색이다. 멀리 동해의 푸른 바다와 적색 벽돌 지붕, 그리고 넓은 테라스는 동해 바닷가에 작은 스페인 건축물을 옮겨 놓은 느낌이다.

내부 인테리어 또한 스페인 스타일의 감각적인 객실이다. 고객의

프라이버시가 존중되도록 고려한 디자인과 고급스러운 객실 내부의 인테리어는 인체에 무해한 최고급 천연 소재를 활용한 웰빙 마감재를 사용했다. 고객들은 자연과 하나된 분위기 속에서 이국적인 정취를 느낄 수 있다. 또한 내부 인테리어에서는 흑백의 조화가 돋보인다. 유채색과 무채색의 조화를 통해 절제된 인테리어로 꾸며져 심플하면서 고급스러운 객실 분위기를 자랑한다.

동해 바다를 품고 즐기는 럭셔리 스파

리조트의 전체적인 느낌은 지중해 유럽풍의 외관에서 풍겨 나오고, 호텔과 리조트를 동시에 갖춘 구성 요소 덕분에 귀족처럼 서비스를 받는다.

쏠비치가 단숨에 명품 리조트로 입소문을 타 지지를 얻게 된 부대시설은 바로 스파. 럭셔리한 인테리어와 테라스에서 스파를 즐길 수 있다는 차별점이 고객들의 요구에 적절하게 어필한 것. 테라스가 넓기 때문에 소규모 와인 파티에도 적합하다. 바다와 맞닿아 있는 노천탕과 추위를 녹일 수 있는 스파 시설은 특히 겨울에 인기가 좋다.

아쿠아월드

아쿠아월드의 노천탕들은 국내에서는 유일하게 동해를 보며 노천욕을 즐길 수 있도록 설계되었다. 한겨울에도 인기가 좋으니 노천탕을 이용하고 싶다면 예약을 하는 것이 좋다.

실외존

실외존은 쏠비치호텔&리조트의 특징 중 하나다. 바로 옆으로 동해의 망망대해가 펼쳐진다. 기본적인 야외풀장과 워터슬라이드, 동굴 폭포, 노천탕, 태닝존 등의 시설이 구비되어 있다. 또한, 실외존에서 몇 미터만 가면 해변과 맞닿아 있다.

해수탕과 아쿠아월드는 품격 높은 서비스로 달콤하면서도 아늑한 휴식을 즐길 수 있게 마련되었다. 천연 해수에 몸을 담글 수 있는 해수 사우나 존. 이곳에서는 직접 끌어올린 동해안 해수를 사용하는데, 해수에 각종 미네랄이 함유되어 있어 노폐물 제거와 혈액 순환을 돕는다. 언제나 인체에 적당한 온도로 맞춘 온탕이 준비되어 있으며, 겨울에 해수욕을 즐기는 데도 무리가 없다.

마르테라피 존은 유럽식 테라피를 선보이는 곳. 톱밥과 효소에 포함된 미생물로 체내에 있는 독소를 제거하는 효소테라피와 음악을 통한 신체 리듬 활성화를 유도하는 사운드테라피를 받고 나면 마음까지 편안해진다.

리조트 규모가 거대해서 부대시설을 둘러보는 재미도 쏠쏠하다. 이곳에서 낙산사와 낙산해수욕장 등 근처 여행지로 이동하기도 편리하다.

쪽빛 바다와 기암절벽이 어우러진 해변, 하조대해수욕장

하조대해수욕장은 양양군 남쪽 12㎞ 거리에 있다. 울창한 솔숲을 배경으로 1.5㎞의 해변과 100m 너비의 큰 규모의 백사장을 갖춘 해수욕장이다. 동해안의 다른 해수욕장과는 달리 주변에는 위락시설

명품 운영 서비스
리조트에서 제공하는 서비스도 명품이다. 기본적인 시설은 특급호텔 수준이다. 휘트니스센터는 기본. 로비에서는 모든 음료 및 신문을 무료로 제공하고, 숙박을 할 경우 아침식사가 제공된다. 논스톱 체크인 서비스나 사후정산 서비스도 이곳의 매력이다. 로비 라운지의 비즈니스센터에서는 휴식 중에도 긴급한 원격 업무나 팩스, 국제전화, 편지 발송의 업무를 진행할 수 있도록 기본 시설이 완비되어 있다.

바다와 바로 연결될 정도로 가까운 곳에 수영장이 있다.
노천탕과 더불어 쏠비치의 인기 장소다.

마르테라피 존
마르테라피는 유럽식 토탈 테라피로 현대적이고 건강을 추구하는 프로그램이다. 테라피의 프로그램은 효소테라피와 외추테라피, 하프테라피, 풀테라피 등이 있다. 효소테라피(enzyme therapy)는 쏠비치테라피센터의 핵심 상품으로 톱밥과 효소에 포함된 미생물의 대사 작용과 생리활성화 작용으로 독소를 제거하는 해독요법 테라피. 풀테라피는 사우나와 아쿠아월드를 포함한다.

이 많지 않아 조용한 피서지로 각광받고 있다. 해수욕장 오른쪽에는 바위섬과 방파제가 있어서 바다낚시를 하기에 좋다.

해변 뒤쪽으로는 솔숲이 울창하여 조용하게 삼림욕을 즐길 수 있다. 솔숲을 지나면 조선 개국 공신인 하륜과 조준이 고려 말엽에 잠시 은거하였다 하여 두 사람의 성을 따서 이름 지어진 정자 하조대가 있다. 그 바위 언덕 위에는 홀로 서 있는 하조 무인등대가 있다.

해안에 우뚝 솟은 절벽에 오래된 소나무와 함께 서 있는 하조대 정자에 올라서보자. 동해안의 넓고 넓은 바다가 한눈에 다 들어온다. 하조대 정자에서 바닷바람을 쐬고 난 후 바로 옆으로 이어진 구름다리를 건너 10m쯤 절벽을 따라 들어가면 새하얀 등대가 반긴다. 하조대에서 맞는 일출은 아름답고 장엄하기로 유명하다. 또한 해가 지고 어둠이 내리면 바다를 비추는 등대 불빛을 보러 오는 관광객들도 많다.

근교 여행지

1 | 낙산사

낙산사의 경내 있는 암자 홍련암은 의상대사가 관음굴 위에 지은 암자다. 이곳은 낙산사 대화재 때도 피해 없이 남았다. 의상대사가 기도를 해서 부처님이 현신했다는 전설이 전한다. 바닷가 암석굴 위에 자리한 홍련암은 창건 당시부터 법당 마루 밑 구멍으로 출렁이는 바다를 볼 수 있도록 지어진 것이 특징.
☎ 033-672-2447~8

2 | 하조대해수욕장

낙산해수욕장과 함께 양양의 대표 해수욕장으로 꼽히는 하조대해수욕장. 물이 깊지 않고 경사가 완만해 가족들의 물놀이 장소로 적합하다. 드라마 〈태조 왕건〉의 촬영지로도 소개됐던 하조대 주변에는 드라마 〈가을동화〉 촬영지 상운폐교가 10분 거리에 있다. 어성전 계곡과 휴휴암도 가까운 거리에 있어 많은 볼거리를 접할 수 있다.

3 | 법수치 계곡

양양의 오지로 손꼽히는 청정한 비경을 간직한 법수치 계곡. 법수치 상류는 작은 계곡이 가지를 치면서 계곡이 이어진다. 하지만 피서를 즐기기에는 찻길 따라 이어지는 중하류 쪽이 좋다. 물놀이로 더위를 씻을 수 있고, 맑은 물속에는 다양한 물고기가 많아 낚시도 즐길 수 있다.

하조대 등대

근처 맛집

1 | 송이골

양양읍에서 소문난 송이 전문점. 송이전골과 송이영양돌솥밥 등을 내놓는다. 송이전골은 다소 비싸지만 자연산 송이만 취급한다. 오색약수로 지은 돌솥밥도 인기 있다. 약수의 철분 성분이 곁들여져 밥 색깔이 샛노랗다. 방게간장게장, 아가미젓갈, 도루묵조림 등의 밑반찬도 맛있다.
✉ 강원 양양군 손양면 동명로 6
☎ 033-672-8040 🍴 송이전골(2인) 7만원, 송이영양돌솥밥 1만 7천원. 송이해장국 8천원

2 | 실로암 메밀국수

장산리 막국수촌에 위치한 실로암 메밀국수는 35년 된 원조집. 얼음이 떠 있는 시원한 동치미 국물에 담백하고 부드러운 메밀국수를 말아먹는 맛이 일품이다. 동치미 국물에 들어가는 무는 맛도 좋게 하지만, 메밀의 독성을 중화시키는 작용을 한다. 기름기를 완전히 제거해 정갈한 맛을 내는 돼지고기 편육 보쌈도 입맛을 돋운다.
✉ 강원 양양군 강현면 장산4길 8-5
☎ 033-671-5547 🍴 비빔메밀국수 8천원. 삶은 돼지고기 2만 4천원

가는 법

서울-6번 국도-양평-홍천-44번국도-원통교차로를 지나 한계령을 넘는다. 임천교차로에서 속초 방면 7번 국도를 타고 낙산 관광지구 방면 우회전. 낙산대교를 지나면 쏠비치호텔&리조트.

07

천천히 느리게 즐길수록 달콤해지는 파라다이스

신안 엘도라도리조트

분주하게 움직이는 여행보다 인생의 쉼표 삼아 시간을 보내고 싶다면 엘도라도리조트로 떠나라. 슬로시티로 유명한 전남 신안 증도에 있는 엘도라도리조트. 슬로시티답게 인적이 드문 자연과 끝없이 펼쳐지는 바다에서 호사스런 휴식을 누릴 수 있다.

© 엘도라도리조트

TRAVEL COURSE

1일 북무안IC – 해제반도 – 점심식사(낙지무침) – 사옥도 지신개 선착장 – 철부선 – 지도 – 엘도라도리조트 – 자전거 하이킹 – 요트 크루즈 – 저녁식사(짱뚱어탕) – 엘도라도리조트 숙박

2일 아침식사(뷔페) – 우전해수욕장 해수욕 – 짱뚱어다리 갯벌체험 – 점심식사(활어회) – 테라피 & 마사지 – 소금박물관 – 증도 버지 선착장 – 사옥도 지신개 선착장 – 북무안IC

Address   전남 신안군 증도면 지도증도로 1766–15
Tel   1544-8865
Web   www.eldoradoresort.co.kr
Price   오션클리프 빌라 18A 타입 37만 7천원, 26B 타입 49만 9천원
               롱비치 빌라 26A 타입 49만 9천원

  지상낙원의 황금빛 색깔과 정취를 간직하고 있는 금빛 바다 서해안 다도해. 다도해를 수놓은 섬들 속에서 마음껏 사치를 부려도 그 순수함은 때가 탈 줄을 모른다. 천천히 그리고 느리게 여행할수록 매력이 더해지는 증도. 그곳에서 만난 엘도라도는 여행자의 파라다이스였다.

  하늘이 뿌려놓은 섬들과 태평염전과 갯벌을 끼고 있는 신안 증도. 슬로시티로 선정되면서 이 조용한 바닷가가 새로운 휴양지로 떠오르고 있다. 청정갯벌로 인해 증도는 우리나라 천일염의 최대 생산지 중 하나가 되었다. 증도의 소금에는 게르마늄 성분이 포함되어 있어 노화방지에 탁월하다. 원래 증도는 크게 보아 두 개의 섬으로 이루어져 있었는데, 섬의 사이를 염전이 메웠다고 한다.

  증도는 구석구석 볼거리가 풍부해 걷다 지쳐 아무 곳에나 털썩 주저앉아도 좋다. 눈앞으로 펼쳐지는 사방의 자연 풍광이 아름답다. 증도는 아이들에게 놀며 배우는 생태 교육의 현장으로, 어른들에게는 도시의 바쁜 일상을 벗어던질 수 있는 '느림의 미학'으로 다가오는 섬이다.

고품격 스파와 자연으로 누리는 건강한 웰빙

끝없이 펼쳐진 리아스식 해안과 흰 모래사장, 눈부신 햇빛과 바다, 맑은 바람과 자연으로 둘러싸인 엘도라도리조트. 편안히 쉴 곳을 찾는 여행자에게 가장 가까운 천국이다. 수백 개의 객실과 붐비는 인파로 가득 찬 리조트와는 달리 이곳은 28개 동에 177개만의 프라이빗 객실과 한적한 자연 환경 속 여유 있는 공간에서 황금 같은 휴식을 누릴 수 있다.

자연을 거스르지 않으면서도 감각적인 스타일링과 편안함이 묻어나는 엘도라도리조트. 이곳에는 건강을 위한 다채로운 프로그램들이 가득하다. 특히 엘도라도가 자랑하는 명소 중의 하나인 골든힐은 서해안 낙조로 가득한 레드 아일랜드를 배경으로 최고의 휴식과 안락함을 제공한다.

특히 엘도라도의 자연형 휴양시설인 골든베이는 모든 시설과 자연이 하나로 연결되도록 만들었다. 수영을 하다가 나오면 맨발로 모래사장을 밟을 수 있는 야외수영장과 바다를 조망하며 즐기는 야외 노천탕, 천일염을 이용한 토굴방과 게르마늄 불가마가 있다. 또 최상의 소나무만을 엄선하여 불을 지피는 전통 불한증막, 해수 및 유황석을 사용하는 재래식 증도해수찜 등이 마련되어 있으니 엘도라도에는 수준 높은 차원의 웰빙 서비스가 가득하다 할 수 있다. 가슴 속까지 확 트이는 청명한 바다에 몸을 맡기고 눈을 감자. '건강을 위한 휴양'을 제공하는 차별화된 고급 서비스에 다시 한번 감탄하게 될 것이다.

고품격 해양레저와 소금박물관 즐기기

수많은 다도해의 섬을 배경으로 즐기는 고품격 해양레저는 엘도라도에서만 느낄 수 있는 또 다른 즐거움. 엘도라도에서도 퍼스트 클래스를 자랑하는 요트 클럽에선 최고급 개인 요트를 타고 바람을 가로지르며 크루즈를 즐길 수 있다. 또한 요트에서 이국적인 분위기의 선상 디너파티까지 즐길 수 있다. 진정한 '황금 휴가'가 무엇인지 보여주는 셈. 해 질 녘 섬 사이에 걸린 해를 따라 바다를 누비는 선셋 크루즈, 포인트를 찾아다니며 대어를 낚아 올리는 낚시 크루즈는 모두가 체험하고 싶어 하는 인기 프로그램이다.

지도에서 증도까지
버스 이용

2010년 증도대교가 개통되면서 증도는 자동차로 통행이 가능하게 됐다. 지도에서 증도로 가는 버스는 증도닷컴(www.jeung-do.com)의 교통정보를 확인하자.
(지도터미널 061-275-3033)

ⓒ 에덴라리조트

엘도라도리조트의 스파에서 바라보는 바다 풍경. 스파를 하기 위해 이곳을 찾는 사람도 많다.

천국의 휴식, 예약은 필수

증도의 이국적인 풍경, 엘도라도의 안락한 시설을 맘껏 누리기 위해서는 예약을 해야 한다. 엘도라도리조트는 객실이 많지 않아 예약이 쉽지 않기 때문이다. 가능하다면 주말보다는 평일을 이용하는 것이 여유로운 휴식을 누릴 수 있는 손쉬운 방법.

알아두면 유용한 연락처

● 신안군청 문화관광과
  061-240-8355
● 증도면사무소
  061-271-7600, 7619
  (자전거 무료 대여 등)
● 소금박물관, 소금밭 체험
  061-275-0829
  (입장료 어른 2천원, 어린이 1천원)
● 갯벌생태전시관
  061-275-8400
  (입장료 어른 2천원, 어린이 800원)
● 증도매표소
  061-275-7685

단일 염전으로는 국내 최대 규모를 자랑하는 태평염전. 1953년부터 만들어진 이곳은 현재 근대문화유산으로 등록되어 있다. 버지 선착장 길목에는 태평염전에서 운영하는 '소금박물관'이 있다. 소금에 대한 유익한 정보와 관련 일화, 세계의 소금, 천일염 제조 과정 등을 한눈에 이해할 수 있게 만들었다.

이곳은 예전의 소금창고를 개조한 곳인데, 박물관의 일부 벽면을 수묵화로 장식하여 독특함을 살렸다. '박물관'보다는 '갤러리'의 분위기에 더 가깝다. 천일염은 단번에 만들어지는 것이 아니라 '인내'와 '땀'이 필요한 인고의 과정을 거쳐야 한다. '느림'의 미학을 이 소금 제조 과정에서도 느낄 수 있다. 박물관은 오전 9시부터 오후 5시 30분까지 입장이 가능하다.

짱뚱어다리에서 신나는 갯벌 체험

짱뚱어다리는 갯벌 위에 떠 있는 길이 470m에 달하는 목조다리다. 이 다리에서는 낮에는 다양한 갯벌 생물들을, 해 질 녘에는 아름다운 일몰을 볼 수 있다. 그리고 밤에는 쏟아지는 은하수를 관찰할 수 있다.

증도 갯벌에서 흔히 볼 수 있는 짱뚱어는 대표적인 갯벌생물이다. 눈이 툭 튀어나오고 몸매가 미끈하게 빠진 것이 미꾸라지 사촌처럼 생겼다. 어찌 보면 날개 없는 통통한 잠자리 같기도 하다. 갯벌 위를 미끄러지듯 돌아다니다가도, 인기척이 있다 싶으면 통통 튀어 획 사라진다.

다양한 종류의 게들도 온몸에 머드팩을 하고, 뻘 안에 사방으로 숨구멍을 만들며 이동한다. 이 다리 위에서는 생물체의 움직임에 반응하는 아이들의 환호성과 어른들의 들뜬 목소리가 종종 들린다.

갯벌에 더 가까이 다가가려면 짱뚱어다리 아래로 내려가 직접 체험을 해볼 수도 있다. 체험은 대체로 연중 가능하지만, 기상 조건과 현지 상황 등을 고려해야 하므로 사전예약이 필요하다. 생태보호 차원에서 생물체를 잡거나 던지는 것은 자제하는 것이 좋다. 미끌미끌 갯벌 속에 다리를 직접 담그고, 고운 진흙을 몸 여기저기에 발라보자. 하지만 생물체들의 생동감 있는 움직임을 가까이서 보는 것만으로도 즐겁다.

근교 여행지

1 | 태평염전

국내 천일염 생산의 65%를 담당하는 국내 최대의 소금 생산지. 보통 염전은 육지의 끝에 있기 마련인데, 섬에서 소금을 생산하는 유일한 염전이기도 하다. 1953년 갯벌을 막아 형성된 단일염전으로 연간 1만~1만 5천톤의 소금을 생산한다. 태평염전에서 직접 소금을 만드는 과정을 체험할 수 있다.

2 | 우전해수욕장

게르마늄 갯벌축제가 열리는 곳이며 끝없이 펼쳐지는 은빛 모래사장으로 유명하다. 해변 옆으로 울창한 솔숲이 있어 가족 단위 해수욕장으로 안성맞춤. 여름휴가 기간에는 야영하기 좋은 환경을 살려 100동의 몽골텐트도 운영한다. 바다를 마주한 모래사장 위의 파라솔, 야자수 등이 동남아 분위기의 운치를 더한다.

3 | 짱뚱어다리

갯벌축제장 바로 옆에 있는 짱뚱어다리는 증도의 대표 상징물로 사진작가들이 좋아하는 장소다. 짱뚱어가 튀어 오르는 모습을 형상화하여 원목 데크로 세워진 이 다리는 이국적인 풍경을 연출한다. 다리 이름에 걸맞게 다리 밑의 갯벌에는 짱뚱어와 농게가 많다.

근처 맛집

고향식당

증도 안의 음식점 메뉴는 비슷비슷하다. 증도의 대표 맛집으로 통하는 고향식당은 증도에서 나는 신선한 해산물 메뉴를 다양하게 내놓는다. 짱뚱어탕 외에 민어회, 백합탕 등이 나온다. 또 예약만 하면 어떤 음식이라도 맛볼 수 있는 맛집이다. 낙지호롱은 버지 선착장 앞의 증도농수산물 판매점(061-261-5562)에서만 맛볼 수 있다.

 전남 신안군 증도면 증도리 1314-1

📞 061-271-7533

🍴 짱뚱어탕 1만원, 민어탕 4만원

가는 법

서해안고속도로 북무안IC로 나와 현경과 해제반도를 지나면 지도읍이 나온다. 사옥도 지신개 선착장-철부선(10~15분)-증도 버지 선착장-우전해수욕장-엘도라도리조트

08
해외 리조트 부럽지 않은 대표 럭셔리 호텔
중문관광단지 리조트
호텔 발코니 아래에는 에메랄드빛 바다가 흐르고, 통유리창 너머로는 한라산이 아른거
린다. 제주 중문단지의 특급호텔은 고급스런 휴식을 원하는 사람이라면 누구나 가보고
싶어 하는 럭셔리 여행지다. 영화와 드라마의 단골 촬영지로 등장했던 특급호텔의 매력
에 푹 빠져보자.

TRAVEL COURSE

1일 제주공항 – 서부 산업도로 – 창천삼거리 – 점심식사(몸국) – 테디베어뮤지엄 – 신라호텔 쉬리의 언덕 – 중문해수욕장 – 롯데호텔 화산 분수쇼 – 저녁식사(흑돼지구이) – 씨에스호텔 숙박

2일 아침식사(뷔페) – 아프리카박물관 – 지삿개주상절리 – 산방산 해안도로 – 송악산 – 점심식사 (활어회) – 중문관광단지 – 제주공항

Address	제주도 서귀포시 중문동 일대
Tel	씨에스호텔 064-735-3000
Web	www.seaes.co.kr
Price	교통비 30만원, 식비 15만원, 숙박비 20만원, 여비 20만원(1인, 2박3일 기준)

제주도에는 바다의 풍요로움을 느낄 수 있는 곳들이 많다. 특히 바다를 끼고 그 풍요로운 출렁거림과 부드러운 바람을 느낄 수 있는 중문관광단지는 제주 여행의 큰 매력이다. 코발트빛의 푸른 바다를 마음껏 감상할 수 있는 중문해수욕장과 주상절리, 아프리카박물관, 테디베어뮤지엄 등의 명소가 줄줄이 이어진다. 모두 입소문으로 검증을 끝낸 곳들이다.

멋진 호텔을 배경으로 패션모델처럼 사진을 찍어보는 것도 좋다. 투숙객이 아니라 하더라도 누구나 낭만을 누릴 자유는 있다. 호텔의 부대시설을 이용하는 것만으로도 기분이 좋아지니까. 이렇게 멋진 여행을 누릴 수 있는 중문관광단지는 언제나 열려 있다.

네덜란드식 정원을 거닐며 달콤한 데이트, 제주 롯데호텔

야자수의 호위를 받으며 들어선 호텔 정문. '궁전'을 연상시키는 제주 롯데호텔의 화려한 외관은 해외의 고급 리조트 못지않다. 로비

제주 중문해수욕장으로 내려가는
산책로. 고급호텔과 중문해수욕장이
바로 연결되는 것도 장점.

신라호텔 쉬리의 언덕은 촬영 포인트

신라호텔 산책로 중에서 가장 유명한 곳이 바로 쉬리의 언덕이다. 영
화 〈쉬리〉의 마지막 장면에서 주인공 한석규가 여자 주인공 김윤진
이 요양하고 있는 곳으로 찾아와 이야기를 나누는 장면을 촬영했다.
이곳에는 여러 개 벤치가 있는데 가운데 벤치가 중문해수욕장을 보
고 있다. 이 벤치에서 찍으면 뒤로 시원한 바다가 배경으로 펼쳐지는
사진을 촬영할 수 있다. 인물을 크게 잡으면 바다가 가려지기 때문에
여백을 살려서 찍는 게 훨씬 좋다.

로 들어서면 맞은편 유리창 너머로 제주의 쪽빛 바다가 펼쳐지면서
환상의 오션뷰가 한눈에 담긴다. 야외 테라스에 서면 발밑으로 풍차
가 있는 아름다운 정원이 있고, 멀리 제주 바다가 걸려 있다. 롯데호
텔은 바다를 향해 'ㄷ' 자 모양으로 건물이 서 있어 제주의 바다를 편
하고 쉽게 만날 수 있는 것이 특징이다.

　호텔 내부는 연한 미색 마감재로 통일해 단아한 느낌을 전한다.
500여 개의 객실 중 125실의 패밀리 객실은 더블베드와 싱글베드를
갖추고 있다. 욕실에서 룸 내부와 바다를 볼 수 있도록 '매직 거울'을
설치한 샤롯데룸은 신혼부부에게 특히 인기가 많다.

　이 호텔에는 밤마다 열기 넘치는 제주의 밤을 보여주는 '화산 분
수쇼'가 있다. 100억 원의 제작비를 투자해 만든 블록버스터 쇼다.
인근 호텔에서도 그 쇼의 여운이 느껴질 만큼 쩌렁쩌렁 천둥소리가
울린다. 바위산이 폭발하고 용이 불을 뿜는 등 현란한 특수효과와
분수의 미세한 물방울 위로 영상을 투사하는 워터스크린을 보면 관

객들은 누구나 탄성을 터뜨린다.

드라마 〈올인〉으로 더욱 유명세를 탄 롯데호텔의 정원. 풍차가 돌아가고, 세심한 손길이 느껴지는 정원 사이로 작은 강물이 굽이친다. 정원 어디에서나 멀리 보이는 바다가 이국적인 풍경을 자아내는 곳이다. 산책 삼아 둘러보는 관광객들을 언제라도 만날 수 있다.

산방산에서 송악산까지 해안도로 드라이브

산방산에서 사계리와 송악산까지 이어지는 약 5.6㎞의 해안도로는 제주도에서도 최고로 손꼽힌다. 코스 중간지점 앞바다 쪽으로 형제섬이 있다. 경관이 매우 뛰어난 형제섬은 신기하게도 보는 위치에 따라 다른 모습을 하고 있다.

용머리해안은 언덕의 모양이 용이 머리를 들고 바다로 들어가는 모습을 닮았다 하여 '용머리'라는 이름이 붙었다. 용머리 중턱에는 네덜란드 사람 하멜의 기념비가 있다.

중문 럭셔리 호텔의 터줏대감, 제주 신라호텔

제주 신라호텔의 화사한 오렌지색 지붕과 차분한 크림색 건물은 전형적인 유럽 남부 스타일이다. 로비에 들어서면 창문 너머로 바다가 펼쳐진다. 신라호텔은 데이트코스처럼 오밀조밀 꾸며진 해안 산책로가 이색적이다. 길지 않지만 호텔과 중문해수욕장을 연결하는 길이 미로처럼 꾸며져 있고, 야자수와 잔디 정원이 여유로운 풍경을 선물한다.

제주 신라호텔은 하나의 거대한 미술관이라고 해도 좋을 만큼 고가의 미술품이 곳곳에 전시돼 있다. 로비며 라운지, 객실과 복도 등에 설치된 작품만 200여 점. 값으로 따지면 수십억 원에 이를 정도다. 모던한 실내 인테리어는 클래식한 느낌의 미술품과 어우러져 우아한 느낌을 더해준다.

영화 〈쉬리〉를 촬영한 제주 신라호텔은 객실 너머로 보이는 바다 경관과 호텔 뒤편에 조성된 산책로가 아름답기로 손꼽힌다. 그러나 제주 신라호텔이 '넘버원'으로 꼽히는 이유로 탁월한 서비스 또한 빼놓을 수 없다. 도움이 필요해 보이는 손님에게 어느새 다가온 직원이 고객의 희망사항을 친절하게 해결해준다. 무궁화 다섯 개, 특급 호텔의 면모는 이러한 서비스로 완성된다.

제주 전통 초가집에서 보내는 특별한 잠자리, 씨에스호텔&리조트

제주 전통의 초가집을 외관으로 꾸민 특급 리조트. 씨에스호텔&리조트는 국내에서 유일하게 초가지붕을 얹고 있다. 이 리조트는 이미 중문에서 명물로 통한다. 〈미안하다, 사랑한다〉와 〈궁〉 등 인기 드라마의 촬영지로도 유명해진 곳이다.

원래 리조트가 들어선 자리는 '중문민속박물관'이 있던 곳이다. 이 리조트는 정겨운 초가지붕과 제주도의 검은 현무암으로 둘러친 담의

제주도의 신비로운 풍경을 느끼게 하는
지삿개주상절리. 제주컨벤션센터
아래에서 바라보는 모습이 특히 아름답다

특징을 고스란히 살렸다. 숲을 연상시키는 진입로의 나무터널과 야자수, 금잔디공원이 어우러져 남국의 공원 같은 분위기를 자아낸다.

객실은 모두 26개. 14가지 스타일별로 나눠져 있는 객실은 대부분 아담한 정원과 전망 좋은 테라스가 딸려 있는 빌라형이다. 돌담의 철문을 열고 들어가면 본채가 나온다. 환한 빛이 들어오는 커다란 욕실과 앞마당에 자쿠지가 있는 것이 특징이다. 외국인 관광객이 선호하는 객실은 중문 앞바다가 시원스럽게 보이는 한옥집. 오래전 제주 사람이 실제로 사용하던 툇마루와 대청, 기둥을 그대로 놓아 고풍스러운 제주 특유의 문화를 느낄 수 있다.

기암절벽과 한라산 전망이 좋은 서귀포 삼매공원

삼매봉은 서귀포시의 시민공원이자 관광객이 즐겨 찾는 명소. 삼매봉 남쪽 바닷가에 외돌개가 있다. 봉우리에 세워진 팔각정자 남성정에서는 범섬, 문섬, 새섬, 섶섬, 그리고 서쪽으로는 마라도와 가파도까지 한눈에 볼 수 있다. 서귀포시에서 서쪽으로 약 2km 떨어진 삼매봉 앞바다 한가운데에는 둘레 약 10m, 높이 20m의 바위가 있다. 오랜 세월을 바람과 파도에 씻겨 신기한 모양을 하고 외롭게 서 있는 이 바위가 외돌개다. 육지와 떨어져 바다에 외롭게 서 있다 하여 붙여진 이름이다.

서귀포 외돌개 주위에는 선녀바위 등 기암괴석이 많다. 또 앞바다에는 범섬, 새섬 등의 아름다운 섬들이 자리 잡고 있다. 특히 이곳에서 바라보는 석양은 매우 아름답다. 외돌개를 조망하러 가는 곳의 왼쪽에는 넓은 평지가 펼쳐져 있어 서귀포 해안을 조망하기 좋다. 외돌개 앞에는 삼매봉이라는 공원이 있는데, 그 정상에 오르면 서귀포를 중심으로 한 남제주의 풍경이 보인다. 정면의 외돌개를 비롯하여 절묘한 해안 풍경이 아름답다.

씨에스리조트의 레스토랑.
해외의 리조트에 온 듯한 분위기가 인상적이다.

근교 여행지

1 | 약천사

조선 초기 불교 건축 양식으로 지어진 약천사는 성처럼 거대한 대웅전으로 유명하다. 대웅전 내부 정면에는 국내 최대 높이인 5m의 주불 비로자나불이 4m의 좌대 위에 안치되어 있다. 그 좌우 벽에는 거대한 탱화가 양각으로 조각되어 있다. 법당 앞 종각에는 무게가 18톤이나 되는 범종이 걸려 있다. 약천사는 불자들뿐만 아니라 제주도를 찾는 관광객들이 방문하여 소원을 비는 대표적인 사찰이다.

- 064-738-5000

2 | 여미지식물원

중문관광단지에 있는 제주관광식물원 '여미지'는 남국의 정취를 물씬 풍기는 동양 제일의 식물원이다. 식물원 온실 속에는 꽃과 나비가 어우러지는 화접원을 비롯하여 수생식물원, 생태원, 열대과수원, 다육식물원. 중앙전망탑 등이 있다. 희귀식물을 포함한 2,000여 종의 식물이 있고, 온실 밖에도 제주도 자생 식물원과 한국. 일본, 이탈리아, 프랑스의 특색 있는 정원을 꾸며 놓은 민속정원이 있다.

- 064-735-1100

3 | 아프리카박물관

제주컨벤션센터 옆에 있는 아프리카박물관은 세계문화유산인 젠느 대사원을 본떠서 만든 건물이다. 마치 아프리카 여행 중이라는 착각이 들 정도다. 수업료를 내면 목걸이 만들기, 케냐 국기 액자 만들기 등 다양한 문화 체험도 할 수 있다.

- 064-738-6565
- @ www.africamuseum.or.kr

4 | 서광다원 & 설록차전시관

전시관은 다원 입구에 있다. 동서양 전통과 현대가 조화를 이룬 자연친화적인 휴식 공간이다. 오'설록(o'sulloc)은 'origin of sulloc'의 약식 표현이다. 즉 '설록차의 기원'이자 뿌리가 되는 제주에서 설록차의 모든 것을 체험할 수 있는 공간이라는 뜻이다. 차박물관에서는 차를 만드는 과정과 시대별로 발전된 찻잔과 다구, 세계의 여러 차를 전시하고 있다. 전시관 안에는 녹차케이크와 차를 맛볼 수 있는 카페도 있다. 3층의 전망대로 올라가면 하늘과 맞닿을 듯 펼쳐진 녹차 밭이 한눈에 보인다. 소인국테마파크를 지나쳐 16번 중산간도로로 우회전하면 이정표가 보인다.

- 064-794-5312 @ www.osulloc.co.kr
- Ⓦ 입장료 무료, 오설록 롤케이크(조각) 5천원

5 | 송악산

송악산 정상에 오르면 누구나 감탄사를 연발한다. 절벽에 서면 국내 최남단의 마라도와 가파도가 보이고, 정상 부근에서는 능선을 따라 바다를 감상하는 오름 트레킹을 할 수도 있다. 송악산은 여러 개의 크고 작은 봉우리로 이루어져 있어서 모양새가 다른 화산과 다르다. 산방산에서 마리유람선이 있는 로터리의 시멘트 길로 진입한다. 1.5㎞ 정도 가면 송악산이 나온다.

- 서귀포시청 064-735-3227

근처 맛집

씨에스 가든

바다를 입에 넣는 듯한 맛과 풍경을 자랑하는 씨에스 가든. 이곳은 생고기를 초벌로 구운 다음 화로에 숯불로 다시 굽는다. '흑돼지구이는 두툼하게 구운 다음, 세로로 잘게 썰어 먹는 게 제 맛'이라고 주방장이 일러준다. 도톰한 생고기는 모양이 흐트러지지 않고, 노르스름한 빛깔로 맛나게 구워진다. 한라산 근처 중산간 지역에서 방목해 키운 토종 흑돼지만 엄선해 재료로 쓴다. 삼겹살 옆에 구워 먹는 새송이버섯도 연하고 달짝지근해 맛이 좋다. 흑돼지는 살코기뿐만 아니라 비계 맛도 쫄깃쫄깃하다. 또한 돼지 특유의 냄새가 없어 일반 돼지보다 훨씬 고소하다. 양념 없이 통소금을 살짝 뿌려가며 노릇노릇하게 바짝 구워야 맛있다.

- 064-735-3030 🍴 무제한 흑돼지장작구이
어른 5만 5천원, 어린이 3만 3천원

가는 법

제주공항에서 서부산업도로(95번 국도)를 타고 중문 방향으로 40분 정도 직진하면 12번 국도와 만나는 창천삼거리가 나온다. 여기서 중문 방향으로 5km 정도 직진하면 중문관광단지 삼거리. 우회전하면 중문 로터리가 나오고 롯데호텔과 신라호텔 진입로가 나온다. 씨에스호텔은 천제연 다리 건너편에 있다.

하늘에서 즐기는 명품 스키 리조트

정선 하이원리조트

겨울 레포츠의 꽃으로 불리는 스키를 즐기는 스키장에서도 '황제 스키'가 뜨고 있다. 강원도 정선 강원랜드의 하이원에 가면 황제 스키를 즐길 수 있다. 빼어난 시설에다 사람에 치이지 않고 물리도록 '나 홀로 질주'까지 가능한 곳. 스키를 실컷 즐기고 싶다면 하이원스키장을 선택하라.

ⓒ 하이원리조트

BEST SEASON
봄　　★ ★ ★
여름　★ ★ ★ ★
가을　★ ★ ★
겨울　★ ★ ★ ★ ★

TRAVEL PARTNER
가족　★ ★ ★ ★
연인　★ ★ ★ ★ ★
친구　★ ★ ★ ★ ★

TRAVEL COURSE

1일　제천IC – 영월 – 점심식사(곤드레나물밥) – 예미 – 정암사 – 하이원리조트 –
저녁식사(한우구이) – 강원랜드 테마공연 – 하이원리조트 숙박

2일　아침식사(한식) – 곤돌라 탑승 – 리조트 전망대 – 점심식사(전망레스토랑) –
곤돌라 – 하이원리조트

Address　강원 정선군 고한읍 고한7길 399
Tel　033-590-7800
Web　www.high1.com
Price　스탠다드 트윈 16만원, 온돌 18만원, 주니어 스위트 더블 30만원, 온돌 32만원

하이원스키장을 찾은 스키어들은 두 가지에 놀란다. 하나는 슬로프 규모, 다른 하나는 한적함이다. 규모는 용평리조트와 무주리조트에 이어 국내 세 번째다. 하지만 효율성이나 1인당 활강 면적 등에서는 국내 최고 수준을 자랑한다.

해발 1,376m 백운산 정상. 하이원(High1)이라는 이름은 '하늘과 가장 가깝다'는 의미다. 고지대라 바람이 차다. 하지만 그도 잠시, 사방을 둘러싼 설산에 금세 시선을 빼앗긴다. 정상에서는 전망레스토랑 앞과 뒤의 풍경이 대비를 이룬다. 앞쪽으로는 슬로프의 곡선이 설원 사이를 가로지른다. 뒤쪽으로는 기세등등한 겨울 산이 넘실거린다. 어깨를 걸고 이어지는 산세도 볼 만하다.

하이원스키장은 정상에서 여러 갈래로 흩어졌다 하나의 베이스로 모이는 국내 다른 스키장과는 구조가 다르다. 두 개의 능선과 그 사이로 흐르는 계곡을 이용해 개발됐다. 슬로프는 기본적으로 능선과 계곡을 달린다. 그리고 그 사이 비탈에 슬로프가 거미줄처럼 촘촘히 연결된다. 설질도 최상급이다. 글루밍(슬로프의 눈을 다지는 것)을 마친 후의 설질은 오후까지 계속 유지된다. 오후가 되면 녹은 눈이 뭉쳐져 활강을 방해하는 여타 스키장과는 다르다.

하이원스키장의 슬로프는 그야말로 S라인이다. 슬로프 18면, 곤돌라 3기, 고속리프트 5기, T바 1기 등을 갖추고 있다. 이들은 밸리콘도·마운틴콘도가 있는 베이스, 중간의 밸리허브·마운틴허브, 그리고 정상인 마운틴탑·밸리탑을 연결한다. 마운틴콘도에서 곤돌라를 이용하면 해발 1,376m의 마운틴탑으로 이어진다. 곤돌라는 채 20분도 되지 않아 정상으로 실어다준다. 360도 회전하는 전망레스토랑 앞에 서면 슬로프가 세 갈래로 펼쳐진다.

슬로프의 특징은 초보자부터 최상급자까지 정상에서 출발할 수 있다는 점이다. 북쪽 방향으로는 초보자 코스, 서쪽과 남쪽으로는 중급자 코스다. 가장 먼저 초보자 코스인 제우스는 비스듬한 경사가 초보자에게 딱 어울릴 만하다. 출발 지점의 폭은 약간 좁은 듯했지만 조금 내려가니 널찍한 것이 초보자 천국이다. 중급 이상에게는 다소 지루할 듯. 또한 중·상급자 코스도 길이와 경사 등이 조금씩 달라 자신의 기량을 시험해도 좋겠다. 컨디션이 좋을 때라면 난이도가 높은 슬로프를 선택하면서 실력을 키우기에도 더없이 좋다.

정상까지는 곤돌라와 리프트로 이동한다. 일일이 검표를 받을 필요는 없다. 전자카드만 소지하면 기계가 자동으로 인식한다. 덕분에 리프트 대기 시간도 줄어들어 이동이 한결 편해졌다. 특히 곤돌라는 하이원스키장을 차별화한다. 총 3대나 갖춰진 국내 최대 설비다. 마운틴탑에서 마운틴콘도, 마운틴탑에서 하이원호텔, 마운틴콘도에서 밸리콘도를 연결해 스키장 전체를 이어준다.

곤돌라에서 보는 스키장 전경은 정상에서 보았던 것과 다른 감흥이 있다. 원래 지형을 보존한 친환경 설계 덕에 자연과 슬로프의 조화가 무척이나 자연스럽다. 코스 사이에는 주목 군락을 조성했다. 초록이 눈부신 하얀 빛을 등에 업었다. 여름에는 산약초와 야생화가 피어나 또 다른 볼거리를 제공한다. 골짜기에서는 살얼음을 따라 계곡이 흐른다. 계곡물은 댐을 조성해 고지대의 물 부족을 보완한다.

산 중턱 마운틴허브에서 출발하는 아폴로 슬로프도 눈에 띈다. 알파인월드컵대회 국제스키연맹(FIS)의 공식 인증을 받은 슬로프다. 밸리콘도와 마운틴콘도, 하이원호텔 등 숙박시설도 넉넉하다. 다만 수도권에 거주하는 스키어에게는 조금 먼 거리가 단점이다. 이는 서울역과 스키장 인근 고원역을 잇는 하이원스키 열차를 이용하는 것이 대안일 듯하다.

하이원의 랜드마크 전망레스토랑도 하이원스키장의 자랑거리. 하이원의 정상 마운틴탑에 자리한 회전식 레스토랑이다. 편안하게 휴식을 즐기며 하이원스키장을 한눈에 볼 수 있다. 약 50분 단위로 한 바퀴씩 회전하는데 제각각의 아름다움을 가진 자연 풍경을 즐길 수 있다. 굳이 스키를 타지 않더라도 곤돌라를 이용해 한 번쯤 다녀올 만하다. 130평에 120석 규모인 이 식당의 메뉴로는 스테이크, 스파게티 등이 있다. 뒤쪽의 데크에서는 설산의 진수를 확인할 수 있다. 오전 10시부터 오후 9시 30분까지 연중무휴로 영업한다. 간단하게 식사를 해결하고 싶다면 카페도 좋다.

콘도동과 빌리지동으로 구성된 잠자리

총 객실 수는 123실로 9평, 19평, 23평, 34평으로 구성되어 있다. 2인 9평형 객실이 90실로 가장 많다. 가족 단위보다 개인 또는 친구와 함께 온 스키어에게 권한다. 밸리콘도의 지하에는 찜질방이 있어 스키를 즐긴 뒤 쌓인 피로를 풀기에 좋다. 편의점과 스키&보드 용품숍도 갖췄다. 스키하우스에는 카페테리아 및 패스트푸드, 베이커리, 카페 등이 있다.

TRAVEL PLUS

근교 여행지

1 | 화암동굴

화암동굴은 〈금과 대자연의 만남〉 이라는 주제로 개발한 국내 유일의 테마형 동굴이다. 단순히 보고 즐기는 관광지가 아니라 종유석이 자라고 있는 동굴 생태관찰. 금 채취과정 및 제련과정 등 동굴체험의 교육현장으로 각광받고 있다. 유치원생부터 초·중·고등학생들의 수학여행이 계속 이어진다. 화암동굴 입구까지는 국내 최초로 설치한 모노레일을 타고 갈 수 있다. 은은히 흘러 나오는 정선 아리랑을 들으면서 창밖의 경치를 구경하는 것도 재미있다.

2 | 정암사 수마노탑

정암사의 가장 높은 곳, 적멸보궁 뒤쪽으로 급경사를 이룬 산비탈에 축대를 쌓아 만든 대지 위에 서 있다. 자장율사가 당나라에서 돌아올 때 가지고 온 마노석으로 만든 탑이라 하여 마노탑이라고 한다. 전체 높이가 9m에 이르는 7층 모전석탑으로 탑 전체가 길이 30~40cm, 두께 5~7cm 크기의 회색 마노석으로 정교하게 쌓여 있어 언뜻 보면 벽돌을 쌓아 올린 듯하다.

근처 맛집

낙원식당

고한 읍내에는 지금도 생고기 전문점이 두 집 건너 하나일 정도다. 특히 고한역 앞의 낙원식당이 유명하다. 이 집의 한우는 씹는 맛은 부드럽고 담백한 육즙이 입 안을 가득 채운다. 강원도의 별미인 된장칼국수도 빼놓을 수 없다. 된장찌개에 소면을 넣어 끓이는데, 보통의 칼국수와는 맛이 다르다. 구수한 된장 맛이 면발과 어우러져 한층 깊은 맛을 낸다.

✉ 강원도 정선군 고한읍 고한6길 20
☎ 033-591-2510 🍴 갈비살 3만 2천원, 된장찌개 8천원

가는 법

영동고속도로 제천 톨게이트로 나와 영월 방면으로 이동한다. 38번 국도를 따라 사북까지 가면 강원랜드 이정표가 나온다. 도로가 구불구불하니 안전운전 주의. 강원랜드를 지나 고한 방면으로 조금 더 내려간 후 하이원리조트 이정표를 따라 우회전 한다.

10
서해안 해양리조트 워터파크

보령 무창포 비체팰리스

낭만적인 분위기와 여유를 누리고 싶다면 비체팰리스로 가자. 서해 최대 비경인 석대도
낙조를 감상할 수 있고, 신비로운 해변으로 유명한 무창포해수욕장이 코앞이다. 무창포
해수욕장을 끼고 있는 휴식형 리조트로 손꼽히는 비체팰리스는 당신의 휴식을 보장한다.

TRAVEL COURSE

1일 무창포 – 무창포해수욕장 갯벌체험 – 비체팰리스 수영장 혹은 물놀이

2일 보령 홀뫼해수욕장 갯벌체험 – 대천해수욕장 해송 삼림욕

Address	충남 보령시 웅천읍 독산리 784-1 무창포해수욕장 내
Tel	041-939-5757
Web	www.beachepalace.co.kr
Price	27Type 35만원, 36Type 45만원

비체팰리스는 236실 규모로 333㎡형(101type) 1실, 208㎡형 (64type) 1실을 포함해 90㎡형(27type) 85실, 118㎡형(36type) 149 실을 갖추고 있으며, 세련되고 우아한 실내 인테리어와 친환경 자재 를 마감재로 사용해 최고급 해양리조트로 자리매김하고 있다. 지하 1층은 주차장이며 지상 1층은 프론트를 중심으로 로비와 그랜드볼 룸, 세미나실, 레스토랑 등이 갖춰진 퍼블릭존으로 꾸며져 있다. 투 숙객의 편의를 생각해 로비에서 문밖으로 해변이 바로 이어지도록 설계한 것은 비체팰리스의 최고 장점이라 할 수 있다.

원스톱 휴양이 가능한 부대시설

비체팰리스 워터파크는 리조트 건물 2~3층에 1,400여 평의 규모 로 조성돼 있으며, 해양리조트에서 누릴 수 있는 다양한 워터파크 공간을 체험할 수 있다. 산토리노라는 이름이 붙은 스파와 수 치료 개념을 도입한 하스타 테라피는 이미 입소문이 나 있을 정도로 만족

도가 높다. 비체팰리스 워터파크의 특징은 바디풀이나 유수풀, 아이들을 위한 키즈풀, 슬라이더 등 다양한 시설이 마련돼 있다는 점이다. 3층 야외공간에는 바닷바람을 맞으며 즐길 수 있는 옥외 이벤트풀과 수영장, 모래찜질, 일광코스가 조성돼 있다. 특히 모래찜질 장소는 바닥에 열선을 설치, 42도까지 열을 내게 해 해변의 백사장 효과를 실내에서도 그대로 느낄 수 있다.

신비의 바닷길이 열리는 무창포해수욕장

비체팰리스는 서해 최대 비경인 석대도 낙조를 조망할 수 있는 무창포해수욕장 해안가에 위치해 있다. 서해안고속도로 무창포IC에서 비체팰리스까지는 5km로 서울에서 그리 멀지 않다는 것도 장점.

무창포는 매월 두 번 해안과 석대도 사이 바다가 갈라져 바닷길이 열리는 모세의 기적이 연출되는 곳으로, 세계적으로도 드물고 신비스러운 자연현상이 벌어지는 곳이다. 서해안 무창포는 연인들의 낭

만, 아름다운 발라드와 통기타, 풍부한 해산물, 빼어난 경치 등을 간
직한 때 묻지 않은 관광지다. 해마다 해안에서 열리는 갖가지 해산
물 축제는 관광객들의 발길을 끌어들인다. 주꾸미 축제, 머드축제를
비롯해 여름에서 가을까지 이어지는 꽃게, 대하, 전어축제는 풍부한
먹거리를 제공하며 사람들의 눈과 입을 즐겁게 한다.

　이러한 무창포의 중심에 있는 비체팰리스는 건물과 주변 풍경이
아름다워 각광받는 휴양 명소로 인기를 누리고 있다.

근교 여행지

1 | 홀뫼해수욕장 독대섬

독대섬은 군사 지역이기 때문에 섬 위로 올라갈 수 없지만 주변의 갯바위 해안은 둘러볼 수 있다. 남해안의 해변처럼 기암괴석은 아니지만 운치 있는 풍경이 펼쳐지기 때문에 산책 코스로 좋다. 썰물 때라면 독대섬 해안의 바위 그늘에서 휴식을 즐기는 것도 방법. 기암괴석 사이에 작은 모래톱이 있기 때문에 그늘막을 준비해 가면 호젓한 휴식을 취할 수 있다.

2 | 조개잡이 체험

조개잡이를 할 때는 물이 충분히 빠진 후에 호미질을 해야 손쉽게 잡을 수 있다. 손톱 한두 마디 정도의 깊이에 조개가 있으므로 손가락으로 더듬었을 때 뭔가 닿으면 파내면 된다. 이곳은 모래 갯벌이어서 호미질도 어렵지 않다. 갯벌체험을 위해 호미와 양동이를 미리 준비해 가면 좋지만 그렇지 않더라도 걱정할 필요는 없다.

가는 법

서해안고속도로 무창포IC에서 좌회전 후 606번 지방도로를 타고 3km 정도 직진하면 무창포해수욕장.

근처 맛집

동호식당

홀뫼해수욕장의 소문난 맛집. 인근 야산에서 방목한 오리와 토종닭을 이용한 오리탕과 닭백숙이 일품이다. 동호식당 외에 독산비치, 삼도정 등도 추천할 만하다.

- ✉ 독대섬 맞은편
- ☎ 041-936-3957
- 🍴 오리탕 2만 5천원. 닭백숙 3만원

숙박 팁

해수욕장 주위에 콘도형, 방갈로형 등 다채로운 민박집이 많다. 민박집 대부분이 조개를 잡아 구워 먹을 수 있는 그릴과 평상을 비치한 것이 특징. 깔끔한 방갈로형 원룸을 갖춘 해산콘도(041-935-9794)를 비롯해 선진민박(041-936-4808), 홀뫼민박(041-936-3591)은 콘도식 원룸을 갖추고 있다.

다도해 복합레저타운 스타일 워터파크

여수 디오션리조트

여수 디오션리조트의 워터파크는 국내에서 가장 많은 물놀이시설을 갖추고 있다. 전설의 도시 '아틀란티스'를 연상하게 하는 신나는 테마가 가득한 여수 디오션리조트로 물놀이를 떠나보자.

TRAVEL COURSE

1일 돌섬대교 – 돌섬 – 해양엑스포 전시관 – 워터파크 즐기기

2일 워터파크 파라오션 – 오동도 – 진일관 – 시내 관광

Address	전남 여수시 소호로 295
Tel	1588-0377
Web	www.theoceanresort.co.kr
Price	더블 22만원, 패밀리 트윈 26만 2천원

천혜의 청정바다와 수많은 섬을 보유하고 있어 미래 세계해양 관광도시로서 무한한 잠재력을 지닌 곳 여수. 이곳에 위치한 디오션리조트는 2012년 여수해양엑스포를 계기로 폭발적인 호응을 일으킨 리조트다. 콘도의 경우 최고급 호텔 수준을 자랑하며, 전 객실이 바다를 향해 배치돼 있다. 파라오션 워터파크는 전설의 도시 '아틀란티스'를 연상하게 하는 인테리어와 10가지가 넘는 다양한 물놀이 시설을 갖추고 있어 인기가 많다. 뿐만 아니라 리조트 일대에 골프장도 자리하고 있어 시원한 바닷길을 거닐며 라운딩을 즐길 수 있다.

남해안 최고의 물놀이 테마파크, 파라오션 테마파크

디오션리조트 내 대규모 물놀이 공원인 파라오션 워터파크에는 피서철이 되면 휴가를 즐기려는 사람들이 우르르 몰려든다. 이곳은 국내에서 가장 많은 물놀이 시설을 갖추고 있는데, 특히 '더블 토네이도'는 세계 최초의 2회전 워터 롤러코스터로 짜릿한 스릴을 만끽할 수 있다. 또 수직에 가까운 미끄럼틀을 타고 내려오는 아찔함이 자랑인 '다이렉트 슬라이드'는 설치 각도가 72도로 국내에서 최고다.

입이 즐거워지는 여행지, 여수의 별미 맛보기

화끈한 워터파크 시설도 좋지만 여수에 가면 별미를 맛보는 것을 놓치지 말아야 한다. 여수 식당에서는 백반만 주문해도 간장게장, 게장무침, 조기찌개, 나물무침 등이 한상 가득 차려진다. 맛깔스러운 반찬들이 이렇게 푸짐하니 입이 절로 즐거워질 수밖에.

보성 가면 '주먹 자랑' 말고 여수 가면 '돈 자랑' 하지 말라는 옛말이 떠오르는 여수. 그만큼 문물이 발달한 여수는 보기만 해도 생동감이 넘치는 지역이다. 그래서 여수는 늘 설렘이 있다.

근교 여행지

1 | 백야도

3개의 봉우리로 이뤄진 백야도의 최고점 백호산 정상에서는 남해의 다도해를 한눈에 조망할 수 있으며 특히 일출과 일몰이 장관이다. 백호산 아래로 내려오다 보면 백야도등대 가는 길목으로 몽돌해변이 자리하고 있는데, 조용한 해안가에 앉아서 몽돌에 부딪히는 파도 소리를 들으며 몽돌밭을 보는 것만으로도 시원함을 느낄 수 있다.

2 | 돌산갓영농조합

돌산갓영농조합에 가면 갓김치 담그는 모습은 물론 그저 지나가는 객에게도 따스한 죽 한 그릇을 퍼 주는 넉넉한 인심까지 만날 수 있다. 또한 여수 특산물 갓김치를 저렴한 가격에 구입할 수도 있다. 배송 주문도 가능하니 참고할 것.
☏ 061-644-0636

3 | 오동도

섬 내에는 동백나무, 시누대 등 200여 종의 가종 상록수가 하늘을 가릴 정도로 울창하다. 또한 잔디광장 안에는 70여 종의 야생화가 심어진 화단과 기념식수동산 등이 있어 어린이들의 자연학습장으로도 유용하다. 섬 전체를 덮고 있는 3,000여 그루의 동백나무는 이르면 10월부터 한두 송이씩 꽃이 피기 시작하기 때문에 한겨울에도 붉은 꽃을 볼 수 있다. 그리고 2월 중순경에는 약 30% 정도 개화하다가 3월 중순경에 절정을 이룬다. 섬 전체에 거미줄처럼 뻗어있는 탐방로는 연인들의 데이트 코스로 인기가 높고, 종합상가 횟집에서는 인근 남해 바다에서 갓 잡아 올린 싱싱한 생선을 맛볼 수 있다.

가는 법

호남고속도로 순천 나들목-여수 방면 17번 국도-여수 시내-오동도

근처 맛집

황소식당(061-642-8007)과 두꺼비게장(061-643-1880)의 게장백반이 괜찮고, 구백식당(061-662-0900)과 삼학집(061-662-0261)은 서대회가 일미다. 이외에도 여수 해물한정식집으로 소문난 한일관(061-654-0091), 여수 어항 근처에 위치한 남원추어탕(061-643-1118) 등이 있다.

숙박 팁

여수 시내에 자리한 마띠유호텔(061-662-3131)이나 선소 앞에 있는 벨라지오관광호텔(061-686-7977)이 추천할 만하다. 돌산관광해수타운(061-644-7977)도 깔끔하니 괜찮다.

© 김남용

PART 2

비행기 타지 않고 해외여행 즐기기

한국 속 세계여행

12

자장면, 공갈빵, 화덕만두… 군침 도는 별미여행

인천 차이나타운

인천 구시가지에 가면 맛있는 식도락 여행을 즐길 수 있다. 원조 자장면부터 인천 차이
나타운에서만 만날 수 있는 별미도 즐기고, 자유공원과 삼국지거리를 걸으면서 중국 문
화를 체험해보자.

BEST SEASON

봄	★★★★
여름	★★★★
가을	★★★★★
겨울	★★★★★

TRAVEL PARTNER

가족	★★★★★
연인	★★★★
친구	★★★★

TRAVEL COURSE

1일 인천역 – 제1패루 – 공영주차장 입구 – 북성동 자치센터앞 – 연경 – 스카이힐 – 제3패루 – 의선당 – 차이나타운1길 – 차이나타운3길 – 제2패루 – 청·일조계지 경계 계단 – 차이나타운2길 – 화교 중산학교 – 삼국지벽화거리 – 이곳에서 인천역으로 되돌아가서 월미도로 가거나 혹은 계속해서 자유공원 쪽으로 관광 가능

Address	인천광역시 중구 선린동, 북성동 일대
Tel	인천종합관광안내소 032-777-1330
Web	www.ichinatown.or.kr
Price	입장료 무료, 식비 1만원(1인 기준)

인천 차이나타운은 1883년 인천항이 개항되고 1884년 이 지역이 청의 치외법권 지역으로 지정되면서 생겨났다. 과거에는 중국에서 수입한 물품을 파는 상점들이 대부분이었으나 현재는 거의 중국 음식점이 자리하고 있다. 현재 이 거리는 한국 거주 중국인들이 지키고 있다. 초기 정착민들이 지켜온 전통문화를 그대로 유지하고 있진 못하지만, 중국의 맛만은 그대로 고수하고 있다.

차이나타운은 지하철 1호선 인천역 맞은편에 있다. '패루'는 비슷한 업을 하는 사람들이 모여 살던 동네인 방(坊)의 입구에 세웠던 중국식 문루로, 마을 입구에 세워진 일종의 중국식 전통 대문이다. 2000년 중국 웨이하이시의 기증으로 인천역 건너편에 제1패루가 세워졌으며, 현재 차이나타운에는 두 개의 패루가 더 있다. 그리 넓지 않은 골목 하나를 중심으로 쭉 이어진 차이나타운 거리. 그 거리에는 이것저것 볼거리도, 먹을거리도 가득하다. 마치 북경의 작은 마을에 들어와 있는 착각이 들 정도다.

화려한 치파오와 각종 장신구, 칭따오 맥주 등을 늘어놓은 상점, 월병과 옹기병을 구워 파는 중국식 제과점, 점심시간이 지났음에도 길게 늘어선 줄이 절로 한숨짓게 만드는 양꼬치 가게, 그리고 '~루' '~관'으로 끝나는 간판을 단 중국집들이 끝없이 이어진다. 흥성거리는 분위기가 마치 재래시장 구경에 나선 것 같은 기분을 들게 한다.

중국식 맛집이 즐비한 차이나타운 맛집 순례

'중국음식' 하면 가장 먼저 떠오르는 것이 자장면이다. 아무리 요리를 잘해도 자장면 맛이 형편없으면 그 중국집은 오래가지 못한다. 정통 자장면을 제대로 맛보고 싶다면 인천 차이나타운으로 가자. 패루에서 100m쯤 올라가면 붉은색 건물 공화춘이 나온다. 공화춘 자장면의 쫄깃한 면발과 깊은 장맛은 타의 추종을 불허한다.

1883년 인천항이 개항하면서 중구 북성동, 선린동, 항동 일대는 1만여 명에 달하는 중국인의 경제 중심지로 성장했다. 중국 사람들이 늘어나자 자연스레 청요리집이 생기며 번창했고, 1905년 문을 연 공화춘에서 우리나라 최초 자장면이 만들어졌다. 밀려드는 일감 때문에 여유 있게 식사할 수 없었던 부두 노동자들이 값싸고 쉽게 먹을 수 있도록 춘장을 볶아 면에 비벼 한 끼를 때우는 음식이 바로 자장면이었다. 그러나 1970년대에 외국인의 재산권 행사에 제한을 두자 화교들이 외국으로 떠나버렸고, 이곳은 쇠락의 길에 접어들었다. 1984년 공화춘도 결국 문을 닫았다. 그러나 1990년 중반 중국과 해상 실크로드가 열리면서 차이나타운은 옛 영화를 되찾게 됐고, 2층짜리 옛 공화춘 건물(등록문화재 제246호)은 자장면을 테마로 한 자장면박물관으로 꾸며졌다. 현재 공화춘에서는 개항기, 일제강점기, 1970년 경제 발전기까지 자장면을 통한 사회문화상을 유

차이나타운 5대 먹거리
다양한 먹거리가 많은 차이나타운. 그중에서도 옹기병과 자장면, 공갈빵, 월병, 전통차가 차이나타운 5대 먹거리로 꼽힌다. 차이나타운에 방문했다면 이 다섯 가지 음식은 꼭 한 번 먹어보자.

물과 모형을 통해 더듬어 볼 수 있다.

차이나타운 5대 먹거리 중 하나라는 옹기병은 화덕 벽에 붙여서 구워낸 만두의 일종이다. 고구마, 단호박, 고기, 깨 등이 속재료로 쓰이며 만두라고는 하지만 화덕 벽에 구운 것이라 과자처럼 바삭거린다. 고기는 제법 양이 많고 육즙이 흥건해 출출한 속을 달래기에 딱 적당하다.

뿐만 아니라 주말이면 차이나타운에는 공갈빵이라고 불리는 중국식 호떡을 맛보려고 줄을 서는 사람들이 많다. 1인용 화덕에 앉아 땀을 뻘뻘 흘리며 빵을 구워내는 모습이 도자기를 구워내는 명인을 닮았다. 얇은 반죽이 아이 머리통만큼 부풀어 오르면 밀가루 반죽을 떼어 구멍을 메운다. 일단 엄청난 빵의 크기에 놀라게 되는데, 거북의 등딱지만큼이나 딱딱한 껍질과 그 안쪽에 스며든 흑설탕 맛이 절묘하다. 바삭바삭하면서도 고소하고 기름기가 전혀 없어 담백한 맛이 그만인 공갈빵은 화덕에서 바로 꺼내야 제맛이 난다.

정통 중국식 찐빵과 만두도 먹을 만하다. 차이나타운 거리에 산둥지방 전통만두로 유명한 중국식당이 많다. 식당 주인 역시 산둥지방 사람이다. 일단 만두를 주문하면 만두 크기에 한 번 놀라고 맛에 두 번 놀란다. 두부, 당면, 고기와 중국 양념, 향신료에 잘 버무린 만두소의 맛은 그야말로 별미다. 보통 중국집 군만두는 기름에 튀겨서 나오지만 이 식당의 군만두는 화덕에 구워서인지 육즙이 살아 있어 만두를 한 입 베어 물었을 때 육즙이 그대로 배어나온다. 이처럼 맛좋은 추억의 별미를 즐길 수 있는 곳이 차이나타운이다.

한미수교의 현장 자유공원과 삼국지벽화거리

자유공원으로 올라가는 길에 3패루(선린문)가 있다. 경사가 급하며 4층 계단으로 이뤄져있는데, 계단 양옆에 그림이 그려져 있어 그림을 보면서 걸어 올라가다 보면 중국을 이해하는 데 많은 도움이 된다.

자유공원에 들어서면 뾰족한 탑이 하늘을 향해 치솟고 있는 모습을 볼 수 있다. 한미수호조약 100주년을 기념해 세워진 한미수교 100주년 기념탑이다. 한미수호통상조약은 1882년 인천 제물포 화도

진 언덕에서 조인 체결했다. 이 조약으로 인해 조선은 자본주의 국가에 직접적으로 문호개방을 하게 됐으며, 이를 계기로 양국 간의 교류가 시작됐다고 볼 수 있다.

자유공원을 한 바퀴 돌고 내려오면 오른쪽 골목으로 삼국지벽화거리가 이어진다. 총 160면의 그림들이 삼국지 이야기를 제각각 품고 있는데, 이해하기 쉽도록 각 그림마다 번호가 붙어 있다. 그림을 따라 걷노라면 벽 곳곳에 유비, 관우, 장비, 제갈량, 여포 그리고 조조의 호령 소리가 거침없이 튀어나온다. 삼국지벽화거리 위쪽에는 삼국지 포토존이 만들어져 있어 아이들과 함께 기념사진을 찍기에도 좋다.

청일조계지 계단을 중심으로 차이나타운의 또 다른 모습이 나타난다. 서쪽은 개항 당시 중국인들이 거주하던 청국조계지이고 동쪽은 일본 조계지다. 이 계단에서 청나라와 일본 그리고 조선 사람들 간에 얼마나 많은 이야기들이 펼쳐졌을까 하는 재밌는 상상도 해 본다. 계단 맨 위의 공자상이 이들의 삶을 굽어보고 있는 것 같아 인천 앞바다의 역사가 스멀거린다.

중국문화 체험과 일본인 거리에 만들어진 인천역사자료관

한중문화관은 중국풍의 화려함과 한국의 단청이 복합되어 있는 아름다운 건물이다. 처음에는 큰 중국 식당처럼 보이지만 찬찬히 보

면 한중문화관 건물을 알리는 현판이 있다. 입구에 꿈틀거리는 커다란 황금색 용 두 마리가 건물을 둘러싸고 있다. 한중문화관은 한중문화교류의 중심지다. 1층에는 기획 전시실, 2층에는 한중문화전시관 및 중국유물체험장, 3층에는 우호도시 홍보관과 중국문화체험장이 있다. 중국의 각 도시에서 기증한 다채로운 공예품들이 있으며, 중국 차 시음과 중국 전통의상 치파오를 입고 사진 촬영을 할 수 있는 체험공간도 있다.

인천의 모든 역사가 담겨 있는 인천역사자료관도 꼭 들러보자. 일본인의 저택이었던 이곳은 드라마 촬영 장소로도 쓰였을 만큼 정원이 아기자기하고 예쁘다. 자료관 안으로 들어가면 많은 사진과 책들이 있다. 인천은 물론 전국 각지의 역사가 담긴 5,000여 권이 넘는 책들은 무료로 이용할 수 있다.

TRAVEL PLUS

근교 여행지

(구)공화춘

1905년에 건립한 것으로 추정되는 건물로, 국내 자장면의 발상지로 알려져 있다. 전체적인 평면은 '뫂'자형으로 전후면에 '一'자형의 건물이 있고 그 사이 공간을 4개의 건물이 연결하고 있으며, 각 연결 건축물 사이에는 중정이 구성돼 있다. 상업용도 건물에 중정형의 공간 구성을 취한 것인데, 이는 당시 청조계지의 건축 특성을 잘 보여주고 있다.

가는 법

대중교통의 경우 지하철 1호선 인천역에서 하차 후 길 건너면 바로 인천 차이나타운 입구. 자가용의 경우 경인고속도로와 서해안고속도로 종점(인천항)에서 월미도 방향으로 15분.

13

봉주르, 어린왕자가 사는 동화 마을

가평 쁘띠프랑스

드라마 〈별에서 온 그대〉 〈베토벤 바이러스〉 등 수많은 드라마 촬영지로 유명한 프랑스 테마파크다. 가평 '쁘띠프랑스'에서는 마치 프랑스 거리를 거닐고 있는 것처럼 프랑스의 모든 것을 보고 즐기고 체험할 수 있다.

TRAVEL COURSE

1일 경춘가도 드라이브 – 청평댐 – 호명리 드라이브 코스 – 남이섬 – 자라섬

Address 경기도 가평군 청평면 호반로 1063
Tel 031-584-8200
Web www.pfcamp.com
Price 어른 8천원, 청소년 6천원, 어린이 3천원

테이크아웃, 매점, 스낵 – 커피, 음료수, 와플, 추로스, 핫도그, 아이스크림, 피자 등
판매 기념품숍 – 어린왕자를 테마로 한 다양한 기념품 판매

드라마 〈별에서 온 그대〉 〈시크릿 가든〉 〈베토벤 바이러스〉의 감동을 다시 한번 느끼고 싶다면 가평으로 가자. 청평댐에서 남이섬 방향으로 호숫가 길을 따라 10km쯤 가다 보면 지중해 연안의 마을 같기도 하고, 호명산의 수려한 주위 배경과 함께 보면 마치 알프스 산록의 전원마을 같기도 한 동네가 보인다. 바로 프랑스 문화마을인 쁘띠프랑스다. 쁘띠프랑스는 프랑스인들이 모여 사는 마을이 아니라 프랑스 문화를 느끼고 체험할 수 있는 곳이다. 드라마 촬영지로 유명해져 평일에도 찾는 사람들이 아주 많다. 쁘띠프랑스 내의 150년 이상 된 고택에서는 프랑스의 의식주 문화를, 『어린왕자』의 작가 생텍쥐페리 기념관에서는 프랑스 문학을 접할 수 있다. 또한 프랑스의 상징인 '닭 조각'과 그림을 볼 수 있는 갤러리, 비스트로, 오르골숍, 허브&아로마 숍, 어린왕자 기념품숍 등이 있다. 멋진 프랑스식 전통 건축물을 마음껏 볼 수 있는 쁘띠프랑스는 프랑스의 아름다운 문화를 소개하고 싶다는 취지로 약 20년 동안 준비한 끝에 탄생하게 됐다고 한다.

아기자기한 동화 속 마을로 풍덩

주차장에서 쁘띠프랑스로 향하는 입구. 청평호와 함께 작은 마을 쁘띠프랑스가 액자 속 그림처럼 펼쳐진다. 공원 전반에 걸쳐 하나의 주제가 관통하는데 생텍쥐페리의 소설 『어린왕자』가 바로 주인공이

다. 프랑스에 있을 법한 전원마을에 들어와 어린왕자 캐릭터를 곳곳에서 만나며 아이 어른 할 것 없이 순수한 호기심을 마음껏 누릴 수 있다. 계단과 골목을 걸으며 쁘띠프랑스를 덮고 있는 색감에 감탄하고 또 감탄한다. 서서히 녹색이 태동하는 숲 한가운데 봄과 어울리는 파스텔 톤 프랑스 마을을 걷고 있자니 발걸음마다 추억이 돋고, 유럽의 낭만이 이런 건가 싶기도 하다.

마을 중앙 광장에서 즉석 연주회와 공연도 가득

　살아 있는 듯 움직이는 인형에 어떤 아이는 울음을 터트리기 직전이고 어떤 아이는 대화를 걸어 보려고 한다. 어른들도 인형에서 눈을 떼지 못하고 공연에 홀딱 빠졌다. 모두 동심으로 인형극을 즐기는 모습이 보기만 해도 흐뭇하다. 쁘띠프랑스에서는 5월 1일부터 6월 28일(2015년 기준)까지 진행하는 〈제4회 유럽동화나라축제〉를 통해 공연 건물, 거리 곳곳에서 인형극을 즐길 수 있다. 공연 전에 방송을 통해 장소와 시간을 공지하니 놓칠 걱정은 없지만, 공연 시간대를 미리 참고해두면 여행을 좀 더 알차게 즐길 수 있을 것.

　인형극이 펼쳐지는 곳 뒤편에 갤러리라는 작은 간판이 걸려 있다. 프랑스에서 용맹스러움을 표현할 때 사용하는 '닭'이 입구부터 눈길을 사로잡는다. 내부로 들어가면 프랑스의 고전문화를 느낄 수 있는 다양한 작품을 만날 수 있다. '프랑스'하면 떠오르는 것이 아름다

유럽동화나라축제
매년 쁘띠프랑스에서 열리는 '유럽동화나라축제'는 동화 속 주인공들을 인형극과 조형물, 체험을 통해 만날 수 있는 축제다. 인형극은 물론 오르골 연주, 마임ㆍ마술, 마리오네트 댄스 등 다양한 공연이 펼쳐질 뿐만 아니라 동화나라 포토존&의상체험과 석고아트 체험도 마련돼 있다.

움과 예술. 인형을 통해 아름다움을 표현하려 했던 그들의 정신을 엿볼 수 있는 다양한 인형이 전시돼 있기도 하다. 축제에 걸맞게 여러 동화를 통해 접했던 등장인물이 떠오르는 인형도 눈에 띈다.

프랑스 실제 마을을 재현해 놓은 전통주택관

쁘띠프랑스에서 꼭 봐야 할 프랑스 전통주택관으로 가 보자. 쁘띠프랑스가 자랑하는 건축물이다. 약 150년 전의 목재 기둥, 기와, 바닥재 등을 그대로 재사용한 고택으로 외관과 내부에서 배울 점이 많은 건물이다. 프랑스의 옛 생활을 짐작할 수 있는 프랑스 전통주택관에서는 가구들도 놓칠 수 없는 볼거리다. 한쪽 벽면을 장식한 접시들도 하나하나 살펴보자. 무늬와 색깔에서 프랑스 귀족의 취향이 어땠는지 상상해 볼 수 있다.

쁘띠프랑스는 비교적 작은 규모지만 즐기는 시간으로 따지면 결코 짧은 코스가 아니다. 아기자기하게 꾸며 놓은 골목들이 다양한 동선으로 엮여 있고, 왔던 길도 반대로 다시 돌아가 보면 처음에 보지 못했던 풍경에서 색다른 맛을 찾을 수 있다. 마을 속 골목길을 놓치지 않는 것이 쁘띠프랑스를 제대로 맛볼 수 있는 방법이다.

근교 여행지

1 | 자라섬

1943년 청평댐(淸平)이 건설되면서 북한강(北漢江)에 생긴 자라섬은 남이섬과 직선거리로 800m 정도에 위치해 있다. '자라처럼 생긴 언덕'이 바라보고 있는 섬이라 해 '자라섬'이라는 이름을 얻었다. 동도, 서도, 중도, 남도 등 4개 섬으로 이뤄진 자라섬에는 레저 및 생태공원 시설이 들어서고 있다. 오토캠핑장이 위치한 서도 일원에는 드라마 〈아이리스〉 촬영장이, 중도에는 지름 100m가 넘는 잔디광장을 갖춘 생태문화공원이. 자라섬캠핑장 서단에는 자연생태테마파크 '이화원(二和園)'이 조성돼 있다. 자라섬은 캠핑으로도 유명하다.

2 | 아침고요수목원

축령산의 빼어난 자연경관을 배경으로 해 한국의 미를 듬뿍 담은 정원들을 원예학적으로 조화시켜 설계한 원예수목원이다. 여러 가지 특색 있는 정원을 갖추고 있고, 울창한 잣나무 숲 아래에서 삼림욕을 즐길 수도 있어 도시민들에게 쉼터를 제공한다. 20개의 주제를 가진 정원은 아름답게 가꿔진 잔디밭과 화단, 자연스러운 산책로로 연결돼 있다. 특히, 아름다운 대한민국의 금수강산을 실제 한반도 지형 모양으로 조성해 최고 절정의 꽃으로 표현한 하경정원(Sunken Garden)은 관광객들의 관심을 가장 많이 끄는 곳이다.
- ☎ 1544-6703

3 | 제이드가든

'숲 속에서 만나는 작은 유럽'을 모토로 한 제이드가든은 자연의 계곡 지형을 그대로 살려 화훼나 수목, 건축 양식, 건물 배치 등을 유럽풍에 맞췄다. 계곡 사이의 지형을 따라 길게 이어지며 만병초류와 단풍나무류, 붓꽃류, 블루베리 등 3,000종이 넘는 식물을 보유하고 있다. 약 5만평 규모의 제이드가든은 드라이가든과 웨딩가든, 이끼원, 로도덴드론가든 등 모두 24개의 소원으로 나눠져 있다.
- ☎ 033-260-8300

가는 법

자가용을 이용할 경우 서울-46번 국도-춘천. 청평 방향-대성리-청평댐 입구에서 고성리, 호명리 방향으로 10㎞ 직진. 기차를 이용할 경우 청량리역 혹은 성북역에서 춘천행 기차-청평역 하차-고성리행 버스 이용(오전 5시 25분부터 오후 10시 30분까지 1시간 간격 운행).

근처 맛집

명지쉼터가든

잣으로 만든 향긋한 잣국수가 별미다. 곱게 간 잣에 밀가루와 쌀가루 등 5가지 재료를 더해 면을 뽑고, 잣가루를 넣어 끓인 국물에 말아 낸다.
- ✉ 경기도 가평군 북면 가화로 777 명지쉼터가든
- ☎ 031-582-9462

왕장어촌 ☎ 031-582-9933
양태봉촌두부 ☎ 031-582-0058
가평축협한우명가 ☎ 031-581-1592

숙박 팁

쁘띠프랑스 내에서 숙박도 가능하다. 4명 미만의 소형객실부터 10여 명을 수용할 수 있는 대형객실까지 있으며, 총 200명가량 수용할 수 있다(문의 031-584-8200).

가평관광호텔 ☎ 031-581-0505
나우호텔 ☎ 031-581-6969
동영모텔 ☎ 031-581-2248
성원모텔 ☎ 031-581-6010

14

오렌지색 뾰족지붕 너머 감미로운 남해 바다

남해 독일인 마을

눈이 부시도록 푸르른 남해 바다가 내려다보이는 중턱에 자리 잡은 독일인 마을. 바닷가 언덕 위에 옹기종기 모여 있는 집들은 약속이라도 한 것처럼 하얀 벽과 빨간 지붕이다. 동네를 보고 있으니 독일에 온 것처럼 이국적인 정취가 풍긴다.

TRAVEL COURSE

1일 사천IC – 창선대교 – 점심식사(멸치회) – 미조항 – 상주해수욕장 – 남해 스포츠파크 – 해오름 예술촌 – 저녁식사(활어회) – 공예 체험 – 숙박

2일 아침식사(해물탕) – 남해 편백림 산책 – 점심식사(굴밥) – 금산 보리암 – 창선대교 – 사천IC

Address　경남 남해군 삼동면 독일로 72
Tel　남해군청 055-860-3114
Web　www.namhae.go.kr
Price　교통비 10만원, 식비 10만원, 숙박비 10만원, 여비 5만원(1인, 1박2일 기준)

물미해안도로

물건리과 미조항을 잇는 물미해안도로는 그 아름다움이 남해의 자랑이다. 드라이브 중간 중간 지나는 마을마다 빼어난 경치와 수려한 바다의 풍광을 만나게 되고 한려수도의 다양한 절경을 만날 수 있다.

남해 물건방조어부림 뒤편에 유럽의 시골 마을처럼 아름다운 곳이 있다. 이곳은 국내에서 유일한 독일인 마을이다. 바닷가 언덕 위에 옹기종기 모여 있는 집들은 하얀 벽과 빨간 지붕이라 유럽에 온 것 같다.

남해 독일인 마을은 1960년대에 외화를 벌기 위해 광부와 간호사로 독일에 갔던 사람들, 그리고 이들과 결혼한 독일인 등이 한국에 돌아와서 정착한 마을이다. 남해군에서 부지를 조성했고, 독일에서 건축 재료를 들여와 독일식으로 집을 지었다. 엽서 속에서나 봄직한 아기자기한 독일식 집들과 정원들이 꾸며져 있다.

마을엔 파란 눈의 독일 사람들도 살고 있다. 독일 마을에 서면 멀리 빨간 등대와 하얀 등대가 마주 보고 선 물건항도 내려다보인다. 한번쯤 유럽식 주택에서 숙박하고 싶다면 독일인 마을에서 홈스테이를 해도 좋다. 영어와 독일어로 대화 가능.

독일인 마을과 인접한 해오름 예술촌 '독일 와인문화관'에서는 독일의 문화와 와인을 체험할 수 있다. 매월 넷째 주 토요일에는 독일촌 주민과 함께 하는 와인파티가 열리는데, 독일산 와인과 전통 맥주, 전통 소시지 등 다양한 음식과 이색적인 풍물을 즐길 수 있다.

알 공예도 만들고 도자기도 빚는 해오름 예술촌

물건방조어부림

물건방조어부림은 거친 파도와 바람에 맞서 마을을 지키고 고기를 모이게 하는 어부림으로 길이 1.5km, 너비 30m의 반달형이다. 이 숲에는 팽나무, 상수리나무, 느티나무인 낙엽수와 상록수인 후박나무 등 300년 된 40여 종류의 나무가 있다. 물건리 해안을 초승달 모양으로 둘러싼 모양이 아름답다.

남해 해오름 예술촌(055-867-0706, www.sunpart.kr)은 주말 여행지로도 좋지만 다양한 예술 체험을 제대로 즐기려면 시간을 투자해 실속 있게 경험하는 것이 낫다. 해오름 예술촌은 촌장 정금호 씨가 물건초등학교를 사재로 구입해서 2002년부터 2003년에 걸쳐 개조했다. 실내에는 촌장이 직접 수집한 각종 공예품과 추억을 되살릴 수 있는 골동품 등 2만여 점이 전시되어 있다. 이곳에서는 인근 독일 마을과 연계한 와인빌리지와 개인전시회, 가족 체험 도자기 굽기 등 다양한 행사를 통하여 관광객에게 많은 볼거리를 제공한다.

해오름 예술촌 문화 체험은 직접 만드는 과정뿐 아니라 내가 만든 작품까지 가져올 수 있다. 프로그램으로는 전통 염색 체험이나 한지 공예 체험, 조각 체험, 도자기 만들기 등이 인기. 알 공예나 염색 체

독일인 마을과 이웃한 남해 해오름 예술촌.
알 공예와 도예 체험이 인기가 좋다.

험, 조각 체험 등은 만든 작품을 곧바로 손에 넣을 수 있다. 도자기 만들기는 작업의 특성상 물레질과 빚기, 초벌구이, 유약 바르기 정도까지 체험을 하고 마지막 공정은 시간상 경험하지 못하는 경우가 많다. 하지만 대부분 체험학교에서 완성품을 택배로 배달해준다.

미조항 주변은 갖가지 공예 체험과 독일인 마을의 홈스테이, 푸근하고 아름다운 해안도로 드라이브를 즐길 수 있는 일석삼조의 여행지다. 눈으로 보기보다는 마음을 적시고, 머리로 생각하기보다는 손으로 추억을 만드는 여행이 될 듯. 더불어 물미해안도로까지 자동차로 달리는 행복도 빼놓지 말자. 이름처럼 바로 정면의 물건 바다에서 떠오르는 일출은 예술촌의 이국적인 풍경과 더불어 아름다움을 자랑하고 있다.

TRAVEL PLUS

가는 법

대전·통영 간 고속도로를 타고 가면 한결 수월하다. 사천IC로 나와 삼천포대교와 창선대교를 지난다. 물건리를 지나면 독일인 마을. 해오름 예술촌은 1km 정도 직진하면 은점마을에 위치.

근처 맛집

공주식당

갓 잡아 올린 은빛 갈치를 뼈째 잘게 썰어서 파, 마늘, 양파, 미나리, 통깨, 참기름을 넣은 양념으로 무쳐낸다. 공주식당은 여기에 약 2개월 정도 발효시킨 막걸리 식초와 고추장을 섞어 만든 초고추장으로 맛을 낸다. 완성된 갈치회무침은 풋풋한 비린내가 나기도 하는데 상추, 깻잎 등에 싸 먹으면 개운하다. 양이 푸짐해 2만원 한 접시면 4명 정도가 맛있게 먹을 수 있다.

✉ 경남 남해군 미조면 미조로 230
☎ 055-867-6728
🍴 갈치회 3~4만원, 멸치회 2~3만원

숙박 팁

해오름 예술촌 인근에 있는 남해유스호스텔(055-867-4848)을 이용해도 좋고, 미조항 근처 바다협주곡 펜션(055-867-2787), 펜션 영상그린하우스(055-862-6047), 미조항 독일인 마을 근처의 남해 아름다운 날들 펜션(055-867-6966) 등도 좋다.

하늘, 땅, 바다가 열리는 꼭짓점 호미곶과 구룡포항

포항 구룡포항 일본식 거리

항구의 표정이 분주하다. 하느님과 동업해서 꾸덕꾸덕하게 말린 과메기가 겨우내 항구를 적신다. 바닷가 포구에 들큰한 향내가 지천에 널려 있다. 어촌 사람들의 바쁜 손놀림에 덩달아 마음이 급해지지만 바다는 늘 그렇듯 푸근한 모습으로 여행객을 반긴다.

TRAVEL COURSE

1일 포항IC – 포항시내 – 죽도시장 – 점심식사(물회) – 31번 국도 구룡포 방면 – 병포삼거리에서 대보 방면 – 구룡포항 – 구룡포우체국 옆 일본식 적산가옥 골목 – 구룡포해수욕장 – 저녁식사(활어회) – 숙박

2일 아침식사(복국) – 어판장 구경 – 호미곶 등대박물관 – 점심식사(해물탕) – 상생의 손 – 영일만 해안도로 – 포항IC

Address   경북 포항시 남구 구룡포읍 구룡포항
Tel   포항시청 054-270-8282
Web   www.ipohang.org
Price   교통비 10만원, 식비 10만원, 숙박비 5만원, 여비 5만원(1인, 1박2일 기준)

구룡포항의 매력은 곳곳에 정박한 오징어잡이 배를 볼 수 있다는 것. 원래는 고래잡이로 유명했던 항구지만 지금은 그 자리를 오징어잡이 배가 대신하고 있다. 새벽녘이면 언제 그랬냐는 듯 바쁘게 움직이며 강한 생명력을 과시할 오징어잡이 배지만 낮 동안은 느긋하게 휴식을 취하는 여유를 보인다.

항구에 즐비한 횟집과 수산물 시장을 지나 작은 언덕을 넘으면 아담한 규모의 구룡포해수욕장이 펼쳐진다. 반달형의 백사장은 길이 400m, 폭 50m의 작은 규모지만 동그란 해안선이 정답다. 횟집이든 민박집이든 바다를 마주한 집이 많아서 편안하게 바다를 즐길 수 있다.

구룡포항은 일제강점기 때 동해안의 수산물과 전쟁 자급물자를 수탈하던 거점이었다. 구룡포 항구가 내려다보이는 골목길에 있는 집이 모두 일본식 가옥이었을 정도로 일본인들이 많이 살았다고 한다. 구룡포우체국 뒷골목으로 통하는 골목에서는 아직도 일본식 적산가옥을 만날 수 있다. 이 골목은 자동차가 겨우 비켜갈 수 있을

정도로 좁지만 막걸리집, 선박수선공장, 여인숙 등 항구의 서민들이 살아가는 모습을 만날 수 있는 공간이다.

이곳에는 부유한 일본인들이 살았다고 한다. 지금도 원형 그대로 인 2층 목조건물을 쉽게 볼 수 있고, 사람이 살고 있는 집도 많다. 작은 마당이 있고, 오래된 철문과 담장이 이어지는 일본의 시골마을 을 걷는 기분이 든다. 골목을 따라 즐비한 적산가옥은 구룡포항이 보이는 언덕까지 이어진다. 골목 끝에는 일본인 학교였던 터에 성당 처럼 생긴 건물이 있고, 작은 운동장과 마리아상이 서 있는 곳이 나 온다. 이곳에 서면 구룡포항이 펼쳐지고, 오징어를 말리는 덕장과 항구가 어우러진 정겨운 풍경을 만날 수 있다.

호랑이의 꼬리 호미곶 가는 길

구룡반도에 비췻빛 해풍이 분다. 동해의 성난 파도가 길 위로 올 라올 것 같은 해안도로를 따라 호미곶으로 가는 길에는 별스런 즐거 움이 있다. 925번 지방도를 타고 호미곶 해맞이공원 이정표를 따라 가면 동해안에서 손꼽히는 해안도로가 펼쳐진다.

기분 좋은 상큼한 공기를 콧속 깊숙이 밀어 넣는다. 차창 너머 탁 트인 바다 전경을 깊이 간직할 수 있는 호미곶 가는 길. 이곳은 드라 이브를 즐기는 이들에게 단연 매력적인 코스. 호미곶을 끼고 굽이굽 이 달리다가 보면 비췻빛 파도가 물결쳐 흰 포말을 이룬다. 그 위를 수선스레 오르내리며 푸른 바다와 하늘을 수놓는 갈매기떼가 여행 객을 반긴다. 드넓은 바다를 즐기는 맛도 일품. 나타났다 사라지고 다시 나타나는 아기자기한 포구의 마을을 보는 즐거움도 느낄 수 있어 더욱 정겹다.

포항의 영일만에서 제일 동쪽으로 돌출한 호미곶. 여행객들이 포 항에서 반드시 들르는 곳이 호미곶 해맞이 광장이다. 일출과 등대 로 유명한데, 한반도에서 가장 먼저 해가 뜬다 하여 일출을 보기 위 해 많은 사람들이 찾는다. 맑고 깨끗하다는 동해에서도 첫손으로 꼽히는 일출의 풍광을 자랑하기에 새해 첫날이면 차가운 바닷바람 에 발을 동동 구르면서도 그 장관을 보려고 몰려든 사람들로 늘 북 적댄다. 아름다운 등대로 꼽히는 호미곶 등대는 뛰어난 해돋이 포인

영일만 해안도로

동해 바다의 짙푸른 바다색을 감상하려면 벼랑처럼 깎아지른 언덕에서 봐야 그 전망이 일품 이다. 영일만 해안도로에서 임 곡휴게소를 지나면 좌측에 작 은 전망대가 나온다. 일명 하선 대라 불리는 이곳은 호수처럼 잔잔한 영일만의 전경을 한눈 에 넣을 수 있는 곳이다.

트다. 해맞이 광장 앞바다의 '상생의 손'. 태양을 떠받치는 모습을 한 거대한 조형물 위로 뜨거운 태양이 솟아오르면 누구라도 벅찬 감동을 느끼게 된다. 인근에는 장기곶 등대와 등대박물관, 대보해수탕 등의 볼거리가 많다.

겨울 별미의 지존, 구룡포 과메기

구룡포가 유명해진 것도 과메기 덕분이다. 산바람과 바닷바람에 얼었다 녹았다를 반복하며 겨울 진미로 다시 태어나는 과메기. 꼬들꼬들한 과메기에 한 잔 술을 곁들이면 군침이 절로 돈다. 구룡포에 가면 과메기 외에도 고래고기, 복국, 오징어, 대게 등 겨울 진미가 입을 즐겁게 한다.

겨울이면 구룡포 어디에서건 과메기를 볼 수 있다. 어물전과 횟집마다 '과메기 팝니다'라는 팻말이 붙어 있다. 과일가게와 슈퍼에서도 과메기를 판다. 구룡포가 유명해진 것도 엄밀히 말하자면 과메기의 영향이 컸다고 할 수 있다. 과메기는 청어 눈을 꿰어 말리던 관목어(貫目魚)에서 비롯된 말인데 쉽게 말해 꽁치 숙성 회다. 예전에는 이곳에서 잡히는 청어로 과메기를 만들었으나 1960년대에 청어 어획량이 줄면서 꽁치 과메기가 등장하기 시작했다.

과메기를 마주하고 소주 한 잔 생각나는 건 삼겹살보다 더하단다. 찬바람에 눈발이 섞여 날리는 계절이면 포항 구룡포는 과메기 익는 향으로 진동한다. 눈물처럼 수분을 뱉어내고 비로소 고소한 맛을 내는 과메기는 '구룡포'에서 제 맛을 낼 수 있다고 한다.

일본식 골목 끝에 올라 바라본 구룡포항 전경

가는 법

경부고속도로-대구분기점-대구·포항 간 고속도로-포항IC-죽도시장-형산교-31번 국도-도구해수욕장-영일만 해안도로-호미곶-925번 지방도-구룡포

근처 맛집

구룡포 함흥식당

2대째 복국을 끓여내는 집. 복어 전문가가 상주하면서 매일 아침 구룡포항에 들어온 싱싱한 복어를 섬세하게 손질해서 상에 낸다. 인공감미료 없이 싱싱한 밀복만으로 국물을 우려내는 것이 비결. 복의 곤(내장)에서 우러나온 국물이 한결 진하고 시원하다. 복어 껍질을 벗기고 살짝 데친 다음. 고추장 양념으로 버무리는 복껍질의 쫄깃한 맛도 일품.

복국보다는 밀복국이 더 맛있다.
경북 포항시 남구 구룡포읍 수협 어판장 맞은편 ☎ 054-276-2348
은복탕 7천원, 밀복탕 1만 5천원. 밀복전골 3~4만원

숙박 팁

구룡포 일대에서 가장 깨끗한 모텔은 아쿠아모텔(054-284-6900)이다. MGM 그랜드모텔(054-284-4555)은 구룡포해수욕장이 내려다보이는 언덕에 있다. 호미곶 인근은 유럽의 바닷가 펜션스타일의 썬빌리지펜션(054-284-6600)을 추천한다. 객실에서 바다가 바로 보이고 해안도로와 연결되어 있다. 해맞이공원 옆에 있는 관문모텔(054-273-0870)도 가깝다. 저렴한 숙박을 원한다면 호미곶 해돋이공원 옆 찜질방이나 대보해수탕(054-284-2168)을 이용하는 것도 방법.

MGM 그랜드모텔

구룡포에서 단연 눈에 띄는 잠자리다. 바다 전망은 물론 언덕 위에 위풍당당하게 서 있는 모양새만 봐도 간판을 볼 필요가 없을 정도. 단지 가격이 조금 비싸고 예약을 해야 하는 것이 흠이라면 흠. 유명 연예인들도 구룡포에 왔다 하면 이곳에 묵는다고 자랑이 대단하다. 모텔이지만 가족 단위의 여행객들이 많이 오는 편. 레스토랑도 갖추고 있다.
☎ 054-284-4555 ₩ 숙박료 4~6만원

우리나라에 공룡들의 천국이 있었네!

고성 공룡박물관&상족암

공룡들은 1억 6천만 년이라는 오랜 기간 동안 지구의 최강자로 생활했다. 그러다가 6천
5백만 년 전 지구에서 홀연히 사라졌다. 물론 우리나라에도 공룡들이 살았다. 한반도 끝
자락에 복원된 공룡들의 화려한 흔적을 만날 수 있는 경남 고성으로 떠나는 나들이.

ⓒ 고성공룡박물관

TRAVEL COURSE

1일 고성IC – 마산 방면 14번 국도 – 당항포 관광지 – 점심식사(활어회) – 공룡박물관 – 상족암 – 저녁식사(해물탕) – 고성읍 숙박

2일 아침식사(한정식) – 옥천사 – 동해면 해안도로 – 동해면 해맞이공원 – 점심식사(굴밥) – 연화산 도립공원 – 고성IC

Address 경남 고성군 하이면 자란만로 618
Tel 055-670-4451
Web museum.goseong.go.kr
Price **교통비** 10만원, **식비** 7만원, **숙박비** 5만원, **여비** 3만원(1인, 1박2일 기준)

공룡박물관 전시실에서는 다양한 공룡과
화석을 관람할 수 있다.

　　마산에서 통영으로 이어지는 길목인 경남 고성에 들어서면 어디
서든 눈길을 사로잡는 것이 있다. 야산 자락 전체를 거대한 공룡 모
양으로 조경한 것부터 온갖 형태로 만들어진 공룡 조형물이다. 이를
보고 있자니 과연 '공룡 천국'이구나 하는 생각이 든다.

　　현재 경북 의성, 대구, 전남 해남 우항리 등 국내 여러 곳에서 발
견된 공룡 발자국은 8천여 개에 달하지만 고성처럼 많이 발견된 곳
은 없다. 중생대 쥐라기에 이은 백악기인 약 1억 2천만 년 전 공룡들
은 한반도의 경상도 지방에서 번식해 유라시아 대륙으로 퍼져나갔
다고 추정된다. 특히 고성군 전역에 걸쳐 약 5천여 개의 공룡발자국
화석이 발견됐다.

　　현재 고성군은 미국 콜로라도, 아르헨티나 서부 해안과 함께 세계
3대 공룡발자국 화석 산지로 알려져 있다. 그만큼 국내 최초로 문을
연 고성 공룡박물관과 상족암은 특별한 여행지다. 이곳은 가족 단위
여행지는 물론 생명과 환경의 공존 문제를 배울 수 있는 체험 학습
여행지로도 높은 인기를 얻고 있다.

국내 최초로 문을 연 고성 공룡박물관

고성군 하이면 상족암 뒤 언덕배기. 2004년 8월, 사량도와 다도해의 비경이 시원스레 펼쳐진 자리에 국내 최초의 공룡박물관이 섰다. 박물관 야외에는 초식 공룡인 브라키오사우루스를 형상화한 높이 24m의 거대한 공룡탑이 한눈에 들어온다. 공룡탑 주변에는 초식 공룡을 공격하는 육식 공룡의 조형물들이 만들어져 있어 기념사진을 찍기 좋다.

공룡탑을 지나면 곧바로 공룡박물관이 나타난다. 공룡박물관은 지하 1층~지상 3층 규모로 국내 최초다. 박물관 내에는 10종의 공룡 표본 화석과 4종의 공룡 진품 화석을 비롯해 모두 96점에 이르는 다양한 공룡 관련 화석이 전시돼 있다.

박물관 2층과 이어진 입구에 들어서면 비교적 작은 크기의 공룡인 오비랩터가 알을 보살피고 있는 상징 조형물과 천장이 뻥 뚫린 중앙 홀에 위치한 거대한 공룡 골격들이 관람객을 반긴다. 중앙 홀의 거대한 초식 공룡 클라멜리사우루스의 표본 화석이 관람객을 압도한다. 1층에서부터 3층까지 치솟은 높이만 10m에 이르는 클라멜리사우루스의 모습은 입이 딱 벌어질 정도로 신기하다. 클라멜리사우루스 주변에는 중생대에 하늘을 지배한 익룡 케잘코아툴루스 등의 골격이 있다.

다섯 개의 전시실과 영상실을 관람하는 동안 여행객들은 1억 년 전 중생대 백악기 시대로 거슬러 올라간다. 다양한 종류의 공룡들이

뿜어내는 숨소리, 쿵쿵거리며 행진하는 소리를 들을 수 있다. 천장에는 하늘을 날아다니던 익룡들이 매달려 있다. 공룡 골격 전시실에서는 육식 공룡의 대표 주자인 티라노사우루스 외에도 코뿔소처럼 생긴 트리케라톱스 등의 모습도 보인다. 이 박물관에는 공룡 골격 진품 4점, 공룡 전신골격 복제품 10점, 일반 화석 55점 등이 전시되고 있다.

상족암 일대의 공룡 발자국 화석

고성군 하이면 일대의 공룡 발자국은 고성의 서남쪽 해안 끝인 상족암에서 실바위에 이르는 6km 지역에 광범위하게 펼쳐져 있다. 공룡박물관 아래 바닷가로 내려가면 바위 위에 그대로 남은 공룡의 발자국들을 관찰할 수 있다. 목조 계단이 있어 공룡발자국을 가까이서 확인할 수도 있다.

평평한 갯바위 위에 발자국 모양의 물웅덩이가 일정한 간격으로 줄을 지어 있어 당시 공룡들이 뛰어놀던 모습이 저절로 그려진다. 이곳 발자국들은 보행 형태가 잘 나타나 공룡들의 행동 양식을 조사하는 데 소중한 자료로 평가받는다.

그런데 고성 지역에 이처럼 공룡발자국이 많은 이유는 뭘까. 이곳은 1억 2천여 년 전인 중생대 백악기 때는 호수의 가장자리였을 것으로 추정된다. 즉 갈수기에 무리를 지어 물을 마시러 왔다가 이렇게 많은 발자국을 남겼을 것으로 공룡 연구가들은 분석한다. 국내에서 발견되는 공룡 화석은 발자국이 대부분이고 뼈나 알은 별로 없다. 전문가들은 공룡 발자국 화석이 중요한 이유로 뼈 화석이 공룡의 몸의 형태만 추정할 수 있지만, 발자국 화석에서는 공룡의 동선과 생활 양태까지도 파악할 수 있기 때문이라고 한다.

경남 청소년수련원에서 제전 마을로 이어지는 해안탐방로를 따라가다 보면 촛대바위 앞에 정교하게 복원된 공룡 한 마리를 볼 수 있다. 티라노사우루스다. 상족암의 공룡 발자국은 밀물 때는 대부분 물에 잠겨 일부만 볼 수 있지만, 썰물 때는 신비로운 역사의 흔적을 빼놓지 않고 두루 구경할 수 있다.

층층이 쌓인 퇴적암과 단애가
이국적인 풍경을 연출한다.

가는 법

경부고속도로에서 대전–통영 간 고속
도로를 이용해 고성IC에서 빠져나와 마
산 방면 14번 국도로 가면 당항포 관광
지. 주차장에서 상족암 방향으로 곧바
로 내려갈 수 있고 공룡탑을 지나면 공
룡박물관.

근처 맛집

고성읍에 있는 장원식당(도다리쑥국,
055–674–4475)과 하이면에 있는 공룡
횟집(활어회, 055– 834–5646)이 유명
하다. 겨울철의 맛있는 횟감으로는 광
어와 방어, 굴요리가 특히 인기가 좋다.

숙박 팁

고성은 숙박 시설이 부족하다. 그래
서 깨끗한 모텔을 이용하는 것이 현명
하다. 고성읍의 아미가모텔(055–674–
0043)이나 회화면의 리베모텔(055–
673–3441)을 이용하는 것이 좋다.

명품 머드로 외국인과 함께 웰빙 휴가 즐기기

보령 머드축제

해수욕도 하면서 반짝반짝 빛나는 피부 미인으로 변신할 수 있다면 이게 바로 여름 최고의 웰빙 바캉스. 건강과 행복도 챙기고, 색다른 휴가까지 만들고 싶다면 보령 머드축제 현장으로 가보자. 남녀노소뿐만 아니라 외국인의 바캉스까지 사로잡은 보령 머드축제엔 뭔가 특별한 것이 있다.

BEST SEASON

봄   ★★★★
여름 ★★★★★
가을 ★★★★
겨울 ★★★

TRAVEL PARTNER

가족 ★★★★★
연인 ★★★★★
친구 ★★★★★

TRAVEL COURSE

1일 대천IC – 보령 – 대천해수욕장 – 점심식사(활어회) – 머드축제장 – 해수욕 – 저녁식사(매운탕) – 숙박

2일 아침식사(한식) – 해수욕 – 바나나보트 – 냉풍욕장 – 점심식사(한식) – 대천IC

Address 충남 보령시 신흑동 대천해수욕장
Tel 보령시청 관광과 041-930-3541~2
Web www.mudfestival.or.kr
Price 교통비 4만원, 식비 5만원, 숙박비 10만원, 여비 5만원(1인, 1박2일 기준)

대천해수욕장 일대에는 매년 7월 중순이면 외국인들도 토인처럼 하얀 치아만 드러내고 해수욕장을 배회하는 진풍경이 펼쳐진다. 머드축제가 열리기 때문이다. 머드축제가 열릴 때면 해외 여행지보다 이곳에서 외국인을 더 많이 만날 수 있을 정도.

작열하는 태양 아래서 1주일 내내 계속되는 광란의 진흙파티가 열리는 보령 대천해수욕장은 진흙을 덮어쓴 사람들로 발 디딜 틈이 없다. 2004년부터 세계 축제로 승격하면서 머드 축제는 외국인들이 더 좋아하는 서해안 최대의 여름 축제로 급성장했다. 행사 규모뿐만 아니라 프로그램의 체험 만족도도 높다. 게다가 국내 축제 중 가장 큰 호응도를 자랑한다.

외국인의 참여도가 높고 인기가 좋아 체험 프로그램을 비롯해 다양한 프로그램을 보강했다. 갯벌 극기 훈련과 보령 갯벌마라톤 대회, 머드보디페인팅 공연 등 보령에서만 느낄 수 있는 이색 경험이 무궁무진하다. 또 머드 미끄럼틀, 머드 씨름대회, 머드 슬라이딩, 머드 교도소, 인간 마네킹 등 머드 게임장에는 신나는 놀거리도 가득하다.

행사 기간 중 일반인들이 실컷 즐길 수 있도록 주 행사장인 대천

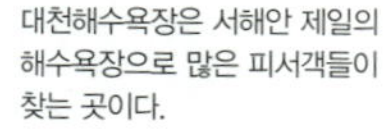
대천해수욕장은 서해안 제일의 해수욕장으로 많은 피서객들이 찾는 곳이다.

해수욕장에 이 지역의 진흙을 대량으로 퍼와 제공한다. 대형 머드탕과 머드 슬라이딩에서 뒹굴다 보면 자연스럽게 몸 전체에 머드팩을 하게 된다. 노인이나 어린이도 즐길 수 있도록 실버탕과 키드탕이 따로 마련된다..

진흙은 피부 깊숙이 있는 노폐물과 피지 등을 끌어내 피부를 깨끗하게 하고, 진흙에 있는 수분과 영양이 피부에 공급되어 장시간 촉촉하게 만든다. 또 피부색을 맑고 투명하게 할 뿐만 아니라 노화방지, 여드름 피부 개선, 냄새 제거와 살균까지 효과가 다양하다. 또한 무릎이나 발꿈치, 팔꿈치 등에도 진흙 팩을 하면 묵은 때나 각질이 제거된다고 한다.

특히 보령의 진흙에는 게르마늄, 벤토나이트 등 인체에 유익한 성분이 함유되어 있다. 피부 노화 방지, 피부청정 작용, 피부 노폐물 제거 등 피부 미용에 탁월한 효능을 자랑한다.

진흙탕에서 뒹굴기만 해도 예뻐진다!

머드 축제는 참가자들이 직접 체험해볼 수 있어 만족도가 매우 높다. 도시 전체가 토마토를 뒤집어쓰는 스페인 뷰놀의 토마토 축제처럼 백사장 전체가 회색 진흙으로 뒤덮인 모습이 인상적이다. 참가비는 없으며 프로그램 중 마라톤과 첨단 머드 마사지 코너만 실비를 받고 운영한다.

축제의 하이라이트는 단연 갯벌에서 뒹구는 머드 마사지. 진흙의 각종 불순물을 제거한 후 생산된 최고급 머드 분말을 이용한 머드 마사지는 외국인들에게도 특히 인기가 좋다. 온몸에 머드를 바르고 얼굴에까지 머드 화장을 하고 나면 머드 인간 완료! 이제는 스릴과 스피드를 즐겨야 할 때다. 대천해수욕장 머드축제장에는 머드 인간을 행복하게 만들어줄 경기장이 마련돼 있다.

에어바운스로 만들어진 원형 머드탕에서 신나게 전신머드를 하고 나면 스피드의 세계로 넘어간다. 25m 길이의 머드 슈퍼슬라이더에 도전해 바람 타고 해변으로 날아갈 듯 착지해보자. 스릴이 넘치는 슬라이더는 미끄러지는 재미가 있어서 신나고, 해변으로 타고 가는 스릴이 있어서 즐겁다. 아이들의 안전을 생각한 10m 길이의 머드 키드탕이 준비돼 있으니 아이들에게도 신나는 슬라이딩의 체험을 선사할 수 있다.

머드 챌린저에 올라가면 힘겨루기 한 판이 벌어진다. 단체로 머드 챌린저에 오른 젊은이들의 힘겨루기는 미끄러지는 재미, 넘어트리는 재미, 발라당 넘어지는 걸 지켜보는 재미가 쏠쏠하다. 또 미니 에어바운스 씨름장에는 머드판에서 벌어지는 씨름 한 판에 우승상품까지 걸려 있으니 더 흥미진진하다.

또한 현장 체험을 높이기 위해 인근 해안도로변의 갯벌에서 갯벌 극기 훈련 체험과 보령 갯벌 마라톤 프로그램도 운영한다. 온몸에 머드팩을 바르고 보기만 해도 시원한 대천 앞바다에 풍덩. 상상만으로도 기분이 좋아지는 여행이다. 게다가 깨끗하고 탱탱해진 피부에 스스로 놀란다고 하니 일석삼조가 따로 없다.

가는 법

서해안고속도로 보령(대천)IC에서 빠져나와 36번 국도를 따라 대천해수욕장으로 들어가면 된다. 이정표가 잘 되어 있어 찾아가기 쉽다. 행사장 주변에는 주차가 어렵다. 행사장 입구의 임시 주차장을 이용하고 행사장까지 이동하는 것이 좋다. 교통 정체를 피하려면 철도를 이용하는 것도 좋다. 서울역에서 보령(대천)역까지 1일 17회 운행(대천역 041-935-7788).

숙박 팁

대천해수욕장은 서해안의 해변 중에서 잠자리와 편의시설이 가장 잘 되어 있는 곳이다. 하지만 숙박 예약이 쉽지 않으니 다리품을 팔아 깨끗한 모텔급 잠자리를 정하는 것이 현명하다. 해수욕장 바로 앞에 파라다이스(041-933-1938), 코코넛모텔(041-934-6595), 현대모텔(041-931-3006) 등이 깨끗하다. 휴가철이나 주말에는 숙박비가 오르고, 객실이 부족하기 때문에 예약을 하는 것이 좋다.

근처 맛집

대천해수욕장 입구에 횟집이 몰려 있다. 동우회센터(041-931-2220)가 크고 서비스도 친절하다. 밑반찬이 풍부하고 광어와 우럭 등 사철 싱싱한 회는 물론 매운탕도 맛있다. 각종 활어회 10~23만원 정도.

스페인 갤러리와 중남미 테마 박물관

고양 중남미문화원

반나절이면 나들이를 겸해 훌쩍 다녀올 수 있는 한국 속 세계 여행지가 있다. 벽제역 인근의 장흥 유원지도 둘러보고 중남미의 음식과 미술품과 조각품을 한꺼번에 경험할 수 있는 중남미문화원. 소풍처럼 가볍게 다녀올 수 있는 즐거운 놀이터다.

ⓒ중남미문화원

BEST SEASON
봄 ★★★★
여름 ★★★★★
가을 ★★★★
겨울 ★★★★★

TRAVEL PARTNER
가족 ★★★★★
연인 ★★★★★
친구 ★★★★★

TRAVEL COURSE

1일 고양IC – 고양시장 – 중남미문화원 – 점심식사(빠에야) – 고양 향교 –
원당 종마목장 – 농협대학 – 서오릉 – 일산 호수공원

Address   경기도 고양시 덕양구 대양로285번길 33-15
Tel   031-962-7171
Web   www.latina.or.kr
Price   어른 5천 5백원, 학생 4천 5백원, 어린이 3천 5백원

자유로에서 자동차를 타고 20분 남짓 달리면 고양 시장에 닿게 된다. 고양 시장 맞은편(고양 종로약국)의 주택가 골목을 10여 분 따라 걸어 올라가면 스페인 분위기가 물씬 풍기는 기와와 붉은색 벽돌로 지은 중남미문화원 병설 박물관과 미술관이 나온다. 이곳은 중남미 지역에서 30여 년 동안 외교관 생활을 한 이복형 원장이 중남미에서 정성을 들여 수집한 유물 2천 5백여 점을 전시하고 있는 아시아 유일의 중남미 테마 박물관이다.

박물관은 중앙 홀과 가면전시실, 민속공예실(생활용품전시실), 석기·목기실, 토기전시실, 유럽 식민시대의 가구전시실 등 5개의 전시실과 1개의 영상 세미나실(지하)로 꾸며져 있다. 중앙 홀에는 멕시코의 석조 분수대가 있고 아스텍의 황금빛 태양신이 걸려 있다. 왼쪽 계단을 오르면 8개의 테이블이 놓인 아담한 휴게실이 있다. 다섯 곳의 전시실이 입구의 오른쪽부터 차례로 이어져 있다.

제1전시실은 아스텍과 잉카, 마야로 대표되는 중남미 옛 토기들이 있는 토기전시실이다. 멕시코를 비롯해서 코스타리카, 아르헨티나, 브라질, 에콰도르, 페루 등 중남미 각국에서 발굴된 질박한 토기 50여 점이 전시되어 있다. 기원전 1세기 무렵 콜리마 토기와 파나마 일대에서 출토된 11세기의 초로테가 토기, 니코야반도의 메타테 토기(3세기) 등이 특히 눈길을 끄는 유물이다.

중앙 홀과 연결돼 있는 제2전시실은 스페인 점령 당시의 영화로운 인디오 상류 문화를 부활시켜 놓았다. 루이 15세와 16세의 의자와 테이블, 조각품을 비롯한 16세기의 종교화가 걸려 있어 여느 전시관과는 사뭇 다른 모습이다. 멕시코의 아스텍 시대 이전인 톨텍 왕조, 수도 툴라의 퀘찰코아틀 석조물과 사람 모양을 한 조각 석기인 세미, 원숭이 모양의 나무 조각, 도끼, 방망이 등 석기도 전시되어 있다. 뱀 모양을 한 석기인 퀘찰코아틀은 인디오들의 영혼과 물질을 혼합한 신비의 상징물로 주목된다.

이어 만나게 되는 것이 제3전시실인 가면실이다. 인디오들이 카니발 등 의식 때 쓰던 각종 가면은 중남미 박물관의 가장 큰 볼거리다. 나무, 천, 동물 뼈 등을 재료로 한 200여 점의 가면들은 천사 또는 동물 등 그 모양도 다채롭다.

중남미 전통음식 맛보며 데이트

　중앙 홀에서 2층으로 올라가는 계단 옆에는 이국의 풍경에 젖어
언제든 차 한 잔 마실 수 있는 휴게소도 있다. 통유리로 되어 있어
아름다운 정원을 감상할 수도 있고, 예약만 하면 이곳에서 남미 전
통 음식인 '빠에야'를 맛볼 수도 있다. 새우, 홍합이 어우러진 독특한
남미 전통 쌀요리 빠에야에 스테이크, 포도주, 샐러드, 과일, 커피가
함께 나오는 스페인 정식이 맛있다. 요리를 먹고 난 후에는 요리법
강의도 진행된다. 연인과 함께 햇살이 들어오는 창가에 앉아 차를
마시는 것도 좋다.

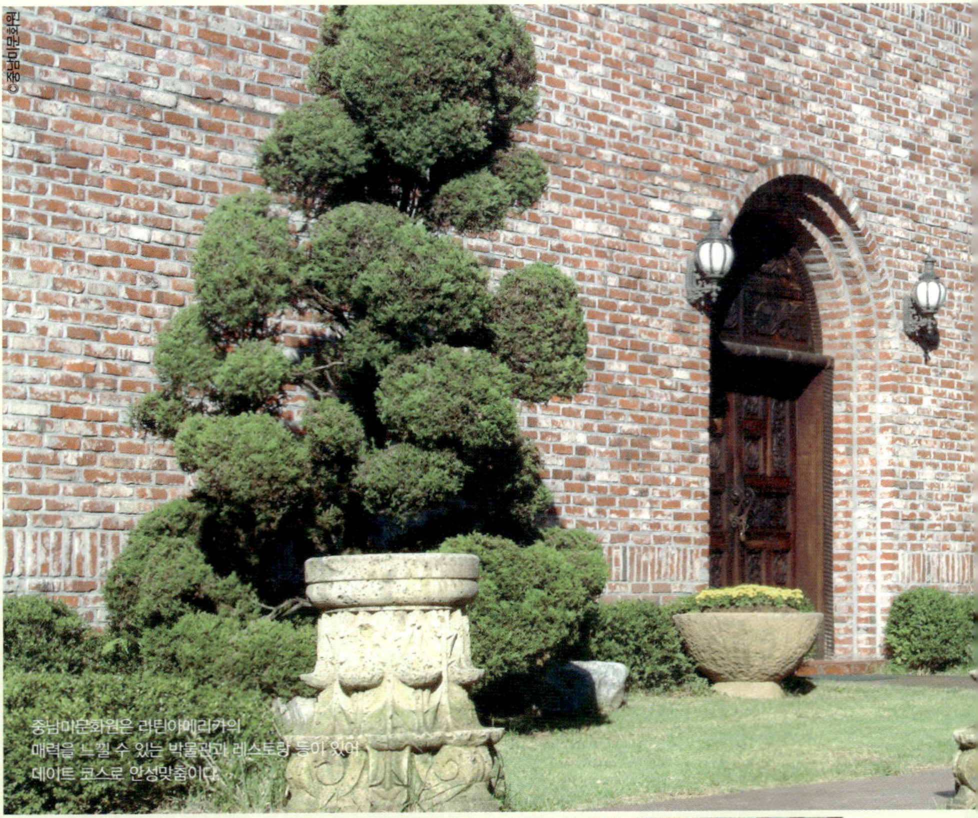
ⓒ중남미문화원

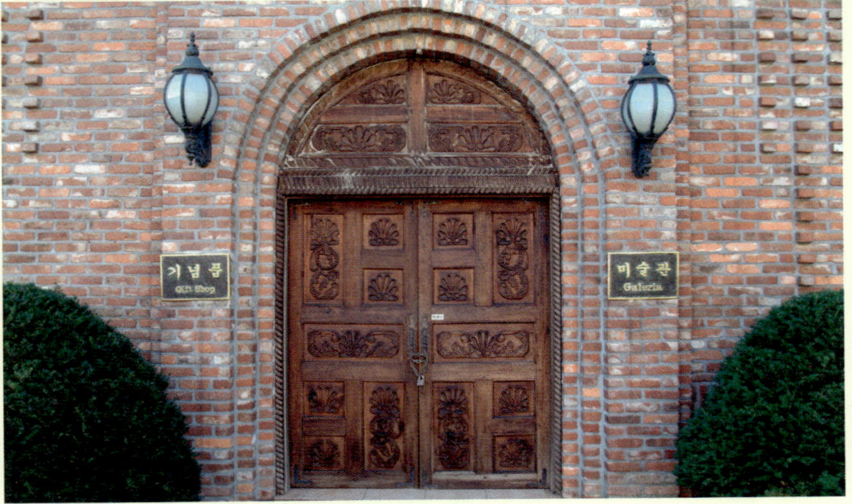

중남미문화원은 라틴아메리카의 매력을 느낄 수 있는 박물관과 레스토랑 등이 있어 데이트 코스로 안성맞춤이다.

TRAVEL PLUS

근처 맛집

벽제갈비

정갈한 음식으로 소문난 맛집. 중남미문화원에서 벽제역 방향으로 10분쯤 달리면 벽제갈비를 만날 수 있다. 꽃게장과 버섯볶음, 청포묵, 나박김치 등의 다양한 밑반찬과 최고급 육질의 고기 덕분에 일산과 고양은 물론 서울에서도 일부러 찾아오는 단골 손님이 많다.

⊠ 경기도 고양시 벽제읍 벽제역 인근

☎ 031-963-5294

🍴 생등심 3만 8천원, 생갈비 4만 2천원, 불고기 1만 6천원

가는 법

1번 국도를 이용해 구파발까지 간 다음, 구파발 삼거리에서 좌회전해 통일로·문산 방향으로 15분 정도 간 뒤 39번 국도와 만나는 대자리 사거리에서 의정부 방향 39번 국도로 우회전하면 벽제역. 현대아파트 앞으로 좌회전해서 1km 직진 후 화성아파트 뒤에서 좌회전. 다시 300m 직진하면 우측으로 중남미문화원.

우가우가! 몸짓이 곧 음악이 되고 춤이 된다

포천 아프리카문화원

다양한 테마와 이색 체험거리로 접근하기 쉬운 포천에 숨겨진 보물이 있다. 바로 아프리카문화원이다. 아프리카 원주민처럼 춤도 추고 북을 두드리면 시공을 초월한 타임머신을 타고 여행을 떠난 기분이 든다.

TRAVEL COURSE

1일 의정부IC – 소흘읍 – 점심식사(순두부) – 아프리카문화원 – 광릉수목원 –
산정호수 – 저녁식사(산채정식)

Address	경기 포천시 소흘읍 광릉수목원로 967
Tel	031-543-3600
Web	포천시청 www.pcs21.net
Price	어른 7천원, 어린이 5천원

　　부시맨과 키 작은 피그미족, 기아와 내전. 아프리카 관련 사회면 기사에 자주 등장하는 단어들이다. 하지만 아프리카는 열정의 대륙이다. 빛나는 문화가 번영했던 땅, 자연에 순응하며 살아가는 평화로운 아프리카의 모습을 보여주는 곳이 아프리카문화원이다. 이곳은 아프리카의 문화와 예술을 전파하는 명소로 이미 알려졌다. 이곳에서는 수준 높은 아프리카의 예술 세계를 만날 수 있다. 야외 조각공원과 연못을 지나쳐 들어서게 되는 전시실은 긴 복도형으로 시작된다.

수준 높은 아프리카의 전통 예술 세계

　　아프리카의 검정 빛깔은 다채롭다. 흑인, 가난과 기근만을 떠올리는 '어둠의 흑색'이 아니라 때 묻지 않은 백지 위에 하나하나 색을 입힌 무지개 빛깔이다. 까만 것은 아프리카가 아니라 아프리카를 향한 일그러진 시선일 뿐이다. 다섯 개 대륙 중 두 번째로 큰 대륙 아프리카. 그 크기가 유럽의 여섯 배이며, 지구의 5분의 1에 달한다. 50개

수준 높은 아프리카의 예술과 조각품을
관람할 수 있는 실내 전시실 전경

가 넘는 국가, 수천 개의 종족들, 공인된 언어만 1천 종이 넘는다. 단순히 '아프리카'라는 네 글자만으로 설명하기엔 너무 광활하다.

한 나라 안에서도 북쪽이냐 남쪽이냐에 따라 전혀 다른 문화가 공존하는 것이 아프리칸데, 지구 반대편에 있는 우리의 눈에는 나이지리아니, 케냐니 하는 것은 보이지 않는다. 통틀어 그냥 아프리카다. 아프리카 문화는 언제나 벌거벗고 미개한 오지 문화라고 오해했다. 그런데 최근 들어 아프리카를 새로운 시각으로 이해할 수 있는 문이 넓어지고 있다.

전시관 2층에 접어들면 아프리카 사람들의 유품과 골동품적 가치가 있는 조각이 전시돼 있다. 조각들은 주로 소수민족의 창세신화와 원시종교에 근거한 기괴한 인물상과 동물 모습들이 많다. 성인식, 혼례, 장례 등 여러 의식 때 사용된 마스크 악기와 왕실과 추장 가문의 생활 도구, 원시적 무기류 등이 전시돼 있다. 다산이 풍요를 상징한 문화인만큼 부부 조각상이 유난히 눈에 많이 띈다.

제3전시실에는 약 150점에 달하는 가면과 나무 조각, 돌 조각, 그림 등 110여 점의 작품들이 전시돼 있다. 아프리카 대륙의 지역별·부족별로 모양이 다른 가면들과 나무 조각, 그림들이 관람객의 눈과 마음을 끈다.

아프리카문화원의 소개글에 이런 설명이 있다. "아프리카인들은 사소한 것 하나하나에도 고유한 문양을 만들어 새겨서 보여주기를 좋아했던 것 같다. 미술 조각 하나하나에도 뭔가 의미를 부여했고, 그것을 통해 무엇(죽음, 삶 등)과도 계속 연결 지으려고 애썼다."

실제 의자 하나, 숟가락 조각 하나에도 상징적 의미를 담고 있다. 이를테면 부족장의 아들이 잠드는 침대 다리에는 맹수를 새겨 넣어 아들을 지키게 하는 역할을 주고, 머리의 몇 곱절 크기가 되는 가면을 만들어 쓰는 것에는 악귀를 물리친다는 의미를 담고 있다.

아프리카 부족 문화를 포천에 옮겨오다

이곳을 조그만 박물관으로 생각하고 찾아가면 그 알찬 내용에 깜짝 놀란다. 하루 종일 봐도 질리지 않을 만큼 볼거리도 많고 놀 것도 넘쳐난다. 5곳의 실내 전시실에는 아프리카 탄자니아, 카메룬, 짐바

산정호수 입구에 포천 갤러리가 새롭게 문을 열었다. 포천에 관한 다양한 자료를 전시해서 한눈에 포천의 이야기를 볼 수 있다. 포천 갤러리 근처에 위치한 우둠지 숯불갈비에서는 뼈가 붙어 있는 큼지막한 이동갈비를 맛볼 수 있다. 숯불에 익어가는 갈비 냄새에 저도 모르게 입맛이 다셔진다. 포천의 또 다른 명물 이동막걸리까지 곁들이면 부러울 것이 없다.

브웨, 케냐 등 아프리카 30여 개국 150여 부족에게서 수집한 약 800여 점의 전시물이 기다리고 있다.

숟가락, 파리채, 새총같이 부족민들의 손때가 고스란히 묻어나는 생활용품부터 왕실과 족장들의 유물, 주술용품까지 전시품은 다양하다. 철같이 단단한 흑단목(Ebony Wood)을 정과 끌만을 이용해 정교하게 다듬은 쇼나 조각 작품은 입이 쩍쩍 벌어질 만큼 예술성이 높다.

문화원의 예술품을 꼼꼼하게 둘러봤다면 아프리카의 전통 공연도 잊지 말자. 아프리카문화원에서 접할 수 있는 또 하나의 반가운 아프리카 문화는 '춤'이다. 아프리카의 이름난 공연단을 초청해 예술미를 갖춘 제대로 된 공연을 선보인다. 기쁠 때나 슬플 때나 춤으로 감정을 표현하고 달래는 아프리카 사람들은 모두 타고난 춤꾼이다. 아프리카인들의 유연한 몸짓과 타고난 리듬감이 그들의 일상생활 깊숙이 자리하고 있기 때문. 기쁨과 슬픔, 사랑 같은 인간의 감정을 표현하는 아프리카 민속춤 공연을 보며 아프리카 문화를 온몸으로 느껴보자.

TRAVEL PLUS

가는 법

의정부에서 포천 방면 43번 국도를 타고 가다 포천 시외버스터미널 사거리에서 좌회전한다. 심곡리에서 344번 지방도로로 좌회전한 후 심정리를 지나 우측 이정표를 따라 들어간다. 아프리카 문화원은 축석검문소에서 광릉수목원 방향으로 2.2㎞ 지점 우측.

근처 맛집

원조 파주골 손두부

포천에서 산정호수로 가는 도중 성동검문소에서 오른쪽으로 돌아 몇 ㎞를 더 달리면 손두부집이 몰려 있는 곳이 나온다. 조용한 시골 마을을 두부촌으로 바꾼 곳이 원조 파주골 손두부다. 무슨 특별한 비법이 있는 것이 아니라 국산 콩을 맷돌에 갈아 만드는 두부에 비결이 있다. 순두부찌개도 맛있고 두부를 김치에 싸먹어도 맛있다.

☎ 031-532-6590 ⑪ 순두부정식 6천원, 모두부 6천원

숙박 팁

한화리조트 산정호수 안시

산정호수 진입로에 있으며 서울과 가까워 주중에도 이용객이 많은 리조트다. 수질이 뛰어난 온천수가 콘도 내에 있고, 외부 손님이 적어 여유롭게 온천을 즐길 수 있다. 또한 길이 20m의 수영장이 온천욕장과 연결되어 있어 한나절 편안한 휴식을 제공한다. 수영장 전면이 유리로 되어 있어 시각적인 만족감도 크다.

☎ 031-534-5500
Ⓦ 패밀리 43만 3천원

소인국에서 하루 만에 즐기는 세계여행

부천 아인스월드

아인스월드는 세계 유명 건축물을 한자리에 모아둔 미니어처 테마파크다. 그래서 아인스월드의 앙증맞은 건축물 사이로 걷다 보면 어느새 내가 소인국에 온 걸리버가 된 것 같다. 전시된 건축물들은 앙증맞지만 아주 작은 부분까지 실제와 똑같이 만들어져 있어 신기하다.

TRAVEL COURSE

1일 서울외곽순환고속도로 중동IC – 부천영상문화단지 – 아인스월드 –
판타스틱 스튜디오 – 점심식사(한식) – 동춘서커스 – 타이거월드 물놀이 –
서울외곽순환고속도로 중동IC

Address	경기도 부천시 원미구 길주로 1
Tel	032-320-6000
Web	www.aiinsworld.com
Price	입장료 어른 1만원, 어린이 8천원

부천영상문화단지 내 6만㎡의 부지에 자금성·만리장성·피라미드·에펠탑 등 세계 25개국의 유명 건축물 109점이 실제 크기의 1/25 규모로 꾸며져 있다. 아인스월드의 대표적인 건물들은 유네스코가 지정한 세계문화유산과 세계 7대 불가사의. 세계의 문화유산을 한눈에 보고, 재미있는 건축 이야기도 공부할 수 있어 연인들의 데이트 코스는 물론 아이들을 위한 생생한 교육현장으로도 인기가 높다.

아인스월드 내부는 영국, 프랑스, 유럽, 러시아, 아프리카, 서아시아, 라틴아메리카, 오세아니아, 미국, 아시아, 한국, 아틀란티스 등 나라별·지역별로 나뉘어 있다. 각 나라의 대표적 관광 아이콘들이 오밀조밀하게 모여 있다. 특히 거북선, 만리장성, 우주왕복선, 킬리만자로, 피사의 사탑 등 주요 포인트에서는 관련된 특수 음향효과까지 가미돼 생동감을 전한다. 가족잔디광장에서 편안하게 오후의 햇살을 받으며 쉬어갈 수 있고, 야외무대나 3D영상관에서 각종 공연을 관람할 수도 있다. 의무실, 유아휴게소, 푸드코트 등 편의시설도 갖추고 있다.

궁전, 탑, 피라미드, 교회, 절 등 건축물에 얽힌 숨겨진 이야기와 궁금증들을 풀다 보면 역사, 문화, 미술에 대해 저절로 알게 된다. 유명

건축물들을 구경하면서 사진을 찍다 보면 어느새 세계 여행을 다녀온 것 같다. 같은 전시물인데도 낮과 밤에 따라 다른 느낌이 들기 때문에 시간을 투자해 돌아보면서 재미있는 사진을 찍을 수 있다.

건축물로 배우는 문화와 역사

유네스코가 지정한 34점의 문화유산과 10대 문화유산 중 9점(진시황릉 제외), 7대 불가사의 6점(파로스 등대 제외)은 빼놓지 말아야 할 관람 사항.

전시돼 있는 건축물은 눈으로 보기도 힘들 정도의 작은 곳까지 실제 건축물을 그대로 담고 있다. 실례로 프랑스 샤크레쾨르 대성당의 동상은 실제 청동상의 녹까지 똑같이 재현하고 있고, 독일의 카이저빌헬름교회는 2차 세계대전 당시 연합군의 폭격으로 부서진 상태로 지금까지 남아 있는 모습을 그대로 제작했다.

경주 불국사의 다보탑과 석가탑에 애틋한 사연이 담겨 있듯이 각국 건축물에도 독특한 역사와 애환이 숨 쉬고 있다. 바티칸에 있는 성베드로성당에 있는 베드로상의 발에 손을 대고 소원을 빌면 소원이 이뤄진다고 해서 방문객의 발길이 끊이지 않고 있다. 러시아의 성바실리사원은 총 9개 탑이 있음에도 어떤 각도에서 보더라도 8개 탑만 보인다.

우리나라 사람에게는 다소 낯선 서남아시아의 건축물도 관심을 끈다. 영화 〈인디아나존스 3(최후의 성전)〉의 배경이 되기도 했던 요르단의 페트라는 붉은 사암으로 이뤄진 고대의 도시다. 이란을 대표하는 이맘모스크도 아름다운 모양과 색채로 관람객을 붙잡는 곳. 아시아존을 대표하는 중국의 쯔진청의 방 갯수는 1만 개에서 한 개가 모자란다. 하루씩만 자더라도 27년이 걸린다.

즉석에서 배우는 도전 세계 골든벨!

아인스월드에서 배우는 즉석 공부 하나. 에펠탑 도전 골든벨 체험에 참여해보는 것도 재미있다. 프랑스 국민들이 자유와 평등을 위해 혁명을 일으킨 프랑스 혁명 100주년을 기념하는 뜻에서 아주 큰 탑을 만들기로 했다. 이 탑은 탑을 만든 공학자 구스타브 에펠(Gustave

Eiffel)의 이름을 붙여 에펠탑이 되었다. 에펠탑은 1887년부터 약 3백
여 명의 철강기술자가 동원되어 2년 동안 공사를 했다고 한다.

처음부터 에펠탑이 사랑을 받은 건 아니다. 만들어질 당시에는 에
펠탑의 독특한 모양이 파리와 어울리지 않는다고 미움도 받았다. 파
리의 건물들이 보통 5~6층의 높이인 데 비해 에펠탑은 상상을 초월
할 정도의 높이였기 때문이다. 당대의 지식인들인 모파상, 에밀 졸
라, 뒤마 등 3백여 명이 탄원서를 제출할 정도로 반대가 심했다고
한다. 에펠탑의 아래 기둥 안쪽에 엘리베이터가 숨겨져 있어서 사람
들은 그 엘리베이터를 타고 꼭대기까지 올라갈 수 있다.

부천에는 박물관이 많아 자녀들의 교육적 효과를 덤으로 누릴 수
있다. 게다가 수도권 서부 지역 최대의 테마파크로 갈수록 인기몰이
의 속도를 높이는 타이거월드를 품고 있어 근교 나들이에 최적의 조
건을 갖추고 있다.

숙박 팁

고려호텔(032-329-0001)은 문화 예술의 도시 부천에 영상
문화단지, 아이스월드, 호수공원이 근접해 있는 상동 신도시
에 위치해 있으며, 상록 그룹에서 300억 원을 투자하여 2년
동안 지은 부천의 유일한 특급 비즈니스호텔이다. 더블룸 기
준 1박에 15만원 정도. 또한 원미구 상동에 위치한 비스테이
부천호텔(032-326-8181)은 도심 속 편안함과 여유로움을 즐
길 수 있는 잠자리로 인기가 좋다.

가는 법

경부고속도로 판교IC-서울외곽순환고속도로(일산 방향)-중동
IC-아인스월드

21
프랑스 보르도의 와인을 국내에 옮겨온 샤또마니

영동 와이너리 투어

와이너리 투어란 포도 농장에서 신선한 포도를 맛보고 질 좋은 국산 와인의 제조 과정
을 견학하며 와인을 시음하는 체험여행이다. 프랑스 보르도의 와인공장을 연상시키는
영동의 와인코리아. 이곳의 지하토굴에서 숙성되는 와인을 빼놓고는 와이너리 투어를
생각할 수 없다.

TRAVEL COURSE

1일 경부고속도로 영동IC – 영동읍 – 점심식사(갈비) – 샤또마니 와인 공장 –
와인 동굴 견학 – 저녁식사(한식) – 숙박

2일 아침식사(한식) – 난계국악박물관 – 국악기 만들기 체험 – 점심식사(한식) –
영국사 – 영동IC

Address	충북 영동군 영동읍 영동황간로 662
Tel	와인코리아 043-744-3211~5
Web	www.winekr.co.kr
Price	교통비 7만원, 식비 5만원, 숙박비 5만원, **여비** 2만원(1인, 1박2일 기준)

늦여름 영동에 가면 먹음직스런 포도가 풍성하게 익어간다. 영동의 어디를 가도 포도밭이 지천에 널려 있다. 우리나라 포도 생산량의 약 10%를 차지하는 최대의 포도 주산지이기 때문이다. 그래서 영동의 여름은 포도 따기 체험을 즐기려는 여행객들이 줄을 잇는다. 여름 볕을 이겨내며 탐스럽게 익은 포도 넝쿨 아래서 포도를 송이째 따는 즐거움에, 국내에서 제조되는 토종 와인의 제조 과정을 체험할 수 있다는 점도 즐거운 와이너리 투어를 완성시키는 코스다. 영동의 포도가 유명한 이유는 포도를 노지에서 재배하기 때문이다. 포도알 위로 바로 쏟아지는 햇볕과 무더위를 이겨내면서 농부의 땀을 먹고 자란 싱싱한 포도라야 색상은 물론 새콤달콤한 포도의 맛을 낸다.

더불어 포도밭에서 수확한 포도가 영동에서는 와인으로 다시 태어난다. 인기를 끌고 있는 영동의 와이너리 투어란 포도 농장에서 신선한 포도를 맛보고, 질 좋은 국산 와인의 제조 과정을 견학하며 와인을 시음하는 여행이다. 물론 좋은 와인을 저렴하게 구입할 수도 있다.

국산 와인을 생산하는 곳은 영동군 주곡면에 자리한 와인코리아. 영동 포도로 '샤또마니'라는 브랜드의 와인을 선보이고 있다. 프랑스와 이탈리아 등 와인 선진국에서 배워온 제조 기술로 드라이 레드 와인, 스위트 레드 와인, 화이트 와인 등 3종류의 와인을 생산한다.

샤또마니가 생산되는 시기는 포도가 수확되는 8월 말부터 10월 중순까지다. 국산 와인이 만들어지는 과정을 자세하게 보려 한다면 이 시기를 잘 맞춰야 한다. 공장을 찾으면 먼저 전시실에서 포도와 와인에 대한 이해를 돕는 설명을 듣는다. 그 후 1998년에 처음 생산된 샤또마니에서 신제품 와인까지 와인의 변천사를 살펴볼 수 있다. 마지막은 주당들이 좋아하는 순서로 오크통에 담긴 와인을 마음껏 시음하는 기회가 제공된다.

토굴에서 익어가는 오크통 와인의 숨소리

폐교를 개조해 와인 제조 공장으로 사용하는 이곳은 외국의 와이너리처럼 근사한 분위기는 아니다. 하지만 국내에서 와인이 어떤 과정으로 만들어지는지 한눈에 보고 이해할 수 있

는 유일한 곳이기 때문에 많은 학생과 와인 애호가의 방문이 이어진다.

이곳을 찾은 사람들이 가장 인상 깊게 여기는 곳은 와인 토굴 저장고. 샤또마니에서 5분 정도 차를 타고 가는 이곳은 원래 일제강점기 때 탄약 저장고로 쓰였던 토굴이다. 1년 내내 12~14℃의 온도와 습도를 유지해 와인을 저장하기에는 최적의 조건. 영동에는 현재 이런 토굴이 10여 곳 정도 발견되었는데, 세 곳이 와인 저장고로 쓰인다.

토굴 속으로 들어가면 시큼한 와인 냄새가 확 뿜어져 나온다. 한쪽에는 와인이 가득 든 오크통이 줄지어 늘어서 있고, 다른 쪽 벽면에는 와인이 담긴 병이 빼곡하다. 이곳에 저장된 와인은 모두 10만 병 정도. 길을 따라 와인 토굴 끝까지 들어갔다 나오는 기분이 아주 색다르다.

영동 와이너리 여행을 하는 가장 좋은 방법은 와인코리아에서 진행하는 와인 트레인 왕복 하루 패키지에 참여하는 것이다. 패키지를 추천하는 이유는 개별 여행을 하면 흥미로운 와인 토굴을 체험하지 못하기 때문이다. 패키지는 와인 테마 기차인 와인 트레인을 타고 와이너리 견학 및 와인 테이스팅, 포도 따기, 포도 밟기 체험 등으로 구성된다.

포도 따기 체험은 예약 필수

영동에서 포도 따기 체험을 한다고 해서 모든 포도밭에서 다 할 수 있는 것은 아니다. 일반인이 포도를 따다 보면 어쩔 수 없이 포도가 망가지기 때문. 영동 와이너리 패키지 투어를 이용하거나 농협기술센터에서 추천받은 농가에서 포도 따기 체험을 할 수 있다.

TRAVEL PLUS

가는 법

경부고속도로 영동IC에서 나와 19번 국도를 이용한다. 영도읍내로 들어와서 다시 김천 방면의 4번 국도를 따라 7km 정도 가면 와인코리아가 나온다.

근처 맛집

1 | 선희식당

영동의 대표적인 음식은 청정지역을 대표하는 어죽과 우렁쌈밥, 올갱이국이다. 선희식당은 빙어튀김과 어죽을 전문으로 하는 식당으로 소문난 맛집. '민물고기' 하면 떠올리는 미끈미끈하고 비린 맛이 전혀 없다. 국수에 수제비까지 듬뿍 넣은 어죽에 매콤한 양념을 발라 튀긴 빙어튀김을 꼭 곁들이도록.

✉ 충북 영동군 양산면 금강로 756
☎ 043-745-9450 🍴 인삼어죽 6천원, 빙어튀김 6천원, 도리뱅뱅 7천원

2 | 다마네

원목과 벽돌의 조화가 인상적인 음식점. 펜션 못지않은 외관으로 유독 눈에 띈다. 주메뉴는 갈비와 냉면.
소갈비도 좋지만 저렴한 돼지갈비가 육질도 뛰어나고 양념이 잘 배어 있어 인기가 좋다. 밑반찬도 풍성하게 차려내는데, 백김치와 동치미를 곁들이면 고기를 질리지 않고 맛있게 먹을 수 있다.

✉ 충북 영동군 영동읍 화신로 4
☎ 043-744-2093
🍴 양념돼지갈비 8천원, 냉면 6천원

숙박 팁

금수장모텔

영동을 여행하면서 제일 불편한 게 숙박이다. 대부분이 모텔이나 여관이기에 왠지 여행지 숙소와는 거리가 있는 게 사실이다. 읍내에서 조금 벗어난 국도변에 위치한 금수장모텔은 비교적 깨끗하고 객실이 넓어 추천할 만하다.

☎ 043-744-0124
Ⓦ 숙박료 2만 5천원

거침없이 즐겨라!
행복 충전 나들이

22
원시 자연을 온몸으로 즐기는 로맨틱 아일랜드
울릉도 섬 여행
원시림에 취하고 쪽빛 바다에 마음이 출렁인다. 동쪽 끝 심해에 떠 있는 울릉도, 울렁대
는 가슴을 안고 당도한 그곳은 태고의 자연과 섬이 주는 서정이 결합돼 묘한 매력을 발
산한다. 그래서 그 섬에 들어가면 누구나 사랑을 꿈꾸고 싶어진다.

TRAVEL COURSE

1일 포항 여객선터미널 – 울릉도 도동항 – 점심식사(산채비빔밥) – 선자령 – 약수터 –
나리분지 – 저녁식사(한우구이) – 도동항 해안 산책로 – 숙박

2일 아침식사(따개비 정식) – 거북바위 – 해안도로 – 황토굴 – 천부항 –
점심식사(따개비 칼국수) – 섬목 – 해안도로 – 도동항 – 포항 여객선터미널

Address	경북 울릉군 울릉읍 도동리 & 성인봉
Tel	울릉군청 054-791-3001
Web	ulleung.go.kr/tour
Price	교통비 10만원, 식비 5만원, **숙박비** 10만원, **여비** 5만원(1인, 2박3일 기준)

울릉도는 숲이며 섬이다. 한반도의 막내 독도(獨島)의 든든한 형 울릉도는 그렇게 사철 푸른 모습으로 동해 바다에 떠 있다. 둥근 자갈이 물살에 구르며 발등을 간질이는 바닷가. 밤바다에 떼 지어 불을 환히 밝힌 어선들이 바다 밑에 춤추는 오징어와 이른 휴가를 이용해 찾아온 피서객을 유혹한다.

섬은 묘한 낭만과 마력을 품고 있다. 특히 독도와 더불어 우리나라의 동쪽 끝을 지키고 있는 울릉도는 더욱 그렇다. 검푸른 바다 위에 홀연히 떠 있는 울릉도는 신선한 마술을 부리는 섬이다. 그래서일까? 산이면 산, 물이면 물, 바다면 바다, 어느 것 하나 육지보다 못할 게 없다. 태고의 원시림 사이로 보이는 비췻빛 바다는 잡념을 잊게 한다.

덜컹덜컹, 울릉도의 비경 찾아가기

울릉도의 자동차는 덜컹덜컹 요란하게 굴러간다. 터널이 있는 일주도로와 굽이굽이 경사가 불쑥불쑥 나타나기 때문이다. 비포장에 가까운 콘크리트 도로는 바다와 산이 어우러진 자연 경관을 최대한 살린 44㎞ 해안일주도로이며 그 자체가 비경이다. 산과 바다, 고갯마루와 내리막길을 울렁대며 달리는 이색 드라이브가 일품이다.

울릉도 일주는 도동—남양—구암을 잇는 14.6㎞의 섬 남부 해안도로를 달리며 시작된다. 육지에 오르려는 거북이, 포효하는 사자, 곰과 돼지 등 기암괴석이 만들어내는 비경이 펼쳐진다. 해안도로는 울릉도 남서쪽 구암에서 끊기고, 이제 구암—태하를 잇는 가파른 태하터널을 넘어 섬 북단인 섬목까지 이어진다. 태하에서 현포—천부—죽암—섬목을 잇는 북쪽 해안에도 기이한 형상의 바위들이 줄을 잇는다. 허공을 향해 입 벌린 악어, 바닷물을 마시는 코끼리, 하늘을 넘보는 송곳. 바다 풍경에 넋을 잃다가 자칫 불상사가 생길 수도 있으니 해찰하기보다는 갓길에 차를 세우고 바닷가로 내려서는 게 좋다.

일주도로는 섬목에서 끊긴다. 천부항에서 일주도로의 끝인 섬목 구간은 가장 울릉도다운 해안도로. 한 굽이 돌 때마다 기암괴석이 등장하고, 암석 터널이 나오는가 하면 해녀들이 미역을 따는 등 신

울릉군청 사이트를 활용하자
울릉군청 사이트에서는 울릉도의 배편과 기상 등 가장 빠른 울릉도 뉴스를 접할 수 있다. 울릉도 동영상도 있어서 울릉도의 아름다움을 감상할 수도 있다(www.ulleung.go.kr).

울릉도의 숨겨진 비경으로 통하는 대풍감.
쪽빛 바다와 원시시대를 연상시키는 기암괴석의
조화가 입을 다물지 못할 정도로 아름답다.

비롭고 이색적인 풍경이 끊이질 않는다. 섬목에 서면 해안일주도로는 끝. 저 멀리 죽도가 불쑥 나타난다. 죽도는 분지같은 새끼섬이 쪽빛 바다에 점처럼 솟아 있다.

울릉도 해안에는 보석보다 아름다운 곳이 곳곳에 널려 있다. 죽암 몽돌해변의 투명한 물빛, 대풍감의 짙푸른 쪽빛 바다, 삼선암 주변의 에메랄드빛 물빛은 두고두고 머릿속에서 찰랑거린다.

큰 언덕 같은 울릉도를 품고 있는 원시림과 성인봉

해발 984m의 성인봉도 울릉도에서 빼놓을 수 없는 곳. 도동—안

울릉도의 끝에 해당하는 섬목 인근의 삼선암.
바다에 불쑥 솟아 있는 돌기둥이 인상적이다.

유람선은 '섬 일주 유람선'과 '죽도 관광 유람선'의 두 종류가 있다. 섬 일주 유람선은 도동항을 출발해 사동, 거북바위 등 시계 방향으로 섬을 한 바퀴 돌아 죽도와 촛대바위에서 마침표를 찍고 다시 도동항으로 돌아오는 원형 코스. 섬 전체를 구경할 수 있다.

죽도 관광 유람선 역시 도동항에서 출발한다. 하지만 시계 반대 방향으로 삼선암과 관음도를 지나 죽도에서 1시간 동안 정박한 후, 다시 돌아오는 코스.

죽도는 섬 전체가 푸른빛을 띠는 아름다운 곳. 마치 천상의 세계에 온 듯 바다와 유채의 조화를 감상하다 보면 넋을 잃고 시간 가는 줄도 모르기 십상이다. 유람선을 타는 동안 거친 파도가 하얗게 부서지는 진풍경은 물론, 새우깡을 받아먹는 갈매기들의 배웅까지 두루 감상할 수 있어 한층 즐겁다(울릉유람선협회 054-791-4468).

평전-성인봉-나리분지-천부 코스를 가장 많이 찾는다. 도동-안평전 구간은 가파르고 지루한 포장도로여서 택시를 이용하는 것이 좋다. 안평전에서 성인봉을 거쳐 천부까지 4~5시간이면 여유 있게 산행을 즐길 수 있다.

성인봉을 비롯해 해안에서 고개를 들면 태고의 자연을 간직한 봉우리들이 즐비하다. 서쪽으로는 향목령, 초봉, 미륵산 꼭대기를 타고 성인봉으로 오르고, 동쪽으로는 내수전, 나리봉, 말잔등을 타고 정상으로 이어진다.

오름의 내리막은 분지를 잉태시킨다. 성인봉을 곁에 둔 나리분지는 깊고 푸른 치맛자락을 펼치고 있다. 성인봉, 알봉, 나리봉은 그렇게 나리분지를 보듬고 있다. 더불어 환상적인 육상 관광의 절정은 나리분지다. 동서 1.5㎞, 남북 2㎞의 울릉도 유일한 평지인 이곳에는 오염되지 않은 원시림이 펼쳐져 있다.

두 팔 벌려 청정의 공기를 마시면 가슴 속까지 자연이 들어오는 기분이다. 울릉도에서 바라보는 바다가 자궁 속이라면 나리분지의 평야는 인체의 배꼽에 들어앉은 기분이다. 울창한 숲길을 수십 리나 뚫고 가야만 도달할 수 있는 나리분지. 분지의 정점에 서면 하늘이 곧추 뚫리고, 대지는 방사형으로 퍼져나간다. 마치 태초의 자연 속에 숨겨진 '신의 제단' 한복판에 들어선 기분이다. 실제로 분지 한가운데는 1892년 울릉도 개척 당시의 이주민들이 살았던 투막집 두 채가 상서로운 분위기를 자아내며 자리를 지키고 있다.

울릉도 원시림을 제대로 만끽하며 걷는 오솔길.
울릉도는 삼림욕을 즐기며 걸을 수 있는 길이 많다.

근교 여행지

1 | 사동항–통구미해수욕장

논스톱 해안 드라이브의 진수를 느낄 수 있는 구간. 오직 바다와 나만의 시간을 약속한다. 시시각각 변하는 바다의 아름다움을 한눈에 감상할 수 있어 더욱 좋다. 해안도로 중간에 가두봉 등대가 우뚝 솟아 있는 모습이 특히 볼거리.

2 | 황토굴

태하항에 잠깐 차를 세우고 걸어 들어가면 제법 넓은 동굴이 하나 나오는데, '황토구미'라고도 불린다. 그 한쪽 벽면이 붉은빛을 띠는데, 조선시대에는 울릉도 순찰의 증거품으로 향나무와 함께 황토굴의 황토가 쓰였다.

3 | 남양 몽돌해수욕장

푸른 바다와 회색 자갈이 어우러진 예쁜 해수욕장. 1km에 달하는 긴 해변은 수백 마리 바다갈매기의 휴식처. 해안선의 끝자락에 거친 파도를 맞으며 우뚝 솟은 사자암은 일몰 명소.

4 | 비파산

암석의 주상절리 현상을 고스란히 보여주는 산. 바위가 길게 쪼개진 모양새가 흡사 국수를 널어 말리는 모양과 비슷하다 하여 '국수산'이라는 재미있는 별칭도 있다.

따개비밥

근처 맛집

1 | 99식당

울릉도에서 소문난 맛집. 따개비밥, 홍합밥, 엉겅퀴해장국 등 울릉도 특산 요리를 전문으로 한다. 약초로 쓰이는 엉겅퀴해장국이 특히 인기. 아침 해장용으로 그만이다. 홍합과 비슷하게 생긴 따개비를 쌀과 함께 볶은 따개비밥도 울릉도에서만 맛볼 수 있는 별미다.

○ 경북 울릉군 울릉읍 도동길 89
○ 054–791–2287 ○ 홍합밥 1만 5천원, 따개비밥 1만 5천원, 약초해장국 1만원

2 | 암소한마리식당

울릉도는 약소, 홍합, 산나물, 흑염소, 오징어 이렇게 5가지가 유명하다. 특히 울릉 약소는 울릉도에서만 자생하는 미나리과 풀인 섬바디를 먹여 키운 천혜의 별미이자 영양식이다. 붉은 색깔이 진하고, 고기가 오래 씹히면서도 고들고들한 맛이 일품이다.

○ 경북 울릉군 울릉읍 도동길 97
○ 054–791–4898 ○ 한우숯불등심 2만원

숙박 팁

성수기에는 예약하지 않으면 현지에서 방을 구하기가 어렵다. 울릉도의 숙박 시설은 대부분 도동항에 몰려 있다. 이곳에 여장을 풀면 편해서 좋지만, 일주도로를 타고 서쪽으로 나가면 비교적 방 잡기가 수월하다.

숙박 시설은 대도시에 비해 다소 떨어져 호텔도 대도시의 장급 여관 정도다. 울릉호텔(054–791–6611) 등이 괜찮다. 한적한 밤바다를 즐기고 싶다면 남양, 태하, 천부의 조용한 민박을 찾는 게 좋다. 북면 추산동의 추산일가(054–791–7788)가 그런 곳들 중 하나다.

가는 법

경부고속도로 대구분기점에서 대구·포항 고속도로–포항IC–죽도시장 이정표를 보고 시내를 통과하면 북부해수욕장과 여객터미널 이정표가 나온다.

배는 동해시 묵호항과 경북 포항 여객터미널에서 하루 한두 차례 쾌속정이 출발한다. 묵호와 포항 여객터미널에 장기 주차가 가능한 주차장이 완비돼 있다(대아고속해운 054–242–5111).

연분홍 꽃물결 가득한 천년고도

경주 벚꽃 여행

봄이 한창 물오른 경주는 황홀하다. 벚꽃으로 화려하게 치장한 고찰, 고분, 호수가 눈부시도록 아름답다. 아름드리 벚꽃나무가 수놓은 보문단지와 경주 시내는 연분홍 꽃물결이 펼쳐지는 여행지로 옷을 갈아입는다. 경주 시내뿐 아니라 보문호수까지 이어지는 꽃물결로 마음과 몸을 물들여보자.

TRAVEL COURSE

1일 경주IC – 천마총 – 점심식사(쌈밥) – 박물관 – 황룡사터 – 경주월드 –
보문호수 산책로 – 밀레니엄파크 – 현대호텔 – 저녁식사(한식)

2일 아침식사(한식) – 불국사 – 김유신 장군묘 – 무열왕릉 – 점심식사(한우구이) –
오릉 – 포석정 – 삼릉

Address 경북 경주시 보문동
Tel 경주시청 054-779-8585
Web www.gyeongju.go.kr
Price **교통비** 7만원, **식비** 5만원, **숙박비** 5만원, **여비** 5만원(1인, 1박2일 기준)

　4월이면 연분홍 꽃잎이 이리저리 휘날리는 화려한 벚꽃 향연이 펼쳐지는 경주. 신라의 천년 고도를 품은 시내를 걸어도, 불국정토 남산에 올라도, 드넓은 보문호수 어디에나 벚꽃이 화려하게 수를 놓는다. 신라 천년의 멋과 흐드러진 벚꽃이 있는 봄날의 경주는 1년 중 가장 아름답다. 그래서 봄의 경주라면 벚꽃과 연결해 가벼운 마음으로 돌아봐야 한다. 벚꽃을 따라 여행하면 계절의 진미도, 문화의 향기도 맘껏 누릴 수 있다.

　화려한 벚꽃과 흥겨움 가득한 놀이 공간을 원한다면 보문단지가 첫 번째. 보문호수를 중심으로 국제 규모의 호텔, 골프장, 쇼핑센터 등 수많은 위락 시설을 갖추고 있다. 단지 중심부에 있는 물레방아와 인공폭포, 꽃으로 단장한 첨성대 모형은 인기 높은 사진 촬영 장소다. 이 뿐이 아니다. 백조유람선, 잔디밭과 호텔들이 제공하는 다양한 문화 공연, 경주월드의 놀이시설 등 볼거리와 즐길거리가 가득하다.

볼거리와 놀 거리 가득한 벚꽃 명소, 보문호수

　보문단지는 경주에서도 벚꽃이 가장 많고 화려해 젊은 연인들도 많이 찾는다. 파란 물결 잔잔한 호수에서 오리보트를 타는 물놀이

보문호수 주변에 들어선 고급 리조트와 호텔은
경주 여행의 출발점이다. 산책로와 레포츠 시설이
다양해 휴식 공간으로 인기가 좋다.

도 좋고, 경주랜드에서 스릴만점 놀이기구에 몸을 맡겨도 좋다. 더불어 꽃비 날리는 호숫가 산책로를 거닐거나 자전거를 타며 낭만적인 데이트를 즐기기에도 좋다.

특히 보문호의 산책로는 가족이나 연인들이 찾는 휴식과 낭만의 장소. 힐튼호텔에서 현대호텔까지 연결된 산책로의 벚꽃과 개나리가 아름답다. 시내에서 보문까지 이어진 자전거 도로도 벚꽃 운치를 만끽할 수 있는 인기 코스다.

여기저기 돌아보며 눈요기를 하는 봄길 산책의 매력은 시내권이 안성맞춤. 봉긋하게 솟은 고분과 간결한 곡선미가 돋보이는 첨성대 등의 유적지를 찾아가는 길은 온통 벚꽃 세상이다. 보문단지에 비해 사람이 적어 여유롭게 봄의 향취에 취할 수 있다. 신라 천년 동안 정치, 경제, 문화의 중심지였기 때문에 여느 도시보다 많은 유적이 남아 있다.

경주 시내에도 사적지가 즐비하다. 천마도와 금 장식품으로 유명한 천마총, 고대에 별을 관측하던 첨성대, 신라 조경의 아름다움을 품은 안압지 분화사와 황룡사지 등은 경주의 자랑거리다. 봄에는 여기에 벚꽃까지 더해져 무릉도원을 방불케 한다. 진해의 벚꽃보다 젊

천마총 옆에 위치한 첨성대

분황사지 석탑.
경주에서 보기 힘든 전탑(벽돌탑)
양식으로 건축되었다.

고 아름답다는 벚꽃과 봉긋하게 솟아오른 고분들이 조화를 이뤄 벚꽃의 분홍과 개나리와 유채밭의 화려한 노란 봄빛이 선명하게 대비를 이룬다.

황홀한 벚꽃 여행의 절정, 대릉원 주변

경주 벚꽃 여행의 절정을 이루는 명소로 세 군데가 있다. 벚꽃과 유채가 어우러진 반월성과 계림으로 연결되는 대릉원 돌담길의 기품 있는 벚꽃 풍경, 그리고 김유신 장군 묘 입구의 화려한 벚꽃 터널이다.

대릉원 맞은편 반월성 지구에서는 마차 투어가 가능하다. 덜컹거리는 소리와 잔잔하게 흔들리는 마차의 느낌 때문에 아이들에게 특히 인기가 높다. 무엇보다 마차에 앉아 옛날 선조들이 다녔던 길을 가면서 고분이며 벚꽃을 감상하는 기쁨은 봄날의 또 다른 선물이다.

토함산 자락에는 신라를 대표하는 불국사와 석굴암이 기다린다. 인간이 빚어낸 정교한 예술품과 자연이 만든 숭고한 아름다움이 만나 풍기는 화려하고도 진지한 정취가 일품이다. 사실 불국사와 석굴

**문화유적 셔틀버스
경주시티투어**

경주 지리에 익숙하지 않거나
효율적으로 둘러보기 위해서는
시티투어 버스를 이용하는 것도
좋은 방법. 4개 코스가 운행 중
이며 반드시 하루 전에 예약해
야 한다. 요금은 어른 2만원. 청
소년 1만 8천원. 어린이 1만 5천
원. 입장료 및 중식비는 별도다
(경주시티투어 054–743–6001).

암은 여행객에게 가장 잘 알려진 명소다.

이곳에 피어 있는 벚꽃은 경주의 다른 곳보다 적긴 하지만 사찰과 어우러진 풍경만큼은 일품이다. 주차장에서 불국사 정문으로 이어지는 산책로가 특히 아름답다. 길 양옆으로 죽 늘어선 여느 곳과 달리 여기저기에 올망졸망 흩어져 있다. 새봄을 알리는 연초록과 어우러진 풍경이 마음까지 설레게 만든다. 잔디밭 곳곳에 피어난 벚꽃 아래에서 봄바람을 맞으며 달콤한 상상의 날개를 펴고 싶어진다.

불국사는 신라 경덕왕 때 김대성이 현생의 부모를 위해 지은 사찰이다. 석가탑과 다보탑의 고전미도 좋지만, 궁궐 형태로 지어진 가람 배치와 회랑이 경내를 감싸는 특이한 구조도 눈여겨볼 만하다. 석굴암은 전생의 부모를 위해 만들었다는 석굴 사원이다. 모두 우리나라를 대표하는 세계문화유산으로 신라 문화의 우수성을 품고 있는 명작들이다.

벚꽃이 유명한 경주에도 숨겨진 벚꽃 포인트가 있다. 벚꽃과 남산의 소나무가 밝으면서도 조용한 기운을 쏟아내는 곳이 바로 삼릉 가는 길. 벚꽃이 즐비한 길을 달리면 좌측으로 신성함이 묻어나는 남산의 자태가 이어진다. 삼불사 입구는 굽이져 돌아가는 길에 벚꽃이 터널을 이루는 비경을 연출한다. 이곳은 알려지지 않아 한적하게 벚꽃을 감상할 수 있다.

화사한 봄날의 경주를 좀 더 여유 있게 여행하고 싶다면 자전거 하이킹을 해보자. 경주는 별도의 자전거 도로가 마련되어 있고, 길이 막히는 것도 아니다. 즐거운 기분으로 경주 구석구석을 여행할 수 있는 최적의 수단이다. 조금 여유를 부려 멋을 내고 싶다면 벚꽃이 질 즈음 하늘 꽃비가 내릴 때 경주를 찾는 게 좋다. 또한 주말에는 한꺼번에 여행객이 몰리기 때문에 평일에 경주 여행을 나서는 것도 좋겠다.

근교 여행지

1 | 보문호수 산책로

호숫가를 따라 조성된 산책로는 최고의 로맨틱 코스. 함박눈을 맞아 설화가 핀 듯한 벚나무와 햇살이 부서져 반짝이는 호수가 최상의 앙상블을 이룬다. 바람이 불어 꽃송이가 눈발처럼 날리고, 호수 위에 떠다니면 무릉도원을 연상케 하는 환상적인 경관을 보여준다.

2 | 김유신 장군 묘 입구

봄의 화려함으로 무장한 구간이다. 경주 시민들이 추천하는 벚꽃 길의 하이라이트. 하늘이 가려질 정도로 무성한 벚꽃이 터널을 연상케 한다. 여기에 벚나무 사이를 가득 메운 개나리들이 노란 꽃을 피워 금상첨화를 이룬다.

보문호수 산책로

근처 맛집

1 | 이풍녀구로쌈밥

대릉원 정문을 중심으로 왼편에 쌈밥집이 늘어서 있다. 이풍녀구로쌈밥이 소문난 맛집. 쌈밥 한 가지 메뉴만 내놓기 때문에 서비스도 친절하고 푸짐하다. 콩잎절임, 다시마쌈, 배추 겉절이, 무김치, 각종 젓갈, 싱싱 야채 등 반찬만 23가지 정도로 한 상 가득 오른다. 1인분에 9천원으로 다소 비싼 느낌이지만, 밥상을 받는 순간에 마음도 입도 푸짐해진다.

- 경주시 황남동 첨성로 155
- 054-749-0600 구로쌈밥 1만원

2 | 팔우정 해장국 골목

팔우정 로터리는 경주 교통의 중심지여서 오가는 사람을 상대로 식당이 하나둘 들어서면서 해장국촌이 형성됐다. 물명태와 멸치를 우려낸 물에 콩나물, 도토리묵과 각종 양념을 넣어 먹는다. 매콤하면서도 얼큰해 경상도식 국밥의 진수를 맛볼 수 있다.

- 팔우정 054-742-6515
- 대구식당 054-749-7577
- 황남식당 054-749-2391

숙박 팁

호텔현대경주

호텔현대경주는 보문호수를 품은 최고의 객실을 갖추었으며 경주에서 가장 아름다운 전망을 품고 있다. 커튼을 젖히면 발아래 보문호의 하늘거리는 자태가 한눈에 들어온다. 특히 테라스에서 보는 따뜻한 봄볕과 벚꽃이 둘러싼 보문호의 풍경은 감탄을 자아낸다. 호텔 로비와 복도를 신라의 향기가 묻어나는 장식품으로 꾸몄다. 경주의 이미지를 잘 담아낸 품격과 고객의 높은 만족도를 동시에 갖춘 경주 최고의 호텔이다.

- 054-748-2233
- @ www.hyundaihotel.com/gyeongju/index.jsp 패키지 상품 주중 15만원~22만원선

가는 법

경부고속도로 경주IC에서 빠져나와 2km쯤 달리면 오름이 있는 사거리가 나온다. 여기에서 좌회전하면 경주 시내, 우회전하면 포석정과 삼릉이 있는 남산 지구가 나온다. 직진하면 보문단지로 향하게 된다. 서울에서 경주까지는 4시간 30분 정도 소요된다. 주말을 이용해 경주를 찾을 경우 기차를 이용하는 것도 좋다.

24

붉은 노을에 취하고 철썩이는 파도에 정들다

부안 변산반도

변산반도의 새로운 명소로 부각되고 있는 대명리조트와 하섬은 변산반도가 손에 잡힐 듯 가까운 바다에 있다. 하섬은 1년에 몇 번씩 바다가 갈라져 길을 연다. 그림처럼 떠 있는 하섬은 200여 종의 식물이 울창하게 숲을 이루어 해금강을 방불케 하는 아름다운 곳이다. 새로운 갯벌 체험과 바캉스 명소로 부각되고 있는 변산반도에 발을 담그자.

ⓒ 대명리조트

TRAVEL COURSE

1일 부안IC – 변산해수욕장 – 점심식사(바지락죽) – 고사포 – 적벽강 – 격포해수욕장 – 저녁식사(해물탕) – 대명리조트 숙박

2일 아침식사(한식) – 채석강 – 격포항 – 곰소염전 – 점심식사(젓갈정식) – 내소사 – 줄포IC

Address 전북 부안군 변산면 격포리 격포해수욕장 일대
Tel 부안군청 063-580-4191
Web www.buan.go.kr
Price 교통비 7만원, 식비 5만원, 숙박비 7만원, 여비 5만원(1인, 1박2일 기준)

격포항 옆에 위치한 채석강.
책을 켜켜이 쌓아 놓은 듯한 바위가 인상적이다.

변산반도에 그림처럼 떠 있는 하섬. 매월 음력 보름과 그믐날에 3~4일 간격으로 길이 열린다. 바닷길은 폭이 20m 정도로 갈라지고 굴과 해삼, 조개 등 해산물이 많아 사람들이 즐겨 찾는 갯벌 체험 장소로 부각되고 있다. 이 바닷길은 모래와 개펄이 적당히 섞여 단단하고 탄력성이 있으므로 걷기에 불편함이 없다. 바닷길 좌우로는 여기저기에 김 양식 밭이 들어서 있고, 김을 매는 말뚝이 숲처럼 늘어서 있어 이색적인 분위기를 연출한다.

급하게 바다 위의 길을 건넌 몇몇 사람들은 하섬에 도착하자마자 해안의 바위 사이로 흩어진다. 바위틈에는 굴과 고동이 무수히 붙어 있다. 세발 호미로 갯벌을 파자 바지락들이 모습을 드러낸다. 해안선 길이가 3.5km여서 한 바퀴 도는 데 40분 정도 걸리는 하섬은 의미 있는 시간을 보내려는 가족들의 단란한 섬 나들이로 제격이다.

이 섬은 물때를 맞춰야 하는 등 외부인의 접근이 쉽지 않다. 그만큼 오염되지 않은 자연의 아름다움과 깨끗함을 그대로 간직하고 있어 해금강을 방불케 하는 아름다운 곳이라는 칭송을 듣고 있다.

섬 안으로 들어서면 소나무 숲이 우거져 있고, 200여 종의 식물과 기암괴석이 아름답게 서 있다. 섬 중앙에 지하 60m에서 솟는 석간

수가 흐르고, 남쪽에는 백사장이 있어 여름철에는 해수욕도 즐길 수 있는 까닭에 많은 여행객이 찾아들기도 한다.

변산반도 최고의 비경 적벽강이 코앞에

하섬으로 드나드는 고사포 옆에 변산반도 최고의 비경으로 손꼽히는 적벽강이 있다. 고사포 쪽에서 용두산을 돌아 절벽과 암반으로 펼쳐지는 해안선을 적벽강이라 한다. 맑은 물과 붉은색 암반, 높은 절벽과 동굴 등 빼어난 경치가 이국적인 느낌을 준다. 변산반도에서 낙조를 가장 편안하게 즐기기 좋은 곳이 바로 적벽강이다.

적벽강은 이름만 강이지 실제 강이 아니다. 수만 권의 책을 쌓아 놓은 모습을 닮았다는 중국 적벽강에서 그 이름을 따온 것일 뿐이다. 하루의 반은 물에 잠겨 있고, 하루의 반만 모습을 드러내는 적벽강. 사위가 붉어지면서 삼삼오오 채석강 바위 위로 모여든 사람들은 모두 한 방향을 응시하고 있다. 해넘이축제가 열릴 정도로 유명한 이곳의 낙조는 단풍보다 붉게 타올라 천지사방은 물론이고 보는 이의 얼굴까지 붉게 물들인다. 사자바위는 적벽강의 일몰 포인트. 고사포에서 적벽강으로 가는 마을 길 곳곳에 일몰 포인트가 많다. 해안선마다 풍경이 달리 보여 천의 얼굴을 가진 해변이라는 수식이 걸맞은 곳이다.

물이 빠질 때마다 드러나는 퇴적암층에 다닥다닥 붙어 있는 바다 생물들과 해식동굴이 신기하다. 앙증맞을 정도로 예쁘다고 조그만 자갈들을 주워 가지고 나오면 벌금을 물어야 한다.

서해안의 3대 해수욕장 중 하나인 변산해수욕장

부안 읍내를 나와 변산해수욕장으로 가는 길은 내소사를 중심으로 내변산의 시계 반대방향인 외변산의 해안도로를 만난다. 해안도로를 따라 달리다보면 새만금 방조제가 보인다. 변산온천 조금 못 미쳐 만나게 되는 해창갯벌에는 환경단체가 새만금 개발에 반대하는 뜻으로 곳곳에 조형물과 장승을 세워놓았다.

해창갯벌과 새만금 방조제 전시관을 지나면 곧바로 변산해수욕장이 나온다. 드라마 〈대장금〉에서 장금이와 금영이가 울적한 마음을 달래러 찾아간 바닷가를 기억하는지. 바로 변산해수욕장 백사장이 한눈에 내려다보이는 팔각정 옆이다. 팔각정에서 바다로 내려가는 오솔길이 나오는데, 이 길을 걸어가는 모습과 장금이와 금영이 바닷가에서 뛰어다니던 장면을 촬영한 곳이다.

변산해수욕장은 고운 모래가 끝없이 펼쳐져 있고, 물이 맑고 수심이 얕아 해수욕을 하기에 좋은 천혜의 조건을 갖추고 있다. 해수욕장 뒤편에는 푸른 소나무 숲이 시원한 그늘을 만들어준다. 이곳은 대천해수욕장, 만리포해수욕장과 함께 서해안 3대 해수욕장으로 손꼽힌다. 변산해수욕장은 비키니해수욕장이라는 이벤트와 테마를 개발해 이색 휴가지로 인기를 얻고 있다.

또한 낙조를 감상하기에 최적의 장소로도 인기가 높다. 특히 수평선을 선홍빛으로 물들이는 변산의 일몰은 서해안의 3대 낙조 포인트로 유명하다. 해가 크고 노을빛이 고와 연인들의 데이트 코스로 인기가 좋다.

대명리조트에서 바라본 격포해수욕장 전경. 이곳은 연인들의 데이트 코스로 인기가 좋다.

근교 여행지

1 | 격포항

격포항은 변산반도에서 여행객이 가장 많이 찾는 곳이라 음식점이나 숙박업소가 많다. 싼값에 회를 구입해 야외나 식당에서 먹을 수 있는 대형 회센터가 있다. 오전 10시부터 오후 4시까지 배가 수시로 들어오기 때문에 저렴한 가격에 싱싱한 해산물을 살 수가 있다. 싸고 싱싱한 해산물을 파는 포장마차도 방파제를 따라 늘어서 있다. 노점, 포장마차 등은 온종일 사람들로 북적인다.

2 | 고사포해수욕장

한적한 해수욕장을 찾는다면 고사포해수욕장이 안성맞춤. 고사포해수욕장은 굵은 소나무 숲이 시원한 그늘을 드리우고 있다. 이곳 해변에서는 바다 건너편으로 새우 모양을 닮았다는 하섬이 보인다. 음력 그믐에 물이 빠질 때는 모세의 기적처럼 바닷길이 열리기 때문에 섬까지 걸어갈 수도 있다.

3 | 자연생태학습장

적벽강 인근은 아름다운 풍경도 일품이지만, 조개를 잡고 갯벌체험을 할 수 있는 생태학습장으로도 좋다. 생태학습장 입구는 적벽강의 절벽이 병풍처럼 펼쳐진 풍경과 거대한 암반이 어우러진 풍경이 눈앞에 펼쳐지는 전망 포인트다.

숙박 팁

1 | 변산 대명리조트

프랑스 북부의 노르망디 해변을 모티브로 삼아 유럽풍 귀족스타일을 살린 리조트, 콘도 스타일의 객실 외에도 94실의 클라우드9 호텔이 공존하는 형태로 프리미엄 리조트를 시도했다. 특히 노천탕, 파도풀, 테라피 등 사계절 물놀이가 가능한 아쿠아월드와 레스토랑. 노래방, 당구장 등 다양한 부대시설을 갖추어 편안한 휴식을 취할 수 있다.
📞 1588-4888 Ⓦ 패밀리 36만 3천원

2 | 변산온천리조텔

변산면 대항리에 있는 온천으로 변산반도 국립공원지구 내 북쪽에 있다. 1996년 개장한 곳으로 국내 최고 수질을 자랑하는 유일한 해변온천. 유황 성분이 다량 함유되어 있어 각종 성인병과 미용에 좋다고 알려져 있다.
온천 내에 40개의 객실과 사우나탕, 식당. 단란주점 등이 있고 주변 부안댐이나 새만금 전시관 등을 둘러볼 수도 있다.
📞 063-582-5390 Ⓦ 숙박료 4만원

근처 맛집

1 | 소문난 조개구이

소문난 조개구이는 채석강을 보며 식사를 할 수 있는 전망 좋은 곳에 자리 잡았다. 봄에는 주꾸미를, 가을 대하 철에는 별미를 내놓는다. 대하는 비록 양식이긴 하지만 매일 신선한 것만 가져와 요리하므로 자연산 대하에 비해도 맛이나 영양가가 떨어지지 않는다. 대하 소금구이는 고소하면서도 달콤하다.
✉ 전북 부안군 변산면 채석강길 24-1
📞 063-581-4236 🍴 광어회(2인) 7만원, 대하구이 4만원

2 | 원조 바지락죽

변산온천장 근처에 있는 원조 바지락죽집. 부안 일대의 갯벌에서 나는 바지락을 사용하기 때문에 쫄깃쫄깃하고 개운한 맛을 자랑한다. 바지락죽은 숙취에도 좋아 해장국으로 인기가 좋은 메뉴.
✉ 전북 부안군 변산면 묵정길 18
📞 063-584-9994 🍴 바지락죽 7천원

가는 법

서해안고속도로 부안IC에서 빠져나와 변산 방향 30번 국도를 달리면 변산 마포삼거리가 나온다. 여기서 우회전해 고사포해수욕장 표지판을 따라가면 원광대 임해수련원이 나온다. 여기서 직진하면 격포해수욕장이 나오고 우회전하면 대명리조트.

격포항

25

동해 바다를 정원처럼 품은 새천년 해안도로

삼척 팰리스호텔

마음속에 바다를 품고 사는 사람이 있다. 하지만 바캉스 시즌에는 바다가 사람을 품는다. 백사장이 예쁜 해수욕장에서 단란한 가족이 휴가를 즐기는 모습은 '행복'이라는 표현에 딱 맞는 풍경이다.

TRAVEL COURSE

1일 삼척해수욕장 – 점심식사(오징어물회) – 새천년해안도로 – 조각공원 – 삼척항 – 죽서루 – 팰리스호텔 숙박

2일 아침식사(곰치국) – 맹방해수욕장 – 호산해수욕장 – 점심식사(임원항 회센터) – 해신당 공원 – 7번 국도 드라이브 – 삼척IC

Address　강원도 삼척시 정라동 팰리스호텔 일대
Tel　　　삼척시청 033-572-2011
Web　　　www.samcheok.go.kr
Price　　교통비 5만원, 식비 10만원, 숙박비 10만원, 여비 5만원(1인, 1박2일 기준)

삼척은 한적한 해수욕장과 크고 작은 바위들이 장관을 이루고 있는 해안가 풍경이 특징이다. 삼척에는 각종 편의시설이 잘 갖춰져 있는 망상, 삼척, 맹방해수욕장 등이 있다. 또 그림 같은 절경을 연출하는 어달, 궁촌, 용화, 호산 등의 간이 해수욕장이 7번 국도를 따라 줄지어 있다. 해변에서 가까운 곳에 천렵과 물놀이를 하기에 안성맞춤인 무릉계곡과 동양 최장의 동굴인 환선굴도 있어 더욱 알찬 휴가를 보낼 수 있다.

삼척은 여행지로는 장점이 많다. 한적한 해수욕장, 천곡동굴 등 테마별 바캉스를 선택할 수 있기 때문. 게다가 이동거리까지 짧아 두루두루 둘러보기 좋고, 풍경도 아름답다. 삼척은 '여름 삼척'이라는 말이 딱 어울리는 천혜의 피서지로 꼽힌다. 7번 국도를 따라 이어져 있는 삼척, 맹방, 용화, 호산 등 크고 작은 해수욕장은 해변의 모습과 분위기가 저마다 다르다. 또 임원항, 초곡항 등 10여 개의 포구에는 새벽마다 활기가 넘친다. 포구마다 여행객의 입맛을 돋우는 오징어회와 해물탕, 곰치국 등 여름 별미가 가득하다.

삼척항에서 삼척해수욕장에 이르는 4.6km 구간에는 해안 절경이 뛰어난 새천년도로가 연결되어 있다. 절벽 해안을 따라 경치가 빼어나 많은 시민과 관광객이 찾는다. 여름에는 해수욕과 스킨스쿠버를

새천년 해안도로 중심에 자리 잡은
팰리스호텔

즐길 수 있고, 비치조각공원과 소망의 탑 공원이 조성돼 있어 사계절 내내 연인들의 발길이 끊이지 않는다. 또 인근의 삼척항과 정라회 센터에서 오징어, 광어 등 싱싱한 활어를 저렴하게 먹을 수 있는 것도 장점이다. 여기에 팰리스호텔과 전망대 등 편의시설이 있어 여름 휴가지로는 보석처럼 빛나는 곳이다.

팰리스호텔은 정라항에서 불과 1km 거리에 있는 해안 암벽 위에 지상 9층 규모로 서 있는데, 마치 동해 바다의 전망대 같다. 특히 바다 쪽을 향한 모든 객실의 창을 밖에서는 보이지 않는 통유리로 처리해 고객의 편의를 배려했다. 방에서는 바다 경관이 발아래로 펼쳐져 상쾌한 분위기를 자아내고, 새벽이면 침대에 누운 채로 동해 일출을 볼 수 있다.

또한 전망 좋은 카페에서 데이트를 하거나 한여름 밤 드라이브를 즐기는 것도 좋다. 이곳에는 야간 드라이브를 즐길 수 있는 포인트가 많다. 해안도로가 잘 조성되어 있는 덕분에 전망 좋은 카페도 곳곳에 있다. 바다와 씨름을 하며 바캉스를 즐기는 것도 좋겠지만, 한적한 여름밤을 누리는 낭만 데이트도 계획해보자.

가족끼리 찾으면 더 좋은 곳, 삼척해수욕장과 증산해수욕장

질 좋은 모래로 된 백사장이 길고 넓게 뻗어 있고, 수심이 얕고 물이 맑아 해수욕을 즐기기에 그만이다. 바위에 둘러싸여 반달 모양을 이루고 있는 백사장과 해안가의 크고 작은 바위들이 불쑥불쑥 솟은 모습도 장관이다. 백사장 뒤쪽으로는 무성한 송림이 우거져 있어 시원하고, 해수욕장으로 들어가는 진입로는 잘 포장되어 있다. 주차장과 각종 편의시설, 횟집, 상점 등도 잘 갖춰져 있어 해마다 여름이면 관광객들이 많이 찾는다.

TV에서 애국가가 시작될 때 해가 떠오르던 그 바위가 삼척의 추암 촛대바위. 바위가 촛대 모양으로 솟아 있고, 그 주위를 호위하듯 둘러싸고 있는 기암들의 생김새가 신기하다. 일출이 워낙 아름다워 사진작가들과 여행객들에게 사랑받는 곳이다. 사실 추암 촛대바위는 추암해수욕장에서 보는 것보다 증산해수욕장에서 바위의 측면을 보는 것이 훨씬 더 아름답다.

환선굴은 꼭 들러보자.
대이리 동굴지대에는 환선굴을 비롯해 5개의 동굴이 분포해 있으며 천연기념물 제178호로 지정되어 있다. 지옥굴 내의 버섯형 종유폭포는 세계 어느 동굴에서도 찾아볼 수 없는 환선굴의 자랑거리(관리사무소 033-541-9266).

끝없이 펼쳐진 백사장이 일품인 맹방해수욕장

맹방해수욕장은 광활한 백사장과 끝이 보이지 않는 긴 해안선이 일품이다. 게다가 바다 쪽으로 150m까지 들어가도 수심이 1~1.5m밖에 되지 않아 해수욕을 즐기기에는 더할 나위 없이 좋다.

이곳은 초당동굴에서 흘러든 담수가 교차하는 지점이라 민물 낚시터로도 각광받고 있으며, 해수욕과 담수욕을 동시에 즐길 수 있다. 또한 덕산항이 가까이 있어 싱싱한 활어를 회로 먹을 수 있다.

맹방해수욕장은 각종 편의시설과 주차장 등이 잘 갖춰져 있는 대규모 해수욕장이다. 해수욕장 바로 앞마을인 하맹방리에 민박을 하는 집이 많지만, 조금 더 깨끗한 민박을 원한다면 덕산 쪽으로 가는 것이 좋다. 덕산마을은 전문적인 민박마을로, 새로 지은 깨끗한 민박집이 많고 요금도 저렴하다.

매년 맹방해수욕장에서는 바캉스 고객들을 위한 이벤트가 펼쳐진다. 8월 초에는 해수욕도 즐기고 온 가족이 조개줍기 체험도 겸할 수 있다. 또한 맹방해수욕장 바로 옆 마읍천에서 송어잡이 행사도 동시에 펼쳐진다. 이 행사에서는 맨손으로 송어를 잡아야 하기 때문에 몸을 던져가며 물놀이를 즐기는 아이들에게 특히 인기가 많다. 행사 참가비 5천원은 행사진행 비용으로 사용되며, 잡은 송어는 가져갈 수 있다. 문의는 삼척시청 관광개발과(033-570-3545)로.

호산해수욕장

근교 여행지

1 | 죽서루

삼척 시내에 있는 오십천 절벽 위에 서 있는 죽서루. 보물 제
213호로 지정돼 있으며. 관동팔경 중 제1경으로 꼽힌다. 역사
가 오래된 이 건물의 누각 주변에 거대한 숲이 있다. 죽서루는
교통편이 편리해 다음 여행 코스로 이동하기가 쉽다.

2 | 임원항 회센터

싱싱한 자연산 활어를 먹을 수 있는 곳. 광어. 도미, 우럭. 놀
래미 등 다양한 종류의 활어를 그 자리에서 잡아 회를 떠준다.
자리도 깔끔하고 바다를 보며 회를 먹을 수 있어 더욱 좋다.
삼척시에서 울진 쪽으로 7번 국도를 타고 약 37㎞ 가면 왼편
으로 임원항 진입로가 보인다.

3 | 호산해수욕장

강원도의 해수욕장 중 가장 남쪽에 있는 해수욕장. 오염되지
않은 푸른 물과 널찍한 백사장, 울창한 송림이 우거져 있어 여
름 피서지로 적격일 뿐만 아니라 오토캠핑을 즐기기에도 좋다.
인근 가곡천에서 담수가 흘러들어 은어. 황어 등의 민물고기
가 많이 잡힌다. 해안에서는 바다낚시도 즐길 수 있다.

가는 법

영동고속도로–강릉분기점–동해고속도로 동해IC–7번 국도–
삼척–삼척해수욕장–새천년해안도로–조각공원–팰리스호텔.
삼척항 삼거리에서 7번 국도를 따라가면 맹방해수욕장이 나
온다.

숙박 팁

잠자리는 삼척보다 이웃한 동해에 더 많다. 동해보양온천컨벤
션호텔(033–530–0700, 망상해수욕장 앞) 등이 가족 단위로
숙박하기에 좋다.

죽서루

한려수도의 여름 바다를 질주하는 요트 세일링

통영마리나리조트

요트를 타고 바다를 질주하는 건 더 이상 꿈이 아니다. 부자들의 전유물로만 여겨졌던
요트 세일링을 이젠 누구나 마음만 먹으면 할 수 있다. 적어도 통영에서는 그렇다.
통영은 여름이면 해양스포츠의 천국으로 변신한다. 여기에 산양일주도로
드라이브까지, 알찬 통영으로 출발!

TRAVEL COURSE

1일 대전 – 통영고속도로 통영IC – 14번 국도를 타고 통영 시내 여객선터미널 도착 –
중앙동에서 점심식사(해물탕 또는 충무김밥) – 미륵산 케이블카 – 산양일주도로 드라이브 –
달아공원(관망대에서 한려수도 감상) – 해저터널 – 여객터미널 먹자골목 –
저녁식사(활어회) – 통영마리나리조트 숙박

2일 아침식사(굴밥) – 통영항에서 한산도 제승당행 여객선 승선 –
제승당 답사(도보로 충렬사로 이동) – 충렬사 답사 – 통영항 – 점심식사(하모회) –
세병관 답사 – 남망산조각공원 산책 – 청마문학관 관람 – 통영IC

Address   경남 통영시 큰발개1길 33 통영마리나리조트
Tel   055-643-8000
Web   www.kumhoresort.co.kr
Price   16평형 주중 11만 1천 3백원, 주말 15만 9천원
요트 (1인) 2만 3천원

한려수도를 품에 안고 달린다. 통영은 '충무'라 불리던 육지와 두 개의 다리로 연결된 섬 미륵도, 그리고 크고 작은 150여 개의 섬을 대표한다. 육지와 섬과 한려수도가 어우러져 오감을 충족하는 비경을 만들어내는 통영은 언제 찾아도 아름다운 여행지다. 통영항이 중심인 통영 시내에는 번잡한 사람 냄새가 나고, 미륵도는 때 묻지 않은 섬으로 남아 있다. 영혼을 꽃피웠던 예술가들의 흔적을 느끼는 것도 통영 여행의 매력이다.

한려수도를 품고 즐기는 요트 세일링

국내에서 요트가 대중적이진 않지만 우리나라야말로 요트 타기에 좋은 조건을 갖추고 있다. 바람이 많이 불어 사계절 요트를 즐길 수 있다는 사실을 기억하며 통영으로 달린다. 통영대교를 넘어 유람선터미널을 차례로 지나 만나게 되는 마리나 요트 선착장. 다도해를 품은 통영항이 한눈에 보이는 통영마리나리조트 1층 로비에 가면 요트투어 안내를 받을 수 있다.

요트는 크게 모터요트와 세일요트로 나뉜다. 그중 바람에 의지해 돛을 단 배에 앉아 바다를 유람하듯 즐기는 세일요트가 낭만적이다. 동력이 아닌 바람을 이용해 항해하는 세일요트는 선체가 1개인 단동형과 선체가 2개인 쌍동형으로 구분된다. 마리나에서는 2가지 유형의 요트를 모두 체험할 수 있다. 마리나 선착장의 요트는 영화에서 보던 호화스러운 것에 비해 크기가 작다. 하지만 단동형 세일요트는 선체 수면 아래에 '킬'이라 불리는 큰 납덩이가 있어 바람을 받아 선체가 기울어지더라도 무게 중심을 잡아주기 때문에 배가 전복되는 일은 없다. 또한 파도를 타고 운항하기 때문에 안전하다. 특히 쌍동형 요트는 선체의 폭이 넓어 안전하게 요트를 즐길 수 있어 초보자도 쉽게 탈 수 있다.

통영마리나리조트에서는 해가 기울기 전 세일요트에 승선해 바다로 나가 일몰을 맞을 수 있는 요트 프로그램을 운영한다. 두 가족 이상이 동시에 승선할 수 있으며, 한려해상국립공원의 수려한 바다 풍경을 감상하면서 세일링을 즐길 수 있다. 선장이 동승해서 세일링하는 동안 요트에 대한 간단한 설명과 함께 직접 키를 잡고 조종할 수 있는 체험 기회도 제공한다.

통영의 진면목을 드라이브로 즐기기

요트를 타고 바다에 나가면 그리 높지 않아 보이는 파도도 큰 파도가 되어 뱃전에 부서진다. 푹푹 찌던 육지의 더위도 잊게 하는 바닷바람을 타고 출렁이는 요트에 앉아 하늘 높이 솟은 돛을 바라본다. 파란 하늘을 배경 삼아 자유를 만끽하는 사이 2시간의 항해는 훌쩍 지나가버린다.

요트 세일링을 실컷 즐겼다면 이제는 통영항 서편에 자리한 통영운하와 주변 풍광을 즐길 차례. 육지와 미륵도 사이를 흐르는 운하의 좁은 수로와 그 위에 걸린 충무교와 통영대교, 두 다리가 연출하는 이국적인 밤 풍경은 아무리 바라보아도 질리지 않는다.

통영 여행에서 낭만의 드라이브를 빼놓을 순 없다. '꿈의 60리'라 불리는 산양일주도로는 통영대교 인근 102번 도로를 타고 달아공원을 거쳐 통영마리나리조트 앞으로 연결된다.

해 질 무렵 달아공원에 서서 한려수도를 내려다보자. 금빛 바다에 뿌려진 다도해의 고운 풍경이 오랫동안 가슴을 적신다. 주변에 올망졸망한 섬을 끼고 있는 미륵도는 콘크리트 건물로 가득한 충무 시가지와는 사뭇 다른 모습. 특히 산양일주도로에 있는 달아공원에서 바다를 바라보고 있으면 해 질 무렵 몰아치는 금빛 파도가 마음속까지 밀려온다.

통영마리나리조트 계류장에서 스쿠버다이빙 교습을 받을 수 있다.

근교 여행지

1 | 유람선 타고 한려수도 섬 여행

통영까지 갔다면 배를 타고 여러 개의 섬을 둘러볼 수 있는 유람선 여행도 추천. 통영에서 여행객들이 자주 가는 섬은 매물도, 비진도, 제승당, 욕지도, 사량도 등이다. 여객선은 운항 시각이 정해져 있으나 여름 성수기엔 수시로 배편을 증편한다.

☎ 유람선터미널 055-645-2307

2 | 통영 해수탕

통영 여행은 해수탕이나 탄산온천에서 마무리하면 좋다. 여객선터미널 인근에 24시간 찜질방을 겸한 해수탕인 해수랜드(055-645-7700)가 있다. 이곳은 DVD영상실, 마사지실, 수면실, 헬스장, 찻집 등 다양한 편의시설을 갖추고 있어 편리하다. 통영이 볼거리가 많아 시간이 부족해도 노인과 장애우는 해수탕에서 여독을 푸는 것을 강력 추천.

근처 맛집

1 | 향토집

통영에서 굴 요리를 제대로 맛보려면 굴 전문 식당인 향토집에 가야 한다. 굴전, 굴밥, 굴죽 등 굴 요리를 맛있게 먹을 수 있다.

✉ 경남 통영시 무전5길 37-41

☎ 055-645-4808 🍴 굴밥 7천원. 굴전 1만 1천원

2 | 새풍화식당

흔한 생선회보다 고단백 스태미나 음식으로 통하는 하모회(돌장어)를 먹어보자. 통영 돌장어는 돌 틈에서 살기 때문에 살과 뼈가 부드럽고 고소하며 담백한 맛이 난다. 콩가루를 곁들여 비벼내는 매콤한 하모회무침이 맛있다.

✉ 경남 통영시 원문로 47-1

☎ 055-645-9214

🍴 하모회무침 5만원

3 | 한일김밥

여객선터미널 인근 중앙동에 60년 전통의 충무김밥 골목이 있어 원조의 맛을 볼 수 있다. 통영 사람들이 꼽는 제일 맛있는 집은 한일김밥. 신선한 재료의 충무김밥과 딱 어울리는 된장시래기국도 맛볼 수 있다.

✉ 경남 통영시 항남동 79-15

☎ 055-645-2647 🍴 충무김밥(1인분) 4천 5백원

가는 법

대전–통영 간 고속도로를 타는 것이 가장 빠르다. 경부고속도로 판암 분기점에서 대전–통영 간 고속도로를 탄다. 통영IC에서 빠져나와 14번 국도로 바꿔 타면 통영에 도착한다. 통영까지는 5시간 정도 걸린다.

워터파크와 스파의 유쾌한 만남

홍천 비발디파크 오션월드

홍천 비발디파크에 신나는 일이 생겼다. 숲 속의 오아시스 같은 워터파크인 오션월드 때문이다. 홍천 비발디파크는 국내 스키장 중 최대 규모의 숙박 시설과 40여 가지의 부대 시설을 갖추고 있다. 물놀이 테마파크 오션월드가 있어 겨울에도 물놀이와 스키를 동시에 즐길 수 있다.

TRAVEL COURSE

1일 양평 – 비발디파크 – 점심식사(한식) – 오션월드 노천탕 & 온천욕 –
저녁식사(닭볶음탕) – 콘도 숙박

2일 아침식사(한식) – 노일강 드라이브 – 오션월드 야외 풀장 물놀이 –
점심식사(수제비) – 양평

Address 강원도 홍천군 서면 한치골길 262
Tel 1588-4888
Web www.daemyungresort.com/oceanworld
Price **교통비** 3만원, **식비** 5만원, **숙박비** 10만원, **여비** 5만원(1인, 1박2일 기준)

비발디 지하동 테마파크

비발디파크 지하 7천여 평에 범퍼카, 티컵, 회전목마 등의 놀이시설을 갖춘 사계절 전천후 종합휴양지. 무한한 재미와 즐거움을 제공하고 있다. 또한 스키 시즌 중 일주일 동안 '레인보우 페스티벌'을 열어 불꽃 축제와 스키, 보드대회, 댄스공연 등을 펼친다.

스키장 아래쪽에 숲으로 둘러싸인 초대형 물놀이 시설이 공원처럼 연결된다. 덕분에 맑은 공기와 푸른 물빛은 수도권의 물놀이 시설과는 확실히 다르다. 이집트의 파라오 신전을 콘셉트로 한 이색 테마파크로 스키어들에게 꾸준한 인기를 누리고 있다. 오션월드 입구의 깨끗하고 쾌적한 시설과 넓은 주차장은 길 떠나는 사람의 마음을 여유롭게 한다.

스핑크스가 지키고 있는 피라미드 형태의 오션월드에 들어서면 물 좋은 곳임을 한눈에 알 수 있다. 쌀쌀한 2월의 날씨에도 한여름인 듯 알록달록한 수영복을 입은 한 무리의 젊은이들이 지나가고 꽃무늬 수영복을 입은 귀여운 아이들도 속속 등장한다.

해변에 온 듯한 착각이 드는 오션월드 실내존

오션월드 시설은 실내존과 실외존으로 구분된다. '실내존'은 사우나, 찜질방, 스파 등을 겸한 릴랙스 스페이스. 또한 1.5t의 물이 쏟아져 내리는 워터플렉스와 해변에 온 듯한 착각을 일으키게 하는 실내 파도풀 등 휴양과 익스트림을 고루 섞었다.

192

이보다 편안한 휴식은 없다. 테라피와 물놀이 시설

엄청난 물 폭탄을 쏟아내는 워터플렉스는 아이들에게 최고 인기 코스. 이집트 파라오의 머리를 본뜬 거대한 물통에 물이 가득 차면 약 1분 간격으로 물이 쏟아진다. 그때마다 이 일대는 엄청난 비명과 함께 물보라가 인다. 엄마와 그 품에 안긴 아이 모두 신이 나서 자리를 뜰 줄 모른다. 또 놀이터의 미끄럼틀, 정글짐만큼이나 재미있는 갖가지 놀이시설이 아이들에게 즐거움을 선사한다.

사랑과 휴식을 함께 즐기고 싶은 연인이라면 노천탕이 제격이다. 눈썰매장이 내려다보이는 언덕에 두 가지 이벤트탕과 히노키탕으로 이루어진 노천탕이 있다. 한약재 등이 함유되어 있어 단순한 휴식을 넘어 치료의 효과가 뛰어나다. 오션호수를 내다보며 잠시 쉬었다 갈 수 있는 곳이다.

다양한 웰빙 프로그램 테라피센터 엘렉스에서는 저렴한 가격에 마사지를 이용할 수 있다. 여섯 명의 관리사가 세계 수준의 스파 트리트먼트와 마사지 프로그램을 제공한다. 페이셜, 보디마사지, 워터 테라피 등 다양한 싱글 프로그램은 물론 마사지와 스크럽 등을 결합한 패키지 프로그램도 있다. 관리실의 투명한 통유리창 너머로 풀장 전경이 내려다보인다. 타이요가마사지 가격대가 8만원 정도다.

방갈로 형태의 스파 빌리지도 가족 단위로 인기를 끌고 있다. 숲 속에서 호수공원과 오션월드를 바라보며 스파를 즐길 수 있다. 선베드는 물론 수압과 온도 조절이 가능한 하이드로 욕조가 구비되어 있고, 고객의 취향에 맞춘 이벤트탕도 운영한다. 테라피센터의 프로그램을 신청하면 관리사가 방문해 이곳에서 마사지 프로그램을 선택해 받을 수도 있다.

떠들썩한 물놀이에 지쳤다면 오붓한 데이트를 위해서 오아시스처럼 꾸며진 휴게실로 자리를 옮겨보자. 1층 구석구석에는 아늑한 스파풀이 마련되어 있고, 2층의 휴게실엔 마시지를 받을 수 있는 전동의자도 있다.

알뜰족은 찜질방이 딱!

오션월드에는 800명이 머물 수 있는 대규모 찜질방이 있다. 이집트 분위기 물씬 풍기는 실내 디자인이 이색적. 넓은 수면실을 갖췄고, 참나무 장작을 사용하는 전통 불가마와 황토방 · 숯방 · 자수정방 · 냉방 등이 있다. 오션월드 안의 찜질방은 젊은 스키어나 보더 또는 방을 구하지 못한 사람에게 최적의 아지트가 되고 있다. 찜질방은 24시간 운영한다. 숙박을 위해서는 7시 이후 입장이 가능하며 다음 날 아침 9시까지 이용할 수 있다.

오션월드 안에 있는 찜질방.
이집트 벽화가 인상적이다.

고급 원목과 전망이 좋은 스파 빌리지.
예약을 하면 풀코스로 스파와
테라피를 즐길 수 있다.

근교 여행지

수타사

수타사는 신라 제33대 성덕왕 7년(서기 708년)에 원효대사가
창건했다. 창건 당시 절 이름은 우적산 일월사였고 지금의 절
터는 아니다. 조선 7대 세조 2년(1457년)에 공잠(工岑) 대사가
터를 옮겨 절을 다시 짓고 절 이름을 공작산 수타사(水墮寺)로
바꾸었다. 그 후 고종 26년(1878년)에 취운대사가 '부처의 목
숨'이 살아 숨 쉬는 절, 수타사(壽陀寺)로 이름을 바꾸었다. 숙
종 때 사천왕을 만들고, 현종 때 큰 종을 만들었다는 기록이
있다. 수타사 진입로는 계곡을 끼고 있어 가볍게 걸으며 산책
하기에 좋다. 일명 수타계곡이라 부르는데, 수타사를 지나 계
속 오르면 용담이라는 연못이 나타난다.

근처 맛집

민예원

명성터널 전에 위치한 민예원은 비발디파크를 찾는 스키어들
에게 입소문이 난 맛집이다. 시골의 작은 식당이지만 매콤하
고 달짝지근한 닭볶음탕을 한 번 먹으면 그 맛이 쉽게 잊히지
않는다. 토종닭을 사용해 육질이 쫄깃하다. 시골 된장으로 만
든 된장찌개와 녹차를 넣어 반죽한 녹차수제비도 별미다.

◎ 경기 양평군 단월면 대부록길 67

☎ 031-773-6373 🍴 토종닭볶음탕(1마리) 3만원, 녹차수제비
7천원

숙박 팁

비발디파크 콘도

수려한 자연과 고급스러운 분위기를 갖춘 휴식 공간. 총 1,801
개의 국내 최대 숙박 시설을 보유하고 있다. 객실 베란다에서
내려다보는 설원이야말로 겨울 세상을 한눈에 보여준다. 특히
객실에서 보는 스키장의 야경은 한낮 같은 착각을 불러일으킬
만큼 화려하다.

☎ 033-434-8311 ₩ 오크동 패밀리 26만 4천원, 스위트 38만
5천원

가는 법

서울-올림픽대로-미사리-팔당대교-6번 국도-양평시내 진입
전 월드컵주유소 끼고 좌회전-용문터널-홍천 방향 6번 국도
2km 주행하면 대형 간판이 나온다. 간판에서 400m 정도 가면
고가도로 넘어 우측 비발디파크 이정표를 따라 빠진다. 70번
국지도로를 타고 직진-단월명성터널-비발디파크

래프팅 마니아들의 여름 속 천국

인제 내린천

초록이 온 세상을 덮었나 싶더니 어느덧 여름이다. 여름 더위에 성급한 이들은 래프팅을 즐기려고 강으로, 계곡으로 속속 찾아든다. 시원한 계곡 바람을 맞으며 스릴을 즐기는 데 래프팅만한 게 있으랴. 래프팅은 거친 강물을 거스르는 짜릿한 쾌감을 맛보게 한다. 우리나라에서 래프팅 명소의 일번지 인제 내린천으로 더위 사냥을 나선다.

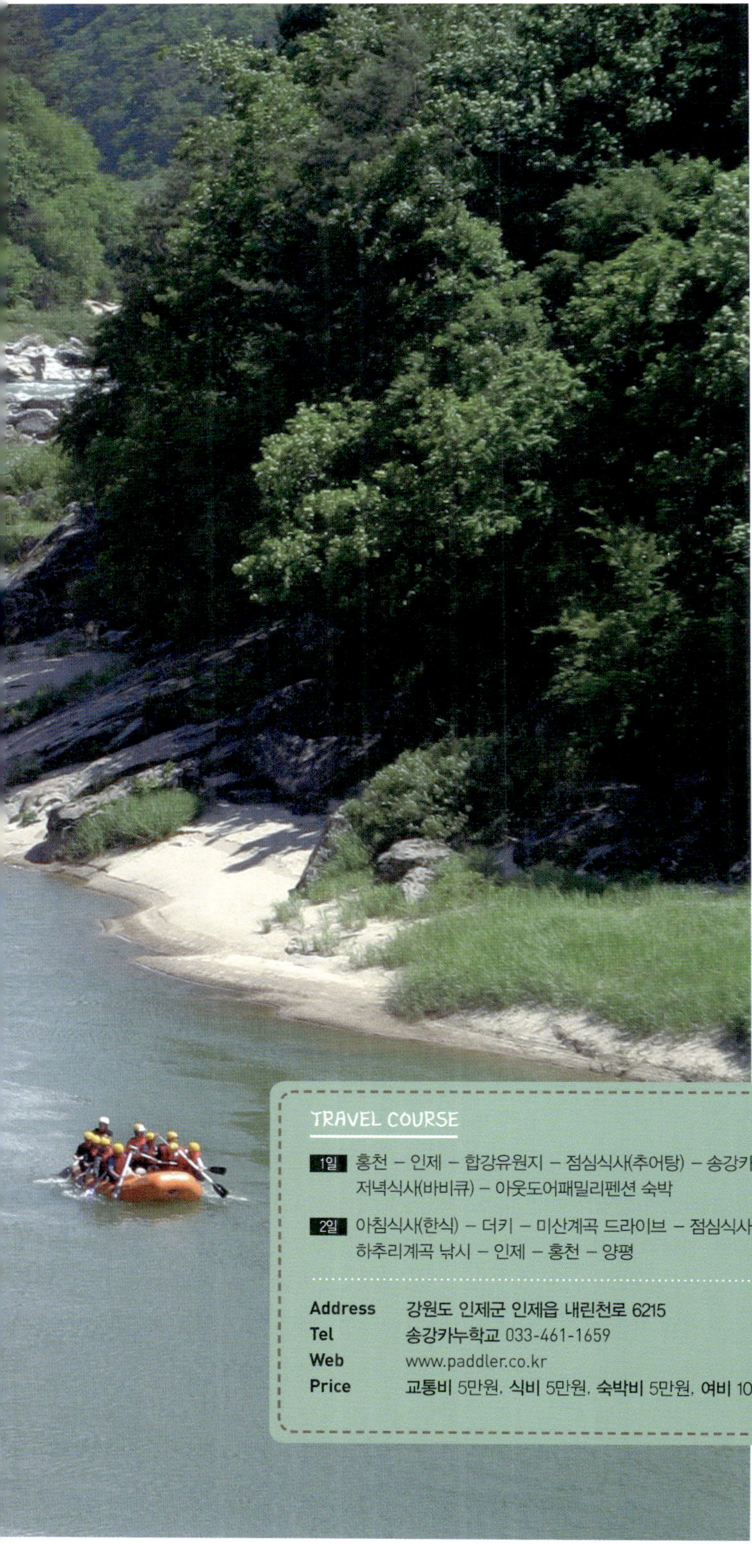

BEST SEASON

봄	★★★★
여름	★★★★★
가을	★★★★
겨울	★★★

TRAVEL PARTNER

가족	★★★★★
연인	★★★★
친구	★★★★

TRAVEL COURSE

1일 홍천 – 인제 – 합강유원지 – 점심식사(추어탕) – 송강카누학교 – 래프팅 – 저녁식사(바비큐) – 아웃도어패밀리펜션 숙박

2일 아침식사(한식) – 더키 – 미산계곡 드라이브 – 점심식사(감자 옹심이) – 하추리계곡 낚시 – 인제 – 홍천 – 양평

Address 강원도 인제군 인제읍 내린천로 6215
Tel 송강카누학교 033-461-1659
Web www.paddler.co.kr
Price **교통비** 5만원, **식비** 5만원, **숙박비** 5만원, **여비** 10만원(1인, 1박2일 기준)

맑고 시원한 계곡에서 주말 바캉스를 즐길 만한 곳이 없을까? 물론 이동거리와 잠자리도 따져볼 수밖에 없다. 주말을 이용하기 때문에 이동거리도 멀지 않아야 하고, 깨끗한 잠자리는 필수 덕목이다. 이럴 때는 서울에서 넉넉잡아 2시간이면 닿을 수 있는 인제가 제격이다. 스스로 '모험 레저의 메카'를 선언한 인제군은 내린천 일대에 래프팅, 카약, 번지점프, 낚시 등의 레포츠 테마 시설을 적극 장려하고 있다. 덕분에 인제는 여름 수상레포츠의 메카로 자리를 잡았다.

그뿐 아니다. 설악산의 진입로 역할을 하는 인제에는 둘러볼 관광지가 많다. 설악산으로 들어가 대승폭포, 십이선녀탕, 옥녀탕 계곡, 백담사 등에서 피서를 즐겨도 좋다. 또는 한계령을 넘어 양양, 속초 방면으로 여행을 이어가도 된다. 내린천을 따라 이어지는 계곡과 유원지가 곳곳에 있다. 또 방태산 자연휴양림, 진동계곡, 곰배령 등은 원시 상태의 자연미를 선사한다.

먼 길을 달려와 래프팅만 하고 돌아가기에 아쉬움이 많이 남는다면 걱정할 것 없다. 내린천 주변에는 래프팅 외에도 즐길 레포츠가 많다. 번지점프, 패러글라이딩, 산악자전거, 서바이벌게임, 낚시 등을 함께 즐기면 더욱 만족스럽다.

내린천 중류쯤에 있는 하추교 다리에서 한계령으로 넘어가는 계곡 길을 따라 달리면 하추리계곡이 줄곧 이어진다. 내린천 래프팅의 출발지인 원대교에서 가깝고, 계곡을 따라 상류로 올라가면 필례계곡과 한계령으로 연결된다. 도로 옆은 원시림에 가까울 정도로 울창한 수목이 계곡을 둘러싸고 있다. 그늘이 많고 물이 맑아 여름 피서지로도 인기가 좋다. 계곡의 수심이 얕고 자갈과 모래가 깔려 있으니 아이와 물놀이를 즐길 수 있다.

우리가 일반적으로 내린천이라고 말하는 곳은 강원도 인제군 기린면 현리에서 인제까지의 내린천 하류에 해당하는 곳. 내린천 래프팅이 다른 강들의 그것보다 각광을 받는 이유는 여러 난이도의 급류 코스가 잘 갖추어져 있기 때문. 내린천 래프팅은 우리나라 래프팅의 대명사로 불릴 정도로 사랑을 받고 있다. 내린천은 우기가 아니어도 수량이 풍부해 가족이나 단체 모임 등으로 래프팅을 즐기기에 적합하다.

내린천은 스릴 있는 급류 수량에 비하면 하천 폭이 좁고 바위가

내린천은 강물의 흐름이 빨라 래프팅을
즐기기에 좋은 조건을 갖추고 있다.

많아 낙차 큰 급류가 형성된다. 물이 적당히 완급 조절을 이루며 흐르기 때문에 초보자부터 상급자까지 모두 만족스럽게 래프팅을 즐길 수 있다. 내린천 주변은 경관이 뛰어나다. 래프팅을 하면서 좌우로 눈을 돌리면 수려한 경치를 감상할 수 있다.

강원도의 높고 깊은 골짜기에서 흘러내리는 내린천은 오염이 안 된 청정수역. 물이 맑으니 물놀이하기에도 좋고 어종도 풍부해 낚시를 하기에도 적당하다. 래프팅을 하다 보면 물에 들어가야 하기 때문에 깨끗한 수질은 기분 좋은 래프팅의 필수 조건이다. 내린천이 국내 래프팅의 메카로 손꼽히는 이유는 크게 두 가지다. 여러 난이도의 급류 코스가 잘 갖추어져 있고, 우기가 아니어도 수량이 풍부해 단체로 래프팅을 즐기기에 적합하기 때문. 원대교에서 고사리 쉼터까지 6km 정도인데, 장마철이나 성수기에는 코스가 달라질 수 있다. 소요시간은 보통 3시간 정도다.

내린천은 래프팅 일번지에서 더키 강습소로 변신 중

국내 급류카약은 1993년 철원 한탄강에서 가장 먼저 시작되었다. 이후 1995년부터 급류의 본고장 내린천에 카약이 선보였다. 2003년

에는 카약의 변종 형태인 더키가 선보이게 된다. 국내 계곡 중 급류 카약 구간은 인제 내린천, 평창 오대천, 금당계곡 정도.

더키는 자연과 벗하면서도 자연에 맞서 싸우는 맛이 있다. 누구도 도와주지 않는 상황에서 스스로 급류와 바위를 헤치고 나왔을 때 가장 스릴을 느낄 수 있다. 하얀 물보라를 헤치고 나와 급류를 즐기는 것이 익숙해진다. 더키를 한번이라도 타본 사람이라면 짜릿한 괴성을 지르게 되는 것이다. 현재 더키를 즐기는 인구는 미미한 수준이지만, 앞으로 급류 코스가 계속 개발된다면 기하급수적으로 숫자가 늘어날 전망이다.

특히 더키는 장마철이 지난 후 계곡물이 불면 최고의 어드벤처 레포츠로 부상한다. 급류는 보통 내린천은 2급 정도. 장마철이 지난 후에는 물살이 생기면서 3급 정도로 난이도가 생기는 급류 코스로 변신한다. 그래서 현재 국내 카야커가 가장 탐내는 급류 구간은 내린천 상류인 진동계곡과 미산계곡이다. 특히 진동계곡은 5~6m 높이의 폭포 구간도 있다. 이 구간은 더키가 전복할 확률이 높은 난이도라 초절정 스릴을 즐길 수 있다.

이제는 전국 유명 강에서 래프팅을 하는 광경을 쉽게 만날 수 있다. 하지만 1인승 내지 2인승 래프트를 쉽게 볼 수 있는 것은 아니다. 1인승 또는 2인승 래프트를 정확하게 말하면 인플래터블 카약 (Inflatable Kayak) 또는 더키(Ducky)라고 하는데 편의상 더키로 용어를 통일하는 것이 나을 듯하다. 더키는 10명 정도가 타는 래프트보다 훨씬 자유롭고 다양한 노 젓기를 구사할 수 있다.

특히 2005년부터 많이 보급되기 시작한 더키는 선수용 카약 못지 않은 스피드와 스릴 있는 카야킹을 할 수 있다. 수상 레저를 선도해 간다는 미국에서 더키는 꾸준하게 인기를 끌고 있으며 대중적인 카약으로 발돋움했다.

1인승 더키는 초보자도 단기간 내에 다양한 패들링에 쉽게 도전할 수 있고 다양한 테크닉을 구사할 수 있다. 10명 이상이 타던 래프팅의 인기를 대신할 수상 레저로 주목받고 있는 이유다.

초보자가 처음 더키에 오르면 사전에 배운 패들링은 잊어버리고 몸 따로 손 따로 허우적거리며 노를 젓게 된다. 그러나 대개의 경우

더키 요령 및 준비물

●**복장** 물을 잘 흡수하는 면 소재로 만든 옷은 되도록 피한다. 바지는 반바지가 좋고 상의는 얇은 긴소매 옷을 입는 것이 좋다. 체온도 보호하고 자외선도 차단할 수 있어 일석이조.

●**신발** 수상 레저용 아쿠아 슈즈를 신는 것이 좋지만 여의치 않다면 끈이 있는 샌들이나 운동화를 권한다. 슬리퍼는 벗겨지기 쉽고 더키의 발걸이에도 맞지 않아 불편하다. 현지에서 아쿠아 슈즈를 대여해준다(대여료 별도).

●**여벌의 옷** 긴 바지와 긴소매 옷을 준비해 몸을 따뜻하게 하자. 물론 속옷도 함께 준비한다.

●**비치 타월** 숙소를 정했다면 번잡한 샤워장을 이용하지 말고 바로 숙소로 가는 것이 좋다. 차 안의 시트가 젖지 않도록 타월을 준비한다. 여의치 않다면 세탁소 포장용 비닐을 이용하는 것도 방법.

보트는 오리처럼 뒤뚱뒤뚱 천천히 앞으로 나아간다. 왼쪽 패들을 힘차게 저으면 보트의 머리는 오른쪽으로 틀어지게 마련이다. 또 다시 온 힘을 다해 오른쪽 패들을 젓는다. 당연히 배는 뒤뚱거리게 된다.

패들을 저을 때에는 보트가 어느 방향으로 갈지, 어떤 각도로 움직일지를 생각하고 저어야 한다. 강하게 젓기보다는 패들을 물 속으로 깊이 넣어 천천히 젓는 것이 노하우다. 그래야 더키가 몸과 일치되는 느낌이 들고 부드럽게 움직이게 된다. 속도보다는 방향을 조절하는 것이 초보자에게 더 중요한 기술이다.

카야커가 되기 위한 더키 기본 테크닉

더키에 오르는 순간, 가장 중요한 것이 시선이다. 급류에 휩쓸리더라도 정신을 차리고 방향 감각을 잡는 것이 중요하다. 보트의 방향이 틀어졌다고 시선을 그쪽으로 돌리면 배는 계속해서 빙빙 돈다. 특히 초보자는 이런 실수를 범하게 된다. 강물이 흐르는 방향과 앞으로 나가는 물살에 시선을 집중하자.

더키와 한 몸이 되는 기분이 들었다면, 다음으로 중요한 것이 물살과 나란히 노를 젓는 것. 장애물이 없는 트인 물길에서는 더키를 물살 방향과 나란하게 한다. 그러면 더키의 좌우 측면으로 오는 물살의 저항이 적어 배의 움직임이 안정적으로 된다. 이렇게 하면 물살이 높아서 앞뒤로 요동친다고 해도 더키는 크게 흔들리지 않는다.

남녀가 함께 타는 경우 대체로 남자는 자기 아내나 여자 친구를 보호하려고 한다. 그러다 보면 남자 혼자 열심히 노를 저어 추진력도 만들고, 방향도 조종해야 한다. 이때는 여자가 앞에 타고 남자가 뒤에 타서 무게 중심과 추진력을 뒤쪽에 두는 것이 안전하다.

현재 인제 내린천에는 20여 곳의 래프팅 업체가 있다. 사용하는 배는 10인승 래프트가 주종을 이루고 있지만, 다른 어느 지역보다 2인승 더키가 많다. 이중에서도 더키 강습을 받을 수 있는 곳은 송강카누학교다. 래프팅 당일 패키지는 성인 5만 5천원이고 더키 투어는 6만원 선이다.

근교 여행지

1 | 미산계곡

내린천 줄기를 거슬러 오르면 상남면 미산리에 때 묻지 않은 청정 계곡이 모습을 드러낸다. 아름다운 산자락을 타고 맑은 물소리가 청량하게 흐르는 미산계곡. 인적이 드물어 언제나 한적한 분위기에서 물놀이를 즐길 수 있다.

2 | 내린천 낚시 포인트

내린천은 낚시꾼들의 발길이 많이 닿는 곳이다. 노루목산장은 쏘가리 낚시 포인트. 특별한 미끼를 쓰지 않고 견지낚시만으로도 꺽지나 쏘가리 등을 잡을 수 있다. 노루목 외에도 피아시 유원지 주변은 밤낚시 최고의 포인트. 궁동유원지나 서리솔밭 유원지 부근도 낚시꾼들이 많이 찾는다. 그림 같은 플라이낚시를 원한다면 현리에서 미산계곡이나 진동계곡으로 가는 것도 좋다. 어족이 풍부해 어름치, 모래무지, 빠가사리 등을 심심찮게 낚을 수 있다.

근처 맛집

피아시추어탕 · 매운탕

내린천 피아시유원지 입구에 있는 추어탕 전문점. 건물은 허름하지만 계곡의 시원한 바람을 맞으며 맛보는 추어탕 맛은 일품이다. 매콤한 양념이 입맛을 돋우고 토속적인 밑반찬도 맛깔스럽다. 추어탕도 구수해 단골이 많은 집이다.

✉ 강원도 인제군 인제읍 내린천로 5959

☎ 033-462-3334

🍴 추어탕 8천원. 메기매운탕 2만 5천원

숙박 팁

아웃도어패밀리펜션

내린천 래프팅의 종착지점인 고사리 인근에는 래프팅 업체와 예쁜 펜션이 밀집되어 있다. 특히 내린천을 한눈에 내려다볼 수 있는 아웃도어패밀리펜션이 좋다. 시설도 깨끗하고, 마감재를 원목으로 처리해 상쾌한 기분을 느낄 수 있다.

☎ 033-461-1659

₩ 가족룸 14~16만원

가는 법

서울에서 팔당대교를 지나 6번 국도를 타고 양평으로 들어선다. 양평에서 44번 국도를 타고 계속 직진하면 홍천읍. 여기서 인제, 속초 방향으로 계속 직진하면 철정검문소가 나오고, 인제읍이 나온다. 인제읍 1.5km 지점에서 우회전하면 합강교와 합강유원지가 보이면서 내린천이 시작된다. 고사리 초입에 아웃도어패밀리펜션이 있으며 원대교 인근에 래프팅 업체가 몰려 있다.

초록 세상에 풍덩, 온몸으로 즐기는 숲 속 여행

남양주 축령산 자연휴양림

온전히 쉬고 싶을 땐 휴양림에서 삼림욕의 재미에 푹 빠져보자. 몸과 마음을 다스리는 데 휴양림만한 곳이 없다. 대기오염과 스트레스에 찌든 도시 생활에서 벗어나 숲 속을 산책하며 몸과 마음의 건강을 찾아보는 것은 어떨까.

TRAVEL COURSE

1일 경춘국도 – 마석 삼거리 – 수동계곡 – 점심식사(순두부) – 축령산 자연휴양림 – 저녁식사(바비큐) – 휴양림 숲속의집 숙박

2일 아침식사(한식) – 잣나무 삼림욕장 – 축령산 등산 2시간 코스 – 몽골문화촌 – 점심식사(매운탕) – 경춘국도

Address	경기도 남양주시 수동면 축령산로 299
Tel	031-592-0681
Web	www.chukryong.net
Price	원룸 4명 5만원, 5명 6만원, 8명 8만원

축령산 자연휴양림은 남양주시와 가평군에 걸쳐 있는 해발 879m
의 울창한 숲과 계곡이 위치한 곳에 자리하고 있다. 축령산 자연휴
양림이 위치한 남양주시와 가평군은 우리나라 제일의 잣 주산지다.
이곳의 잣은 향과 질이 좋기로 유명하다. 축령산 자연휴양림이 유명
한 것도 바로 60년 넘은 울창하고 아름다운 잣나무 숲 덕택이다.

이곳은 조용하게 삼림욕을 즐기기에 적당하다. 60년생 잣나무 숲
이 잘 가꾸어져 있고 축령산 정상으로 오르는 등산로 입구에 있는
산책로에는 잣나무가 하늘이 보이지 않을 정도로 우거져 있어 신비
감마저 든다. 779ha의 넓은 삼림에 삼림욕장, 체육시설, 물놀이장,
야영장, 자연관찰장 등이 있어 가족 단위의 휴양 공간으로 손색이
없으며 하루 산행 코스로도 적합한 곳이다.

축령산 자연휴양림은 개장 이래 꾸준한 인기를 얻고 있다. 축령산
은 지리적으로 수도권에서 가깝다는 것이 최대의 강점이다. 가평군
상면에서 남쪽으로 내려가도 좋고, 남양주시 마석에서 북쪽으로 가
도 쉽게 접근할 수 있다. 게다가 각 숙소 앞으로 계곡 물이 흘러내려

통나무집에서 머물며 삼림욕과 계곡욕을 동시에 즐길 수 있다.

매표소를 지나 폭포 앞 삼거리에서 우측으로 올라가 주차장을 지나고 숲속 통나무집 앞을 지나면 우측에 전망대가 나온다. 본격적인 삼림욕은 이곳부터다. 통나무집 뒤편으로 이어지는 이 길은 햇볕도 들지 않을 정도로 울창한 숲길이다. 2㎞ 남짓 산책로를 걷다보면 울창한 산속에 들어선 듯 착각에 빠질 정도다. 나무로 만든 체력 단련 시설과 자연학습장을 지나쳐 좁다란 오솔길을 따라 걸어가면 나무 위를 폴짝 뛰어다니는 청설모도 쉽게 만날 수 있다.

또한 수리바위를 거쳐 축령산 정상으로 오르는 2시간 코스의 등산로 역시 잣나무 숲길 여행의 진수를 보여준다. 축령산 정상에 서면 화창한 날에는 멀리 수락산과 서울 남산이 보인다. 축령산 자연휴양림이 둥지를 튼 계곡 주변은 축령산에서 서리산까지 부채꼴 모양으로 능선이 이어진다. 중간 중간 능선에서 등산로나 임산 도로를 만나 내려오면 모든 길이 자연휴양림으로 이어진다. 2시간 정도의 등산이 부담된다면 휴양림에서 충분한 휴식을 취하는 것도 좋다. 삼

휴양림 숙박 예약
축령산 자연휴양림에 있는 숲 속의집과 산림휴양관에서 하루 묵어가려면 미리 홈페이지(www.chukryong.net)를 통해 예약해야 한다. 1박에 5~30만 원 선. 이용 문의는 축령산 휴양림 관리사무소(031-592-0681)로 하면 된다.

림욕의 매력을 알고 나면 시간 투자가 아깝지 않을 테니 말이다.

알고 가면 좋은
삼림욕 100% 즐기는 법
피톤치드는 일반적으로 5월과
8월 사이에 온도가 최고로 높
을 때와 해가 뜨는 오전 6시경
에 가장 활발하게 발산된다. 따
라서 삼림욕은 피톤치드가 충
만한 오전 10~12시가 가장 좋
다. 되도록 바람이 잔잔한 날이
좋은데 이는 피톤치드가 휘발
성 물질이라 바람이 불면 쉬이
없어지기 때문이다.

온몸으로 즐기는 초록빛 건강 샤워

삼림욕이란 울창한 숲 속에 들어가 나무의 향내와 신선한 공기를 마음껏 호흡하면서 일상생활에 지친 심신에 활력을 되찾고 기분을 새롭게 하는 자연건강 요법이다. 특히 잣나무는 피톤치드라고 하는 삼림욕 물질을 많이 함유하고 방출하는 나무다. 여름철 축령산 잣나무 숲에서 삼림욕을 즐기면 도시 생활을 하는 동안 찌들고 무뎌진 오감이 다시 활짝 피어나는 상쾌한 기분을 만끽할 수 있다.

삼림욕을 하기 적당한 장소는 숲 가장자리에서 100m 이상 들어간 산 중턱이다. 활엽수보다는 소나무, 전나무, 잣나무 등 침엽수림이 울창한 곳이 알맞다. 특히 침엽수는 활엽수의 2배, 겨울보다 여름철에 10배 이상의 피톤치드와 음이온을 발산하는 것으로 알려져 있다.

삼림욕을 하려면 대개 몸에 끼지 않는 헐렁한 옷차림이 적합하다. 땀 흡수성이 좋은 면 소재와 피부가 많이 드러나는 반팔·반바지 차림이 좋다. 짙은 화장을 하거나 향수를 뿌린 후 숲에 들어가면 해충들이 날아들 수 있으니 가급적 맨 얼굴로 삼림욕을 즐기는 것이 바람직하다.

또한 가볍게 산책을 하는 기분으로 가끔 심호흡을 하면서 최소 3시간 이상 하는 것이 좋다. 몸 상태에 따라 땀을 흘리되 약간의 피로감이 들 때까지 하는 것이 가장 좋다. 계속 걷기보다는 가끔씩 멈춰 서서 큰 나무를 향해 심호흡을 하면서 휴식을 취해 주는 것도 좋다. 축령산 자연휴양림은 삼림욕을 즐길 수 있는 천혜의 조건을 갖췄다. 숲을 거닐면서 녹색 향기로 머릿속까지 맑아지는 초록빛 세상으로 떠나는 여행, 시간과 돈을 동시에 아낄 수 있는 웰빙의 세계는 그리 멀지 않다.

축령산 자연휴양림 내에 아담한 계곡이 있다. 여행객들이 탁족을 즐기며 더위를 피하기 좋다.

근교 여행지

1 | 몽골문화촌

축령산 자연휴양림에서 5㎞ 거리에 있는 몽골문화촌도 놓치지 말자. 몽골 전통의 이동식 천막인 대형 게르(ger)에 몽골 전통의상과 장신구·악기·생활용품 등 800여 점이 전시돼 있다. 매주 월요일 휴관.

☎ 031-559-8222 Ⓦ 전시관 무료. 몽골민속예술공연 5천원

2 | 숲에서 배우는 생태체험

휴양림이나 삼림욕장에 갔다고 고요히 휴식만 취하지는 말자. 등산이나 산악자전거를 비롯한 레포츠 등 다양한 즐길거리가 곳곳에 많다. 자녀와 함께 가벼운 산책을 하며 자연학습에 빠져보는 것도 좋다. 축령산 자연휴양림은 방문객의 자연학습을 위해 숲 생태 체험 프로그램을 운영하고 있다. 숲 전공자와 산림공무원 등을 중심으로 관련 교육을 받은 자원봉사자들이 운영하기 때문에 아이들의 숲에 대한 이해를 돕는 프로그램이 될 수 있다.

가는 법

서울에서 구리를 지나 46번 경춘국도를 타고 가다 마치터널을 지나 마석으로 들어서기 전인 쉼터휴게소 앞 육교 아래서 수동면으로 좌회전한다. 쉼터휴게소에서 자연휴양림까지 약 15㎞ 거리로 20분 정도 걸린다.

근처 맛집

비금리손두부

몽골문화촌 주차장 맞은편에 있는 비금리손두부는 20년 전통의 손두부 전문식당. 대를 이어 손두부만 만들어 팔고 있는 곳으로 담백하고 순수한 맛이 일품이다. 감자부침과 도토리묵 등 토속 음식을 주로 한다.

✉ 경기도 남양주시 수동면 비금리

☎ 031-592-6763 🍴 손두부 1만원. 두부전골 2만 4천원

비 오는 날의 수채화에 마음을 뺏기다

임실 옥정호&치즈마을

추억이 그물에 걸린 것처럼 오래된 감흥을 일으키는 풍경을 만나고 싶다면 장마철 여행
이 제맛이다. 문득 책장을 넘기다 추억이 깃든 어렸을 적 흑백사진을 발견하는 심정으로
휘적휘적 우중산책을 나선다. 그곳이 바로 임실 옥정호다.

TRAVEL COURSE

1일 전주IC – 우회도로 – 순창 방향 30번 국도 – 운암리 – 점심식사(한정식) – 섬진강댐 – 장구목 – 섬진강 – 저녁식사(매운탕) – 운암리 여관 숙박

2일 아침식사(어죽) – 옥정호에서 새벽 일출 관람 – 국사봉 – 국사봉 휴게소 – 점심식사(백반) – 붕어섬 – 마암리 드라이브 – 전주

Address　전북 임실군 운암면 입석리 일대
Tel　063-640-2114
Web　www.imsil.go.kr
Price　**교통비** 5만원, **식비** 5만원, **숙박비** 5만원, **여비** 5만원(1인, 1박2일 기준)

푸른 산이 강물에 발을 적신다. 비가 내리는 사위에 아랑곳하지 않고 수묵화처럼, 뿌리 깊은 나무처럼 깊은 흡입력으로 마음을 끌어들이는 곳이 바로 임실 옥정호다.

혹자는 비 오는 날의 여행에 손사래를 치지만, 비 오는 날의 감흥에 빠져본 사람에게는 우중산책의 묘미를 경험하지 못한 이들의 푸념에 지나지 않는다. 형형색색의 우비를 입고 첨벙첨벙 낯선 도시를 걸어도 좋고, 스멀스멀 비와 안개가 섞여 빚어내는 자연의 풍경을 마주해도 좋다. 여기에 호수가 거대한 바다처럼 살아 꿈틀대는 옥정호에 마음을 빼앗긴다면 당신은 홀연 비 오는 날의 망부석이 될지도 모른다.

진안 데미샘에서 시작한 강물은 진안 마령에서 물길을 바꿔 임실군 관촌면으로 흘러든다. 관촌면에는 섬진강이 만들어 준 사선대 유원지가 유명하다. 사선대를 지나 운암면으로 들어서 순창군 강진면에서 물이 모여 호수를 만든다. 댐으로 인해 물길이 막히기 때문이다. 그래서 섬진강이 거대한 호수를 만들었다.

국사봉에서 바라본 옥정호.
운무가 펼쳐지는 호반풍경이 신비롭다.

파노라마처럼 펼쳐지는 운무의 매력

내륙 깊숙이 산길을 따라 이어지는 옥정호는 다양한 풍경이다. 수많은 산자락이 호수에 발을 담그고 호반을 따라 이어진 길도 여러 곳이다. 호반 드라이브의 최고 포인트는 운암대교에서 운암면 방면의 6km 정도의 호반길.

호반길은 운암대교에서 시작해 호수를 따라 계속 이어진다. 호반길 끝 지점에 가면 시원스럽게 전망이 트이는 곳이 나온다. 길을 달리자 산과 옥정호가 번갈아가며 나타난다. 경치에 취했는지 앞서가는 자동차가 가다 서다를 반복한다.

주차장 곳곳에서 감탄사가 터진다. "참 근사하다. 우리나라에 이런 곳이 다 있었네!" 옥정호가 초행인 것으로 보이는 여행객들이 입을 다물지 못한다. 자연이 보여주는 풍광은 놀라움의 연속이다. 계속해서 드라이브를 하면서 도착한 곳은 운암대교. 옥정호에서 가장 운치 있는 호반길을 볼 수 있는 운암대교에서 잠시 옥정호를 감상한다. 이곳을 지나치던 사람들도 드문드문 디지털카메라를 꺼내 옥정

옥정호를 모두 둘러볼 수 있는 루트를 짠다. 기준점은 운암교. 강진면을 지나 태인 방향으로 가다 산내삼거리에서 산외 방향으로, 종산삼거리에서 운암 방향으로 가면 다시 운암교에 닿는다. 쉬엄쉬엄 달리면 약 2시간 걸린다. 힘들더라도 옥정호 주변의 마을로 들어가야 한다. 그래야 호수의 참모습을 발견할 수 있다.

새벽부터 옥정호의 운무를 찍기 위해 기다리는 사진작가들.

호를 화면에 담는다.

국사봉으로 오르는 산자락에는 떡갈나무, 갈참나무, 단풍나무 등 울창한 나무들이 숲을 이루고 있다. 국사봉에서 바라본 옥정호의 풍경은 마치 백두산 천지라도 맞닥뜨린 것 같아 내려오기 싫을 정도다. 가파른 벼랑을 깎아 만든 전망대에 서면 옥정호가 품은 호반 풍경의 백미를 눈에 넣을 수 있다. 옥정호 가운데 댐이 만들어지면서 형성된 두 개의 섬이 그림처럼 떠 있다. 하나는 작고, 다른 하나는 제법 큰 섬이다. 아직도 이 섬에는 사람이 산다. 수몰된 고향을 버리지 않고 고향을 지키고 있는 것이다.

신선도 감탄하는 국사봉 전망대

비 오는 날이라면 더욱 운치 있고, 깊은 사색에 빠지게 하는 옥정호는 전망 좋은 포인트가 많다. 가장 좋은 곳은 국사봉 정상으로 오르는 길 중간쯤에 있는 나무 데크와 호반길 옆에 자리한 2층 정자다. 운암대교에서 보는 풍경도 좋고, 마암분교 앞이나 섬진강댐 주변의 황토리도 우중산책을 즐기기 좋은 전망 포인트다.

산 위에 만들어진 호수가 대부분 그렇듯 옥정호 또한 아침마다 자욱한 안개가 피어오른다. 해가 완전히 떠오르기 전 안개 낀 옥정 호반의 풍경은 정말 환상적이라는 말이 맞다. 옥정호 풍경에 시간가는 줄 모르고 발이 묶여 있던 탓에 배에서 꼬르륵 소리가 요란하다. 마음을 비우고 요기를 위해 국사봉에서 내려선다. 국사봉 인근에서 별미를 맛본다. 식사를 하고 나니 여유가 생긴다.

옥정호반의 마력을 제대로 느끼려면 운암대교 주변의 모텔에서 숙박을 한 뒤 새벽 5시경에 국사봉 전망대에 자리를 잡는 것이 좋다. 해가 뜨기 전의 오묘한 풍경의 변화를 놓친다면 옥정호 여행은 팥소 없는 찐빵을 먹은 것처럼 허무한 일이 될 수도 있다. 옥정호 여행은 새벽부터 오전 11시까지 묵묵하게 풍경을 즐기는 것이 좋다.

신나는 아이들의 놀이터, 치즈마을

이제 옥정호를 나서서 어디로 갈까. 웰빙 트렌드로 주가가 높은 임실 느티마을, 일명 '치즈마을'로 발걸음을 옮긴다. 이곳에서는 치

임실 치즈마을은 목장에서 송아지 우유주기 체험을 할 수 있다. 또 잔디밭에서 썰매를 탈 수도 있다

즈 만들기 체험이 가능하다. 치즈 체험을 할 수 있는 장소는 생각보다 좁다. 창고처럼 생긴 커다란 건물이 체험장이다.

단체로 온 가족들도 보인다. 부모와 함께 참여한 아이들이 말똥말똥한 눈망울로 강사의 이야기를 신기한 듯 듣고 있다. 치즈와 우유, 발효유를 제조하는 과정을 들은 후 곧바로 치즈 만들기에 들어간다. 모차렐라 치즈 만들기다. "이런 체험은 아무데서나 할 수 있는 게 아닙니다." 강사의 말에 아이들이 고개를 끄덕인다. 치즈가 담긴 양철통에 70℃의 물을 붓고 15초를 기다린다. "이제 쭉쭉 늘려보세요." 치즈를 만져보니 껌처럼 늘어난다. 두 주먹만한 치즈를 각자 나눠 포장용기에 넣는다. 꼭꼭 눌러 뒤집어보니 꼭 두부처럼 생겼다. 마지막 포장까지 마치고, 체험장에서 준비한 과일과 치즈를 시식한다.

치즈 체험이 끝나고 젖소가 있는 목장으로 자리를 이동한다. 송아지에게 우유를 먹이는 시간이다. 송아지는 배가 고팠는지 일순간에 우유 한 통을 뚝딱 비운다. 아이들은 "까르르" 소리까지 내며 웃는다.

비 오는 날의 옥정호의 숨겨진 매력을 탐하고 비오는 날도 항시 체험이 가능한 임실치즈마을까지 돌아보는 일정은 속이 꽉 찬 것처럼 뿌듯하다. 흑백사진처럼 아련한 추억을 건네는 호반의 여명. 그리고 오랜 친구를 만나고 온 것처럼 뿌듯한 옥정호반의 매력에 마음을 빼앗긴 우중산책. 천천히 느리게 여행할 때 얻을 수 있는 또 하나의 행복이다.

근교 여행지

사선대

사선대 입구에 긴 양화다리가 있다. 큰 강이 다리 아래로 넓게 흐르고 주변에 식당과 민박집이 들어섰다. 주차장 가까이에 사선대의 백미라는 운서정이 작은 산벼랑 위에 숨은 듯 자리하고 있다.

출렁다리를 건너면 강을 등 뒤에 두고 정자가 임실읍 쪽을 바라보고 있다. 운서정은 단청과 정자 건축기법이 특이해 꼼꼼하게 보는 것도 재미있다.

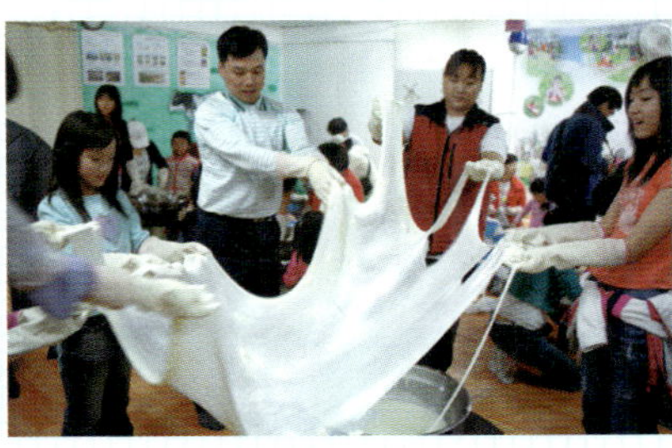

근처 맛집

1 | 강촌

옥정호를 바라보며 얼큰한 매운탕과 토종닭 백숙을 먹고, 어릴 적 외갓집에 온 듯한 여유와 호사를 누릴 수 있는 식당. 주인이 배를 가지고 있어 매운탕과 어죽 등 별미를 맛볼 수 있다.

✉ 전북 임실군 운암면 종운로 989

☎ 063-222-6322 🍴 매운탕 1만원, 어죽 6천원

2 | 국사봉 전망대 휴게소

옥정호를 내려다보며 여유를 곁들일 수 있는 전망대인 셈이다. 간이 건물이지만 야외 데크가 있고 실내는 시골의 다방 같은 분위기다. 화려하지 않아 트로트에 취해 쉼표를 찍기에 제격인 곳이다.

✉ 전북 임실군 운암면 입석리

☎ 063-643-5040

숙박 팁

운암대교 주변에 모텔이 몰려 있다. 리버사이드모텔(063-221-7968), 에드가모텔(063-642-7297), 백제가든장(063-643-4433) 등의 모텔이 전망이 좋고 깨끗하다.

Ⓦ 숙박료 3~5만원선

가는 법

수도권에서 옥정호까지 곧바로 가려면 호남고속도로 태인IC에서 빠져나와 순창 방면 30번 국도를 타면 빠르고 드라이브도 즐길 수 있다. 이곳은 섬진강댐으로 이어지는 길이다. 호반을 곁에 두고 달리는 길 위로 첩첩이 산이 포개지는 풍경이 아름답다.

이보다 평화로운 휴식은 없다!

몸과 마음을 위한 휴식여행

거제도 봄 여행

사람도 첫인상이 좋으면 기억에 오래 남는 법인데 여행지도 그렇다. 그래서 마음이 편해지는 여행지는 다시 찾아도 기분이 좋다. 거제도가 꼭 그런 곳이다. 이번엔 통영을 지나 바다를 끼고 도는 14번 국도를 달려 거제로 간다. 한려수도의 해금강, 바람의 언덕, 여차 몽돌 등 다양한 명소에도 눈도장을 찍어본다.

© 거제시청

TRAVEL COURSE

1일 통영IC – 거제대교 – 고현 – 장승포 – 점심식사(해물뚝배기) – 외도 유람선 – 학동 몽돌해변 – 저녁식사(복죽) – 학동 하와이비치콘도 숙박

2일 아침식사(한식) – 바람의 언덕(신선대) – 해금강 – 점심식사(활어회) – 여차몽돌 – 해안도로 드라이브 – 저녁식사(굴밥) – 거제시 – 통영IC

Address	경남 거제시 장승포&해금강 일대
Tel	거제시청 055-639-3000
Web	tour.geoje.go.kr
Price	교통비 12만원, 식비 10만원, 숙박비 10만원, 여비 3만원(1인, 1박2일기준)

바다가 보이는 언덕에서 봄을 만난다. 몇 해 전에도 거제도에 온 적이 있다. 섬의 첫인상이 깨끗했던 기억이 난다. 그리고 몇 년이 지나 다시 찾은 거제도. 추위를 피해 따뜻한 남쪽 나라에 온 것처럼 마음이 푸근하다. 드라이브에 어울리는 음악 CD와 동백꽃이 이번 여행의 동행이다.

이른 봄이라 거제를 찾는 여행객이 많지 않다. 눈부시게 파란 바다에 마음까지 깨끗해진다. 거제도가 섬이라고는 해도, 거제대교를 넘어서면 고층 건물이 운집한 시가지가 먼저 나타나기 때문에 섬이라는 실감이 나지 않는다. 하지만 장승포를 지나면 나오는 해안도로를 달리다 보면 어느덧 푸른 바다가 눈앞에 펼쳐진다. 입춘이 지난 뒤의 바닷바람은 따스하게 거제도를 감싼다. 옛날 팝송에 귀를 적셔도 좋고 차창을 열고 향긋한 봄내음을 즐겨도 좋다.

동백숲과 몽돌해변이 에워싼 학동 몽돌해변

봄이면 거제의 바다와 동백이 절묘한 조화를 이룬다. 거제대교를 건너 거제도에 들어서면 도로에 늘어선 동백이 여행객을 반긴다. 학

동마을의 동백숲(천연기념물 제233호)과 해금강의 울창한 동백숲도 화려하다.

학동 몽돌해변의 동백꽃을 먼저 만나러 간다. 동백로를 달리다 보면 도로 옆에 차를 멈추고 동백꽃을 구경하는 여행객들이 눈에 띈다. 학동해안에는 천연기념물로 지정된 수백 그루의 동백나무가 길을 따라 늘어서 있다. 3만여 그루의 동백나무가 자생하는 거대한 숲이다.

진초록 잎사귀 사이로 붉은 속살을 드러내는 동백꽃. 동백꽃은 그 붉고 선명한 색상 대비로 강렬한 인상을 준다. 눈부시게 파란 바다와 어우러지면 홍일점처럼 강렬한 매력이 느껴진다. 학동 동백숲은 예로부터 유명한 동백 서식지였다. 하지만 나라의 큰 죄인으로 심판받고, 이곳으로 유배 온 사람들이 동백꽃을 마뜩찮게 생각해 많이 뽑아냈다고 한다. 화려하게 피었다가 어느 날 갑자기 목이 잘리듯 떨어지는 꽃송이가 서글프다는 게 이유였다. 하지만 다시 거제도 곳곳의 동백꽃이 화사해지고 있다. 거제시에서 이곳을 아름다운 숲으로 지정하고, 동백나무를 꾸준히 심고 가꾼 덕분이다.

지중해가 부럽지 않은 한려수도의 풍광, 바람의 언덕

해금강 테마박물관 앞 삼거리에서 도장포 선착장 방면으로 들어가면 또 다른 비경을 만난다. 도장포 선착장 안쪽 끝에서 나무 계단을 올라가면 이국적인 풍경의 초록빛 언덕이 나타난다. 이곳은 이름 없는 조용한 곳이었지만, 입소문이 나면서 거제 8경 중 하나로 선정됐다. 바로 '바람의 언덕'이다.

바람의 언덕은 한반도의 남부 해안선과 다소 닮은꼴로 생긴 바닷가 언덕. 초록빛 잔디가 자라고 있어 휴식 공간으로 많은 여행객들이 찾는다. 그 이름처럼 거제도 앞바다에서 불어오는 거친 바람이 이 언덕에서 숨을 고르며 잠시 쉬었다 간다. 언덕에는 방목된 흑염소들이 한가롭게 풀을 뜯고 있는데 그 모습이 너무나도 여유롭다.

바람의 언덕 아래쪽 끝에는 초록색 등대가 세워져 있다. 마치 작은 드라마 세트장처럼 시선을 묶어버리는 아름다운 풍경을 연출한

신선대 바위에서 바라본 거제 해안.
갯바위와 바위섬이 어우러진 풍경이 아름답다.

다. 실제로 드라마 〈회전목마〉의 타이틀 장면이 촬영된 곳이다. 바람의 언덕은 드라마 〈순수의 시대〉, 영화 〈종려나무 숲〉 등에도 그 아름다운 풍경을 자랑하며 소개되었다.

바람의 언덕을 지나 눈부신 해금강 감상

해금강 입구에서 만나는 동백도 인상적이다. 해금강호텔 앞의 동백숲에도 만개한 동백꽃이 많다. 여행객들도 해금강으로 내려서다 동백꽃과 동박새를 보며 화사한 미소를 짓는다.

거제의 동백 여행은 학동 동백숲에서 출발해 해금강을 거쳐 여차해변으로 가는 길이 편하다. 이 길은 에메랄드빛 바다를 바로 곁에 두고 이어진다. 화사한 햇살을 받으며 드라이브를 즐기다가 바다가 보이는 언덕이 나오면 차를 멈추면 된다. 파란 바다를 보며 치마폭을 들썩이는 봄바람처럼 붉은 사랑을 품어본다. 해안도로를 따라 달리는 자동차의 질주가 경쾌해 보인다.

거제 바다 구경에 슬슬 지쳐간다 싶으면, 거제 자연휴양림에 들러보는 것도 좋다. 녹음이 우거진 길을 산책하며 신선한 음이온을 마음껏 마시고, 산장에서 1박을 하며 쉬어갈 수도 있다.

사전 예약은 필수이니 꼭 기억하자. 휴양림 안에는 산장 외에도

등산로와 산책로, 야영장 등이 완비되어 있어서 가족끼리 편하게 쉬
어갈 수 있다. 산 정상의 전망대에서는 거제도 전경과 한려해상의
작은 섬들이 한눈에 들어온다. 날씨가 맑은 날이면 멀리 현해탄과
대마도까지도 보인다니 꼭 방문하자.

거제도 주변 섬 여행의 시작점인 장승포항

근교 여행지

1 | 드라마 & 영화 촬영의 단골 명소

거제 일대는 드라마와 CF의 단골 배경지로 유명하다. 드라마 〈겨울연가〉의 마지막 장면으로 인기를 끈 외도는 섬 전체가 이국의 열대 식물로 가득한 파라다이스. 드라마 〈로망스〉에서 주인공이 자전거를 타고 섬 여행을 하던 곳은 동백섬으로 이름 높은 지심도. 배를 타고 들어가야 하는 번거로움은 있지만 잠시의 불편함 따위에는 비할 수 없는 아름다운 곳.

2 | 거제 포로수용소

6·25 전쟁 당시 인민군과 중공군 포로를 수용하기 위해 실제로 만들었던 포로수용소다. 포로수용소 유적공원에서는 잔존 유적지와 막사촌, 사진 등 관련 자료를 관람할 수 있다. 탱크 전시장과 포로들이 걸었던 다리를 지나면 막사촌이 나오는데, 포로들이 수감되어 있던 현장을 그대로 복원해서 보는 이들의 가슴을 뭉클하게 만든다.

☎ 055-639-0625 ₩ 입장료 어른 7천원

3 | 구조라해수욕장

모래가 부드럽고 수심이 완만한 구조라해수욕장은 해수욕하기에 가장 적당한 수온을 가지고 있다. 내륙형 해안지대로 바다라기보다 호수 같은 분위기의 해수욕장. 주위에 구조라 성지와 내도, 외도 등 이름 있는 관광지들이 있으며 서쪽 해안에는 효자의 전설이 얽힌 윤돌섬이 있다. 바다에서 나는 싱싱한 생선회와 멸치, 미역 등의 특산품과 50여 가구의 민박업소가 있다. 근처에 스킨스쿠버 체험장도 있다.

가는 법

대전·통영 간 고속도로를 이용해 동통영IC로 빠져나와 거제대교를 넘은 뒤 14번 국도를 달린다. 4차선으로 확장된 14번 국도가 장승포까지 이어진다. 장승포에서 해안도로를 타고 20km 정도 달리면 학동삼거리. 식당과 호텔이 몰려 있는 삼거리에서 1km 정도 더 가면 동백숲이 양쪽으로 펼쳐진다. 해금강의 동백숲도 아름답다.

근처 맛집

1 | 부원복 횟집

거제도에서 유명한 복집이다. 복 수육과 복 매운탕, 졸복국 등 복어를 사용한 모든 요리를 내놓는다. 특히 복 수육은 여름철과 겨울철 구분 없이 많은 이들이 즐겨 찾는 최고의 인기 메뉴. 복 요리를 맛본 후 거제도의 바다 향기를 가득 느껴볼 수 있는 멍게비빔밥도 꼭 먹어보자.

◐ 경남 거제시 신현읍 장평리 1195-18

☎ 055-637-2705 🍴 복 수육 4만원, 복국 1만원, 멍게비빔밥 1만원

2 | 천년송 횟집

해금강호텔 바로 옆에 있는 천년송 횟집은 신선한 자연산 회와 홍합죽으로 소문난 맛집. 신선한 해산물이 입맛을 돋우고 해금강 일대가 한눈에 내려다보인다.

◐ 경남 거제시 남부면 갈곶리 76-3

☎ 055-632-3118 🍴 자연산 우럭회 5만원, 홍합죽 1만원, 해산물 모둠 5만원

숙박 팁

학동 몽돌해수욕장 주변에 숙박업소가 몰려 있다. 특히 객실에서 바다가 보이고 최신식 시설을 갖춘 하와이콘도비치호텔(055-635-7114)이 좋다. 해금강호텔(055-632-1100)도 객실에서 바다를 볼 수 있고, 호텔 앞에는 동백숲이 펼쳐진다. 숙박 요금은 7~9만원선.
또한 남부면 갈곶리 해금강테마박물관 건너편에 있는 수향펜션(055-632-8245, www.soowhyangpension.com)은 신선대와 바람의 언덕을 비롯한 주변 풍경이 한눈에 들어오는 멋진 전망을 자랑한다.

초록 세상 물결치는 쉼표 같은 보리밭

고창 청보리밭&선운사

봄바람이 살랑살랑 부는 때는 진정 여행하기 좋은 계절이다. 동행으로는 애인도 좋고, 친구도 상관없으며, 가족도 좋다. 아름다운 사람과 멋진 세상에서 소중한 추억을 만들며 여행을 한다면 얼마나 좋을까. 봄에 만난 청보리밭과 선운사는 5월 최고의 여행지다.

TRAVEL COURSE

1일 선운사IC – 선운사 입구 – 점심식사(한식) – 선운사 – 신록터널 – 도솔암 – 용문굴 – 천마봉 – 선운사 – 저녁식사(풍천장어) – 숙박

2일 아침식사(한식) – 고인돌공원 – 고창 청보리밭 – 보리밭 오솔길 산책 – 점심식사(청보리밥) – 고창IC

Address 전북 고창군 공음면 선동리 학원농장&선운사 일대
Tel 선운산도립공원관리사무소 063-563-3450
Web www.gochang.go.kr
Price **교통비** 7만원, **식비** 8만원, **숙박비** 5만원, **여비** 5만원(1인, 1박2일 기준)

선운사의 대웅전 앞에 있는 만불전.
일자형으로 이어진 건물 구조가 독특하다.

푸른 세상이 열렸다. 녹음으로 가득 찬 싱그러운 5월에는 온 세상
이 초록 세상이다. 봄바람 따라 '쏴아' 소리를 내며 물결치는 청보리
밭. 그 사이를 걸으면 절로 콧노래가 흥얼거려진다. 전북 고창으로
접어들면 부드럽고 풍만한 곡선을 그리며 지평선을 이루는 황토 들
판이 펼쳐진다. 그리고 그 황토밭 너머로 보리밭이 보인다. 고창 청
보리밭. 휘청휘청 보리 물결 건너 종달새 소리 가득하고, 넘실넘실
온통 초록 물결이다.

신록이 대지를 물들이기 시작하면 들판은 분주해진다. 본격적인
농사철로 접어들면 남도의 들판도, 사람도 그대로 풍경이 된다. 전
북 고창군 공음면 선동리 학원농장. 12만여 평의 들판을 보리밭 하
나로 일궈놓은 흔치 않은 농원이다. 호남평야처럼 훤하게 트인 공간
은 아니지만 야트막한 언덕배기마다 보리밭이 있다. 보리는 입하(立
夏, 5월 6일)를 전후해 가장 푸르고, 6월 초부터 하지까지는 황금물
결로 바뀐다. 손바닥만한 보리밭에 익숙해져 있던 사람들에게는 이
거대한 보리의 바다가 사뭇 감동적으로 다가간다.

여름 냄새를 머금은 바람에 이삭이 흔들린다. 푸른 너울이 일렁이
는 것 같다. 구릉 지대에 파노라마처럼 펼쳐진 청보리밭. 회색빛 도

시에 익숙한 이들에겐 '보리바다'라는 감탄사가 절로 터진다. 5월의 화사한 신록 잔치가 한 발짝 물러선 6월에 어른 허리 높이로 자란 보리들이 누웠다 일어섰다를 반복한다. 출렁이는 보리 물결을 따라 상념에 찌든 마음도 어느새 맑아진다.

노송이 몸을 비틀고 서 있는 청보리밭의 산등성이 마루. 아담한 토담집이 그림처럼 아름답다. 앙증맞은 창문, 귀여운 통나무, 아기자기한 정원. 사람의 손길이 타지 않아서인가 토담집 주변에 지천으로 널린 야생화가 정겹다. 시골집 뜰에서 클로버로 꽃반지며 꽃시계를 만들던 추억이 바람결에 스친다. 쉬엄쉬엄 그 길을 걷는다. '눈이 부시게 푸르른 날은 그리운 사람을 그리워하자.' 고창 출신 시인 서정주의 시 〈푸르른 날〉의 첫 구절이 절로 읊어진다. 또 청보리가 바람결을 따라 출렁거린다.

보리밭을 유심히 들여다보고 있자면 마음속에서도 녹색 물감이 출렁인다. 수평선을 보는 듯한 일망무제의 푸름. 둥실둥실 보리밭을 출렁이게 하는 시원한 바람. 눈부시게 출렁이는 청보리밭은 청정한 자연이 주는 묘한 마력을 품고 있다. 농원에는 보리밭만 있는 것이 아니다. 언덕 위의 오두막집에서 농장 본관으로 이어지는 사잇길은 산책의 명소다. 마로니에가 우거진 숲길인데, 보리가 익을 무렵이면 정신을 혼미하게 만드는 향기가 더해진다.

이곳에는 비포장 길이긴 하지만 보리밭 사이사이로 차가 다닐 수 있는 길이 있다. 그러나 차를 탄 채 보는 보리밭은 그냥 밋밋한 보리밭일 뿐이다. 적당한 곳에 차를 세우고 걷는다. 아이들에게는 황금 물결이 넘실거리는 보리밭의 모든 것이 신기할 따름이다. 학원농장 청보리밭은 4월 중순부터 5월 중순까지 감상할 수 있다. 6월 초면 청보리밭이 황금보리밭으로 변신한다.

선운사에 가면 절로 마음을 빼앗긴다

고창에서 하룻밤을 묵으면서 선운사를 가지 않는다면 서운한 일. 선운사 대웅전 뒤편의 동백꽃 감상도 놓치지 말자. 선운사 동백은 4월 중순부터 5월 초까지 만개하는 춘동백이라서 5월 초가 절정이다. 또한 선운사에서 도솔암에 이르는 3.2km의 구간을 오르다 보면 드라마 〈대장금〉에서 어린 장금의 어머니 묘가 있는 동굴로 나왔던 진흥굴,

신록터널 트레킹하기
선운사에서 도솔암까지 가는 길은 봄이면 신록이, 여름이면 숲 터널이, 가을에는 가을 단풍이 아름답다. 주차장에서 용문굴까지는 두 시간 정도 편안하게 트레킹을 하는 기분으로 오르면 된다. 흙길을 걷기 때문에 편안한 신발을 준비하는 것은 필수.

용이 뚫고 올라갔다는 용문굴, 고려시대 걸작으로 꼽히는 높이 17m의 칠송대 마애불을 볼 수 있다. 길가에 흐드러지게 피어 있는 야생화는 보너스.

도솔암을 찾아야 선운사를 제대로 보았다고 할 수 있을 정도로 이곳은 비중이 높은 암자다. '도솔'이란 미륵불이 있는 '도솔천궁'이란 뜻. 깎아지른 기암절벽 사이에 들어선 암자를 보기만 해도 이곳이 영험한 곳임을 짐작케 한다. 도솔암 옆 바위계단을 오르면 내원궁이 나온다. 이곳에서 보는 선운산의 골짜기가 백미다. 바위산이 연출하는 거친 산세 사이로 돌 틈에서 자라난 나무들이 뿜어내는 푸른빛이 일품이다. 특히 가을이면 단풍이 곱게 물들어 장관이다. 암자 주변에는 동불암 마애불, 용문굴, 낙조대 등의 명소가 있다. 이곳의 등산로는 드라마 〈상도〉가 촬영된 장소다. 1시간 정도의 코스로 산행만 해도 많은 볼거리를 얻을 수 있다.

선운사에서 2km 남짓 거리에 자리한 선운리 미당 생가와 미당시문학관도 방문하자. 선운분교를 리모델링해 미당 서정주 문학관을 만들었다. 운동장에 푸른 잔디를 깔고, 미당의 육필원고와 저서, 미당의 초상화 등 전시물을 모아 놓았다. 더불어 전망대에 올라가면 미당이 어렸을 적 뛰어놀던 들판과 질마재를 비롯해서 선운리 앞 갯벌과 서해 바다가 한눈에 보인다.

고창을 찾으면 선운사와 고창읍성을 둘러보는 것으로 일정을 마치는 여행객이 많다. 하지만 세계문화유산으로 등록된 고인돌공원도 꼭 들러보자. 눈에 보이는 커다란 돌은 다 고인돌이라고 할 정도로 세계에서 가장 많은 고인돌이 밀집해 있다. 죽림리, 상갑리 일대를 중심으로 약 2,000여 기 이상의 어마어마하게 많은 숫자의 고인돌이 분포하고 있다. 청동기시대의 정신, 사회, 문화, 묘제 등의 특징을 알 수 있는 중요한 자료다. 고인돌 군락 중에서도 매산리 고인돌 군락지와 도산리 북방식 고인돌은 꼭 들러볼 만하다. 이곳은 북방식과 남방식 고인돌이 거대한 공원을 이루고 있다. 고인돌을 곁에 두고 잔디밭이 조성되어 있어 산책 코스로도 인기가 좋다.

근교 여행지

1 | 미당시문학관

선운사와 가까운 거리에 있는 부안면 선운리 질마재 마을에는 미당시문학관이 있다. 20세기 한국의 대표적 시인인 미당 서정주의 초상화, 친필 원고 등을 보관한 전시실과 세미나실이 있다. 시문학관 지적에 단출한 초가집 한 채가 있는데, 이곳이 바로 미당 생가다. 가을이면 선운리 일대에는 국화 축제가 열린다.

☏ 063-560-8058

@ seojungju.gochang.go.kr

2 | 고인돌공원

선운사에서 고창읍 쪽으로 20분 거리에 위치한 매산리 일대에는 볼록볼록 제법 덩치 큰 바위들이 산기슭에 모여 있다. 매산리 고인돌군은 산기슭을 따라 2.5km 가량의 거리에 500여 기의 남방식과 북방식 고인돌이 모여 있어 고인돌 문화의 절정을 자랑한다. 특히 고창읍 매산리 일대는 집단을 이루어 분포돼 있어 지석묘의 발생 과정을 추측할 수 있는 가치도 있다. 이곳은 2001년 유네스코 세계문화유산으로 지정되었다.

☏ 관리사무소 063-563-2577

숙박 팁

1 | 선운산 관광호텔

선운산 관광단지 안쪽에 있는 관광호텔로 총 객실이 6실이다. 호텔 시설은 오래되었지만 선운산 인근에서는 가장 규모가 크다. 지하에는 피부질환에 효과가 좋은 해수사우나가 있다.

☏ 063-561-3377 ₩ 2인실 7만원, 특실 20만원, 해수사우나 5천원

2 | 동백호텔

선운산 관광단지에서 가장 먼저 생긴 호텔로 객실은 총 46실이다. 호텔 로비에 작은 커피숍이 있고 유황성분을 이용한 대중목욕탕도 갖추어져 있다.

☏ 063-562-1560 ₩ 일반실 5만원, 특실 8만원

3 | 선운산유스호스텔

선운사 시설 지구에 위치. 고창군에서 직접 운영하고 있어 시설이 깨끗하고 부대시설도 잘 갖춰져 있다. 특히 주변 호텔에 비해 가격이 저렴하고 객실이 큰 것이 특징.

☏ 063-561-3333 ₩ 일반실 5~6만원

근처 맛집

1 | 연기식당

고창하면 떠오르는 별미는 뭐니 뭐니 해도 풍천장어다. 연기식당은 여느 식당과 다름없이 양식 장어를 쓰지만, 일정 기간 동안 맑은 물만 먹여서 보관하는 독특한 방법으로 육질을 좋게 한다. 덕분에 기름기가 적어 담백하고 씹히는 맛이 쫄깃하다.

✉ 전북 고창군 아산면 삼인리 선운사 입구 삼거리 ☏ 063-562-1537 🍴 장어 1만 5천원(1인분)

2 | 청원가든

선운사 입구의 식당들은 이 고장 특산물인 풍천장어 구이로 나그네의 입맛을 돋운다. 민물과 바닷물이 만나는 풍천에서 잡은 풍천장어는 첫맛은 담백하고 뒷맛은 달콤하다. 여기에 복분자주를 곁들이면 술맛까지 달다.

✉ 전북 고창군 아산면 삼인리 선운사 조각공원 옆 ☏ 063-564-0414 🍴 풍천장어 1만 4천원(1인분), 복분자주 8천원

가는 법

서해안고속도로를 타고 가다 선운사IC에서 빠지면 된다. 22번 국도를 따라 고창 방면으로 15km 정도 간 다음. 연기식당 앞 삼거리에서 좌회전하면 선운사. 선운사에서 아산 방면으로 8km 정도 가면 고인돌공원 이정표가 있다. 아산면 소재지에서 796번 지방도로를 따라 10분쯤 달리면 무장면 소재지가 보인다. 무장을 거쳐 공음 쪽으로 가다 보면 용수(계동) 버스 정류장 삼거리에 학원농장 이정표. 좌회전해서 2km 정도 들어가면 학원농장 보리밭.

TIP 풍천장어와 복분자주

고창에 가서 '풍천장어와 복분자술'을 맛보지 않으면 헛걸음했다는 말이 있을 정도로 고창의 별미. 풍천장어는 살집이 두텁고 기름기가 많아 숯불에 구우면 기름이 뚝뚝 떨어진다고 한다. 이렇게 먹음직스러운 풍천장어와 함께 찰떡궁합을 이루는 게 복분자주다. 복분자주는 마시면 오줌줄기가 세져서 요강을 뒤집어엎을 정도라는 말이 전해지는 강장제다. 이런 소문 덕분인지 복분자주는 고창의 명물로 이름을 알리는 데 꽤나 성공했다.

고즈넉한 향취가 느껴지는 과거로의 시간 여행

전주 한옥마을

전주에 도착하자마자 곧바로 목적지인 한옥마을로 향한다. 한옥마을의 중심지 '태조로'의 거북이가 여행의 시작을 알린다. 타임머신을 타고 간 듯 시간이 멈춰 있는 전주 한옥마을은 입구부터 예술이 묻어나는 도시임을 알 수 있다.

TRAVEL COURSE

1일 호남고속도로 전주IC에서 좌회전 – 26번 국도 – 한옥마을 산책 –
전통술박물관 관람 – 점심식사(전주비빔밥) – 오목대 전망대 – 경기전 관람 –
전동성당 관람 – 풍남문 기념 촬영 – 저녁식사(삼천동 막걸리골목) –
한옥마을 전통놀이 체험 – 한옥마을 숙박

2일 풍남시장 – 아침식사(콩나물국밥) – 오목대 산책 – 덕진공원 산책 및 휴식 –
점심식사(고궁 비빔밥) – 전주동물원 관람 – 전주IC 진입

Address　전북 전주시 완산구 전동 한옥마을
Tel　063-282-1330
Web　hanok.jeonju.go.kr
Price　교통비 7만원, 식비 7만원, 숙박비 5만원, 여비 3만원(1인, 1박2일 기준)

북적거리지 않고 호젓한 여행지로 안성맞춤인 '전주 한옥마을'. 판소리를 비롯한 전통 문화와 상다리가 부러지게 차려지는 밥상에 마음까지 훈훈하게 만들어주는 전주는 한마디로 푸짐한 여행지다. 여기에 막걸리 한 사발이면 누구나 친구가 될 수 있는 정이 살아 있는 곳. 전주에 가면 온전한 휴식 여행을 누릴 수 있다.

전주 한옥마을은 빠르게 변하는 시대에도 오랜 세월을 두고 보듬어야 할 것들을 지키며 넉넉한 고향의 모습으로 남아 있다. 한옥마을 안, 곱게 단장한 꽃담 너머로 정겨운 한옥의 곡선이 한껏 멋을 풍긴다. 방문을 열면 툇마루 너머로 마당이 펼쳐진다. 작지만 마음을 넉넉하게 해주는 공간이다.

비라도 내리는 날이면 아궁이에 불 지펴 온기를 피운다. 기와를 타고 내리는 낙수 소리와 떨어진 빗방울에 흙 튀는 소리를 들으며 밖을 내다보는 운치가 그만이다.

한옥마을의 총 면적은 약 30만㎡. 한옥마을 내의 전통 한옥 대부분은 1920~30년대에 만들어졌단다. 일제강점기에 일제는 성곽을 헐고 도로를 뚫었고, 이어서 일본 상인들이 성 안으로 들어왔다. 이

오목대에서 바라본 전주 한옥마을의 기와집들.
처마가 부드럽게 이어진 풍경이 멋스럽다.

전동성당의 로맨틱한 야경

에 대한 반발로 자연스럽게 형성된 것이 바로 이 마을. 당당하고 고귀한 기품이 흐르는 것은 어쩌면 당연한 일이다. 정부 수립 이후에는 기차를 타고 이곳을 지나던 이승만 대통령이 한옥 풍경에 반해 개발제한구역으로 지정했다는 일화도 있다.

대청마루에 앉으면 지붕 위에 걸린 하얀 구름이 눈에 와 닿고, 날렵한 처마 곡선을 훑고 지나는 바람에 조심스레 울리는 풍경 소리가 귓전에 울린다. 밤이면 창호에 은은한 달빛이 새어든다. 별빛이 가득 쏟아지는 마당으로 내려와 돌담을 따라 거니는 일은 전통 한옥에서만 경험하는 독특한 매력이다.

세월은 우리로 하여금 생활의 먼 구석 어딘가에 방치해 두었던 '고향'이나 '향수' 같은 그리움의 어휘들을 의식의 수면 위로 건져 올린다. 한옥에서 하룻밤을 보내고 나면 어둠의 터널을 뚫고 나가듯 위태롭게 느껴지던 기차 밖의 풍경이 어느덧 빛의 세계로 바뀌는 신선함을 느낄 수 있다.

한옥생활체험관 숙박체험
한옥생활체험관(063-287-6300)은 옛 양반 가옥의 생활 문화를 현대의 삶 속에서 재발견할 수 있는 전주의 문화 명소다. 신축 건물이라 고풍스런 멋은 없지만, 전통 한옥 시설의 불편함을 보완해 이용하기가 편리하다. 방이 9개 있으며, 숙박료는 6~12만원.

민속놀이, 전통차, 막걸리 한 사발은 덤!

전주는 당일 여행도 좋지만 1박을 하면서 전주의 명물 삼천동 막걸리 골목을 찾아가 훈훈한 인심을 느껴보는 것도 좋다.

어느새 한옥마을 거리등에 불이 들어왔다. 저 멀리 보름달도 환히 떴다. 골목길을 걸으며 함께했던 시간도 한옥마을 기와담장을 따라 멈춰져 있는 것만 같다. 저녁 식사 시간이 되면 한옥마을의 운치를 더하는 것이 마을 골목에 숨어 있는 전통찻집들. 공예품 전시관 뒤편의 교동다원과 교동다원 맞은편의 다문이 그런 집들이다. 한옥을 그대로 쓰고 있으니 호젓하게 차 향기에 빠져들 수 있다.

전주 한옥마을은 반일 또는 하루 정도 일정을 잡고 느긋이 걸어 다녀야 제 맛을 느낄 수 있다. 풍남동과 교동에 걸친 한옥마을은 사방 500여m 안에 있다. 전주역이나 전주고속버스터미널에서 평화동, 남부시장, 구이 방면 버스를 타고 20~25분이면 한옥마을에 갈 수 있다. 역과 터미널에서 택시를 타면 15~20분 거리다. 한옥마을에 도착하면 우선 경기전 옆의 관광안내소를 찾아간다.

안내소는 매일 오전 9시부터 오후 6시까지 운영된다. 이곳에서 안내책자를 얻으면 여행길이 훨씬 편하다. 한옥마을 내의 명소, 찻집, 식당 등의 위치를 그린 상세한 지도가 들어 있는데 아주 요긴하다.

근처 맛집

맛의 고향 전주는 우리나라를 대표하는 맛의 고장이다. 깊은 맛과 풍성한 상차림은 여타 남도 지역의 음식과 다름이 없지만 전주의 음식에는 이에 전통과 정성을 더했다. 장인 정신으로 전주 전통의 맛을 이어가고 있는 별미집을 소개한다.

1 | 전라회관

전라회관은 3대를 이어 60여 년 넘게 손맛을 이어오고 있다. 20여 가지 반찬과 음식이 풍성히 차려져 나온다. 특히 3년 정도 묵은 김치는 별미 중의 별미. 갈비찜과 낙지볶음. 홍어찜의 풍성한 맛도 좋다. 석화를 땅속에 2~3년 묵혀 만든 굴젓과 민물새우로 만든 토하젓은 쉽게 맛볼 수 없는 귀한 맛이다.

● 전북 전주시 완산구 삼천동1가 751-8
● 063-228-3033 🍴 한정식 한 상 11만원(4인 기준)

2 | 가족회관

전주 시민이 최고로 손꼽는 전주비빔밥의 명가다. 비빔밥 하나를 시켜도 맛깔스러운 밑반찬이 10여 가지 정성스레 차려진다. 한 상 가득 차려진 음식 중에 어느 것 하나도 대충 놓인 것이 없다. 실고추, 잣, 깨, 지단 등 고명이 살포시 얹어져 나온다. 비빔밥의 맛 또한 일품이다. 고추장 양념에 골고루 비벼 맛을 보면 밥알이 고슬고슬하다.

● 전북 전주시 완산구 중앙동3가 80
● 063-284-0982 🍴 전주비빔밥 1만 2천원, 육회비빔밥 1만 5천원

3 | 왱이해장국집

줄을 서서 먹을 정도로 맛있는 국밥의 시원한 맛은 국물에 있다. 콩나물 끓인 물에 멸치와 미역, 다시마, 무, 황태 등을 우려 만든 육수를 섞어 국물을 만든다. 여기에 새우젓으로 간을 하고 매콤한 청양고추를 곁들여 시원하면서도 알싸한 맛을 내는 것이다. 국밥을 맛있게 먹으려면 묵은 김치를 얹어 먹거나 구운 김에 싸서 먹는 것이 방법.

● 전북 전주시 완산구 경원동2가 12-1

근교 여행지

1 | 전통술박물관

한옥생활체험관 옆에 있는 전통술박물관은 막걸리(탁주)와 청주가 같은 술독 안에서 얻어지는 과정, 청주가 불을 만나 소주가 되는 절차 등을 자세히 공부할 수 있다. 매월 첫째, 셋째 주 토요일 오후 3시에 술밥 비비기, 소주 내리기 등 술 만드는 과정을 시연한다.

2 | 죽림온천

한옥마을에서 자동차로 10분 거리에 있는 죽림온천. 일본의 벳푸온천보다도 수질이 뛰어나다는 평가를 받는 알칼리성 유황온천이다. 온천물을 마실 수도 있는데 위장병에 좋고 피부 미용, 류머티즘. 고혈압 등에 효과가 뛰어나다고 한다. 황토방 사우나, 솔잎 · 쑥 사우나, 한방이슬 사우나 등 비교적 시설이 잘 갖추어져 있다.

3 | 덕진공원

전주 시민들이 가장 사랑하는 공원이자 야경 명소인 덕진공원에도 꼭 들르자. 고려시대에 조성된 덕진호를 배경으로 만든 전주의 대표적인 도시공원이다. 이곳은 호수 주변에 창포꽃이 피어 단오에는 창포물에 목욕을 하고 머리를 감는 풍습이 전해온다. 연꽃 자생지로도 유명한 덕진공원은 무엇보다 덕진호를 양분하는 현수교와 현수교 중간 부분에 있는 연화정이 멋진 풍경을 만들어낸다. 저녁에는 호반을 가로지르는 연화교 철다리에 아름다운 오색 조명이 수를 놓는다.

가는 법

호남고속도로 전주IC에서 빠져나와 좌회전한다. 남원 가는 방향으로 계속 직진해 금암로터리에서 기린로로 직진. 시청을 지나 오른편에 자리한 리베라호텔을 보고 좌회전해 들어가면 전주 한옥마을이 나온다. 전주한옥체험관은 리베라호텔 후문 쪽에 있다.

눈부신 봄날의 로맨틱 데이트 일번지

강릉 경포대

관동팔경 중 제일로 꼽히는 경포대의 봄바다가 싱그럽다. 무수한 연인들의 가슴을 두근
거리게 하는 바다. 경포 바닷가에서 주문진항까지 이어지는 해안도로는 아름다운 드라
이브 코스로 안성맞춤이고, 안쪽에는 경포호수를 중심으로 선교장, 경포해변, 초당마을,
오죽헌 등 강릉에서만 볼 수 있는 볼거리가 가득하다.

TRAVEL COURSE

1일 영동고속도로 – 강릉IC – 강릉 – 점심식사(한정식) – 7번 국도 – 오죽헌 사거리 – 선교장 – 경포대 – 저녁식사(활어회) – 경포대 MGM호텔

2일 초당마을 – 아침식사(순두부) – 허균 생가 – 참소리박물관 – 소돌항 – 연곡항 – 주문진항 – 점심식사(활어회) – 영동고속도로

Address	강원도 강릉시 운정동&저동 일대
Tel	033-640-5129
Web	www.gntour.go.kr
Price	교통비 6만원, 식비 10만원, 숙박비 7만원, 여비 3만원(1인, 1박2일 기준)

경포대의 벚꽃 풍경은 널리 알려지지 않았는데, 사실 동해안에서는 최고로 꼽히는 경관이다. 봄볕이 부서지는 물결 위로 벚꽃이 흩날리는 모습이 그야말로 장관이다. 예로부터 문사들이 꽃그늘에 앉아 풍류를 즐겼다고 한다. 경포호수를 둘러싼 아름드리 벚나무가 자아내는 벚꽃 길은 마치 동화 속의 주인공이 된 듯한 착각을 불러일으킨다.

추억이 넘실거리는 곳, 경포대 & 경포해수욕장

'강릉' 하면 떠오르는 곳은 단연 경포대. 관동팔경의 하나인 경포대는 누구나 한 번쯤은 들러본 곳일 테지만, 그 묘미를 제대로 맛본 이들은 많지 않다. 경포대 맞은편의 경포호는 둘레가 4km나 되는 넓은 호수. 거울처럼 맑은 호수라는 뜻의 '경포'는 경포대, 금란정, 경호정, 방해정, 해운정 등 호수를 전망할 수 있는 정자 12개를 거느리고 있다. 그중에서도 경포대는 가장 높은 곳에 자리해 호수를 한눈에 볼 수 있다.

경포호수가 한눈에 들어오는 경포대 정자.
오래된 벚나무가 정자를 둘러싸고 있어
봄에 특히 아름답다.

예로부터 경포호에는 다섯 개의 달이 뜬다고 했다. 하늘에 떠 있는 달, 바다 위에 금빛을 뿌리며 파도에 부서지고 출렁거리는 달, 잔잔한 호수 위에 접시처럼 떠 있는 달, 손에 쥐어진 술잔에 비치는 달, 자리를 함께하는 님의 눈동자에 비치는 달이 그것. 여기에 달빛과 어우러지는 벚꽃 등이 더해지니 감히 이곳을 빼고 풍류를 말하는 것은 어불성설일 듯.

송림이 울창하게 우거진 경포대에 오르니 해수욕장에서 들려오는 연인들의 포근한 웃음소리가 귀를 적신다. 정자에 걸터앉아 있는 사이, 시원하게 불어오는 바닷바람에 솔향기가 어우러져 머리까지 맑아진다.

강릉의 숨겨진 아름다운 솔숲길, 초당마을

경포대 해변에서 지척에 있는 초당마을은 겉보기에 순두부마을로 더 유명하다. 하지만 초당마을의 진가를 확인하려면 허균·허난설헌 생가가 복원돼 있는 마을 안쪽으로 들어가보자.

허균 생가는 강릉 지역 향촌의 집을 복원한 평범한 집인 듯하지만, 막상 집에 들어서면 담 너머로 펼쳐지는 경관에 반하고 만다. 대문 안 고목에서 피어나는 매화의 자태가 단연 시선을 붙잡는다. 정갈하게 정리된 정원을 둘러보고 작은 대문을 나서면 벚꽃이 흐드러지게 핀 풍경이 연출된다. 왕벚꽃이 집을 온통 둘러싸고 있어 꽃을 따라 고개가 절로 돌아간다.

여기서 경포호수 쪽으로 오솔길처럼 열린 솔숲길은 매력 그 자체. 마을만 둘러보고 발걸음을 돌린다면 이 솔숲길의 운치를 그냥 놓치고 만다. 반드시 돌담을 끼고 경포 쪽으로 이어지는 솔숲을 지나가보자. 호수의 수면 위에 물이 오른 버드나무와 벚꽃, 소나무 그림자가 한꺼번에 반사되는 풍경은 한 폭의 수채화보다 더 운치 있다.

관동의 문화를 간직한 오죽헌과 오죽헌시립박물관

강릉에 와서 경포만 본다면 무척 섭섭한 일. 강릉은 관동지방의 중심지로 유적과 유물이 많아 답사객들의 발길이 끊이지 않는 곳이기도 하다. 특히 우리나라의 대표적인 어머니상인 신사임당과 민족의 대학자 이율곡이 태어난 곳이자 강릉의 대표적인 문화재인 오죽헌과 향토민속관, 역사문화관, 율곡기념관 등으로 구성된 오죽헌시립박물관에 들러보자.

신사임당은 홀로 계신 어머니를 모시기 위해 오죽헌에서 지낼 때가 많았다고 한다. 그러다가 자연스레 자신이 태어난 이 집에서 아들 이율곡을 낳게 된 것. 오죽헌이란 명칭은 집 주변에 있는 무성한 검은 대나무에서 비롯했다. 이 오죽헌은 강릉의 대표적인 문화재로 1963년 보물 제165호로 지정됐다. 오죽헌에는 우리나라 주택 건물 중에서 가장 오래된 별채인 몽룡실과 그의 영정이 봉안된 문성사, 율곡이 직접 쓴 격몽요결(보물 제602호)과 어려서부터 쓰던 벼루를 보관해 둔 어제각 등이 있다. 또한 율곡기념관에는 신사임당과 율곡이 쓰던 유물이 보관돼 있어 가족과 연인들의 여행 명소로 통한다.

쫄깃쫄깃 활어회가 끝내주는 주문진항

강원도의 제1항구라 불리는 주문진항. 이곳의 밤은 불야성이다. 땅거미가 내리기 시작하자 오징어잡이 배들이 밝힌 집어등이 수평선을 대낮처럼 밝혀 장관을 연출한다.

주문진 포구 쪽은 밤낮 없이 바쁘지만 포구 입구에 있는 회센터는 밤마실을 나선 여행객들로 활기가 넘친다. 횟집 아주머니들의 횟감 치는 솜씨는 구경만으로도 신이 난다. 오징어를 기본으로 광어, 우럭, 가자미, 청어, 해산물 등이 척 보기만 해도 싱싱하다.

30여 개의 상가가 있는 회센터는 가격이나 인심이 비슷하다. 경포대에서 순포해수욕장, 연곡해수욕장을 잇는 해안선도로를 따라 바닷길 드라이브도 겸할 수 있으니 북적이는 경포대를 잠시 벗어나 여유롭게 둘러보자.

전통의 매력을 한번에!

향토민속관에는 영동 지방에서 사용하던 생업 도구와 의식주 관련 용품이, 역사문화관에는 강릉 지방에서 출토된 선사 유물과 불교 유물, 자기, 서화 등이 전시돼 있다.

근교 여행지

1 | 참소리축음기 · 에디슨과학박물관

참소리축음기박물관은 축음기, 라디오 등 약 2,500여 점의 전시품과 15만 장의 음반을 갖추고 있어 국내 최대 규모를 자랑한다. 함께 운영하는 에디슨과학박물관에서는 에디슨의 발명품과 유품 등 2,000여 점을 만나볼 수 있다.
☎ 033-652-2500

2 | 소돌항

아들을 낳지 못한 부부가 돌이 되었다는 전설이 전해지는 소돌항에서는 부부가 서로 껴안은 모습의 아들바위를 만날 수 있다. 바위 앞에는 아들 모양을 한 조형물을 설치해 이곳을 찾는 관광객에게 색다른 볼거리를 제공한다. 소돌항은 다른 곳보다 파도가 높은 날이 많아 저녁 시간에는 개방하지 않는다. 소돌항 주차장과 아들바위 문 앞에는 조개구이와 멍게 등을 파는 간이 포장마차가 많은데, 주문진보다 저렴한 가격에 싱싱한 조개구이를 맛볼 수 있다.

3 | 경포호

오죽헌과 경포대 중간에 위치한 경포호. 봄이면 길을 따라 핀 분홍빛 벚꽃의 향연을 볼 수 있고, 호숫가를 따라 조성된 조깅 코스는 항상 사람들로 붐빈다. 벤치에 앉아 경포호의 낭만을 즐기는 것도 이국적인 경험. 경포포 중간에 위치한 건어물 상점에서는 경포 시내보다 20% 싼 가격으로 각종 건어물을 구입할 수 있다.

가는 법

영동고속도로 강릉IC로 나와 강릉 우회도로를 이용해 7번 국도로 바꿔 타면 오죽헌 사거리. 경포대 이정표를 보고 진입하면 경포대가 나오고 우측에 선교장이 보인다. 호수를 따라가다 효산콘도 앞에서 우회전하면 초당마을.

근처 맛집

옛날초당순두부

순두부를 전문으로 하는 토속 맛집이 많다. 소설 『홍길동』의 작가 허균이 태어난 초당마을에선 재래식 두부를 맛볼 수 있다. 항구에서 갓 잡아 올린 신선한 해산물은 강릉 음식의 기본. 초당마을에서 식사를 하고 소나무 숲길과 마을길을 걸으며 운치를 느껴보자.
🏠 강원 강릉시 운정길 141 ☎ 033-645-0557
🍴 순두부전골 3만원(大), 순두부 7천원

숙박 팁

경포대해수욕장 인근에는 호텔과 콘도, 모텔이 몰려 있다. 특히 경포대 MGM호텔(033-644-2559)이 깨끗하고 24시간 찜질방도 마련돼 있다. MGM호텔의 최대 매력은 럭셔리한 객실. 침실 공간이 넓고 전 객실에 미니바와 DVD 홈시어터 시스템을 갖췄다. 객실 안에서 DVD 감상, 스파, 미니바 등을 모두 이용할 수 있다.

여보게 친구, 차나 한잔 마시고 가게

하동 야생차밭

4월 20일, 곡우. 차맛을 제대로 아는 사람이라면 이날을 손꼽아 기다린다. 햇차를 맛볼
수 있다는 곡우이기 때문이다. 벚꽃이 물러난 자리에 돋아난 야생차의 신록이 마음을 설
레게 하는 하동. 계곡과 산비탈에 촘촘하게 이랑을 이룬 차밭의 풍경은 하동의 야생차밭
에서만 느낄 수 있는 진풍경이다.

TRAVEL COURSE

1일 남해고속도로 하동IC – 하동읍 – 점심식사(재첩회) – 하동 송림 – 평사리공원 – 차문화센터 – 저녁식사(참게탕) – 화개 숙박 – 하동IC

2일 아침식사(재첩국) – 쌍계사 – 차 시배지 – 야생차밭 트레킹 – 매화마을 – 섬진강 드라이브 – 점심식사(한정식) – 남해고속도로 하동IC

Address 경상남도 하동군 화개면 운수리 897–1
Tel 하동 차문화센터 055-880-2895
Web www.greentea.go.kr
Price 교통비 10만원, 식비 7만원, 숙박비 5만원, 여비 5만원(1인, 1박2일 기준)

섬진강의 봄은 연분홍 벚꽃에서 시작해 차밭으로 완성된다. 섬진강의 봄을 재촉하고 완성하는 주인공은 바로 화개 천변의 야생차 신록이다. 봄의 마지막 절기. 곡우를 즈음한 때. 악양 들판은 못자리용 볍씨를 담그느라 부산해진다.

새벽안개를 뚫고 남도의 아낙들이 시퍼런 산마루를 오르는 건 정확히 곡우를 닷새 앞두고서다. 그때부터 곡우까지 딴 찻잎으로 만든 차를 우전(雨前)이라 한다. 향기가 뛰어나 시세도 곡우 이후 것보다 열배나 높다. 그래서인지 남도의 4월은 눈부시게 푸르다.

지리산 자락의 야생차는 가장 먼저 짙푸른 신록을 품으며 그윽한 향으로 여행객을 매료시킨다. 산자락을 따라 비뚤비뚤 야생 그대로 재배되는 화개의 야생차밭은 산비탈과 바위틈마다 듬성듬성 펼쳐진다.

매년 곡우 때가 되면 화개마을 사람들은 바구니를 하나씩 들고 산을 오른다. 찻잎을 따기 위해서다. 이런 진풍경은 5월에서 6월 초까지 이어진다.

감칠맛이 도는 화개차 최고의 맛

하동 야생차가 예로부터 선인들의 사랑을 받은 것은 그 맛과 향이 뛰어나기 때문이다. 산골제다의 김종관 사장은 "찻잎은 일교차가 큰 산간 지역에서 천천히 성장해야 진한 맛과 향을 축적할 수 있다"며 화개 야생차의 우수성을 설명한다.

품종도 전남 보성 일대의 대단지 차밭에서 키우는 차나무와 다르다. 하동 일대 차나무는 중국 계통의 소엽종이다. 하동 야생차는 제조 과정도 전통 수제 방식을 고수한다.

화개차는 쓴맛과 떫은맛이 덜하고 감칠맛이 돈다. 지리산 일대는 운무가 자주 끼어 일조량이 자연 조절되므로 차의 맛과 향이 더해진다. 토질도 차나무가 성장하는 데 최적의 조건을 갖추고 있다. 화개의 차밭은 보성처럼 보기 좋게 조성된 밭은 아니다. 차나무가 바위틈이나 산비탈 같은 야생에서 자라기 때문이다. 모양새는 없지만 이곳의 야생차밭은 세계 3대 야생차밭 중 한 곳으로 꼽힐 만큼 뛰어난 품질을 인정받고 있다.

특히 화개의 야생차는 뿌리가 깊게 박혀 자라는 직근성이라 생명력이 강하다. 향을 가미하는 중국이나 맛을 가미하는 일본 차와 달리 자연 그대로의 향과 맛을 살려내는 제다 방법도 화개차의 비법. 또한 화개 일대는 산골제다와 쌍계제다 등 대규모 야생차 재배 업체가 많다. 작설차나 세작 등의 차와 녹차냉면, 녹차수제비 등 녹차 가공식품도 인기가 좋다.

차를 따는 곡우 무렵이면 화개마을 사람들은 집집마다 커다란 무쇠솥과 멍석을 준비한다. 그리고 맑은 날 잎을 따 가마솥에 넣고 덖어 멍석에서 비비는 과정을 3~7회 반복한 뒤 건조시켜 만든다. 가마솥에 복듯이 익힌 후 멍석에 비벼 찻잎에 일부러 상처를 내야 찻물을 우려낼 때 더 진한 향이 배어 나오기 때문이다.

우리나라 최초의 차 시배지로 알려진 쌍계사에 가면 천년이 넘은 차밭을 볼 수 있다. 하동 야생차는 신라 흥덕왕 3년(828)에 당나라에 사신으로 갔던 김대렴이 차 씨를 가져와 왕명으로 지리산 자락 쌍계사 입구에 처음 심은 것에서 시작되었다고 전한다. 일주문 못 미쳐 차 시배 추원비가 세워져 있으며 마을 차밭에도 차 시배지 기념비가 있다.

봄기운이 가득한 쌍계사의 신록도 둘러보고 경내 곳곳에 피어난 봄꽃이 어우러진 풍경도 카메라에 담으면 좋다. 대웅전을 감상한 뒤

차는 찻잎을 따는 시기에 따라 우전, 곡우, 입하차 등으로 구분된다. 차 중에 으뜸이라는 우전차는 곡우 5일 전에, 우전에 버금간다는 곡우차는 곡우 뒤 5일까지, 입하차는 입하(5월 6일)까지 딴 차를 말한다. 이와 비슷하게 세작(細雀), 중작(中雀), 대작(大雀)이라고도 한다. 잎의 크기에 따른 구분이다.

가장 먼저 딴 차가 가장 좋다는 설이 있다. 이른바 첫물차. 새순이 갓 돋아났을 때의 그 여린 찻잎이 최고라는 설이다. 작설차(雀舌茶)라는 것도 있다. 말 그대로 참새의 혓바닥을 닮은 찻잎이다. 그만큼 가느다랗고 조그맣다.

이와 비슷하게 '일창이지(一槍二枝)'란 표현도 있다. 가운데 오롯이 서 있는 찻잎 양옆에 두 이파리가 받쳐주는 모양새를 가리킨다. 그래봤자 어른 검지손가락 첫째 마디만한 크기다. 하지만 모두가 동의하는 사실이 하나 있다. 얼마나 공을 들였느냐에 따라 차의 품질이 결정된다는 것이다.

계곡 옆으로 층층이 이어지는 야생차밭.
이곳은 일교차가 커서 차맛이 좋다.

쌍계사 주변의 야생 차밭을 둘러봐도 좋고 1시간 반 정도 거리의 불일폭포 트레킹도 좋다. 계곡을 따라가는 길이 신록 터널을 이루어 기분이 상쾌해진다.

다도 체험 공간 차문화센터

차문화센터(055-880-2895)는 하동군이 차 시배지인 하동 녹차의 우수성을 알리기 위해 쌍계사 입구에 마련한 공간. 재배하여 얻은 차를 덖고 비비는 모든 생산 과정을 정교한 조형물을 통해 시연하므로 흥미롭다. 전시실에서는 차 문화의 발달 과정과 차 제조 과정을 무료로 관람할 수 있다. 시기별로 생산된 차를 시음하고 다도를 배울 수도 있다.

차밭 여행에 큰 기대를 걸고 갔다면 자칫 풀밭처럼 밋밋할 수 있다. 그러니 차는 꼭 마셔 보길 권한다. 화개마을에서 쌍계사까지 다원만 백 군데가 넘는다. 그 가운데 쌍계사 입구의 녹향다원(055-883-1243)을 소개한다. 용강마을 꼭대기에 있는 산골제다(055-883-2511)에서는 녹차냉면, 녹차수제비 등 다양한 녹차 제품을 구입할 수 있고 쌍계사가 내려다보이는 명당에서 야생차를 무료 시음할 수 있다. 찻잎 따기는 청석골다원(055-883-1847), 다도는 삼태다원(055-883-2181), 다기 만들기는 쌍계도예(055-883-4775)에서 각각 체험할 수 있다.

섬진강과 맞닿은 봄날의 로맨틱 드라이브 만끽

봄이 되면 매화와 벚꽃을 주거니 받거니 흐드러지게 피우며 한바탕 꽃 잔치를 벌이는 광양과 하동. 섬진강을 사이에 두고 나란히 뻗은 도로가 화개의 상징인 남도대교와 섬진교로 연결되어 있어 드라이브를 즐기기에는 최적이다.

광양 백운산 북쪽 자락의 다압면 일대에 무성하게 피어나는 매화는 3월 하순경에서 4월 초까지 절정을 이룬다. 강변부터 피어나기 시작한 매화가 산등성이까지 연분홍 꽃대궐을 차리면 탄성이 절로 인다. 강바람에 매화향이 코끝이라도 스치면 고혹적인 향기에 온몸이 아찔해진다.

특히 섬진강과 지리산이 한눈에 내려다보이는 다압면 섬진마을의

여여식당(055-884-0080)은 섬진강의 명물 재첩국과 참게탕을 전문으로 내놓는 하동의 맛집. 40여 년 간 한자리에서 전국 미식가들의 발길을 유혹하고 있는 소문난 식당이다. 뽀얗게 우러난 국물에 새끼손가락 손톱만한 재첩과 잘게 썬 부추가 빚어내는 맛은 시원하면서도 담백해 입맛을 돋운다. 이 집의 재첩국은 고춧가루를 사용하지 않고 소금으로 간을 하기 때문에 비린 맛이 없는 것이 특징.

하동 읍내에 있는 동흥식당(055-883-8333)과 동백식당(055-883-2439)도 재첩국으로 유명한 곳이다. 이 두 곳 모두 여여식당 주변에 모여 있고, 식당 옆 골목으로 조금 내려가면 솔숲이 아름답게 우거진 하동 송림이 자리 잡고 있다.

청매실농원은 매화꽃 물결의 중심이다. 청매실농원에 들어서면 풋보리 사이로 홍매화, 백매화, 청매화가 화사한 자태를 드러낸다. 그 사이로 난 조붓한 오솔길을 산책하면 봄날의 화려한 외출은 절정을 맞는다.

하동과 접한 19번 국도에는 벚나무까지 우거져 있어 운치를 더한다. 봄이면 하얀 벚꽃이 터널을 이루는 이 길은 섬진강에 딱 달라붙은 채 50리 길을 함께한다. 시원스레 뻗은 길은 섬진강이 남해와 만나는 강의 끝자락까지 연결된다.

19번 국도와 마주한 861번 지방도로는 광양 땅에서 섬진강을 호위하며 달린다. 강 너머로 지리산을 등지고 있어 반대편보다 한결 풍취가 있다. 오가는 차량이 뜸해 한적한 드라이브를 즐기기에 더없이 좋다.

하지만 달리고 싶은 도로에는 언제나 감시 카메라가 있는 법. 단속이 아니더라도 19번 국도에서는 시속 60km 제한 속도를 지키며 벚꽃 터널의 운치를 즐기는 것이 안전하다.

근교 여행지

1 | 평사리 최참판댁

하동읍과 화개의 중간 지점인 악양 들판 언덕배기에 소설과 드라마의 주인공이 자리 잡고 있다. 악양면 평사리는 박경리의 대하소설 『토지』의 무대가 된 곳. 악양 들판으로 유명한 평사리는 지리산과 섬진강이 최고의 자연을 선물한 곳으로 넓은 평야가 시원스레 펼쳐져 있다. 이곳 평사리 언덕에는 『토지』에 등장하는 만석지기 최참판댁이 복원돼 있다.

과거의 영화를 간직한 대가의 웅장한 규모도 놀랍지만, 이곳에서 내려다보는 악양 들판과 섬진강의 전경이 아름답다. 특히 봄이면 프릇프릇 목을 내밀어 들판을 색칠하는 보리밭 풍경도 일품이다.

2 | 홍쌍리 청매실농원

섬진강을 내려다보는 광양 땅 백운산 중턱에 자리한 국내 최대 규모의 머실농원. 우선 농원에 들어서면 수없이 줄지어 서 있는 장독대게 눈이 간다. 그리고 장독 뚜껑에 한두 개씩의 작은 돌멩이가 놓인 것을 볼 수 있다. 매화로 만든 갖은 장과 술, 먹을거리 등을 담아 나름대로 구분해 놓은 것이다.

봄이 되면 홍매화, 백매화 등이 눈꽃 날리듯 피어오르는 10만여 평의 매화농원 길은 가벼운 산책로로 더없이 좋다. 이곳은 영화 〈취화선〉, 드라마 〈다모〉의 촬영지로도 유명하다.

매장에 들르면 매실차를 무료로 맛볼 수 있고 청매실로 만든 청매실 농축액과 장아찌 등을 구입할 수 있다.

☎ 061-772-4066 @ www.maesil.co.kr

가는 법

경부고속도로를 타고 가다 대전 판암분기점에서 대전·통영 간 고속도로로 바꿔 탄다. 진주분기점에서 남해고속도로를 타고 하동IC에서 빠져나온다. 19번 국도를 타고 하동 읍내를 지나 20km 정도 계속 달리면 화개. 여기서 벚나무길(구길)을 타고 6km 정도 올라가면 쌍계사 주차장이 나온다. 주차장 옆에 차시배지가 있고 그 아래에 차문화관이 있다.

근처 맛집

혜성식당

화개터미널 옆에 위치한 혜성식당은 20년 전통의 한식 전문가인 주인이 직접 고추장과 간장 등을 집에서 담가 맛깔스럽고 토속적인 맛을 낸다. 특히 된장을 풀어 끓이는 참게탕은 구수하고 담백한 맛이 일품이다. 싱싱한 은어회와 고소한 튀김도 놓칠 수 없는 메뉴. 향긋한 깻잎과 상추에 싸서 먹으면 수박향이 입 안에 감돈다. 후식으로 화개 야생차를 곁들일 수 있다.

✉ 경남 하동군 화개면 화개리
☎ 055-883-6303
🍴 참게탕 4만원, 은어회 2만원

숙박 팁

수류화개 펜션

쌍계사 위쪽에 자리 잡은 전통 한옥 펜션. 작은 연못을 갖춘 마당에 소나무를 비롯해 많은 식물이 아름다운 정원을 이룬다. 안채는 방이 넓어 단체 여행객이나 가족 단위 여행객에게 좋고, 별채는 연인이 이용하기 적당하다. 잠자리가 없을 경우에는 화개터미널 주변의 모텔을 이용해도 좋다.

☎ 055-882-7706 ₩ 객실료 10만원(2인), 25만원(4인)

스위스 부럽지 않은 알짜배기 바캉스

대관령 양떼목장

스키리조트로 잘 알려진 용평리조트는 여름 피서지로도 안성맞춤. 리조트 내의 드래곤
호텔과 눈마을홀 사이에 계곡물이 흘러 물놀이를 즐길 수 있다. 아니면 드넓은 잔디밭
한가운데 있는 나무 그늘에서 낮잠을 자며 망중한을 즐기는 건 어떨까.

TRAVEL COURSE

1일 영동고속도로 – 횡계 – 점심식사(오삼불고기) – 신재생에너지전시관 – 대관령 양떼목장 – 양 건초 먹이기 – 초원 트레킹 – 야생화 관찰 – 저녁식사(황태구이) – 대관령 자연휴양림 숙박

2일 아침식사(한식) – 숲길 산책 – 금강송 산책로 관람 – 점심식사(산채정식) – 월정사 – 방아다리약수 – 영동고속도로

Address	강원도 평창군 대관령면 대관령마루길 483–32
Tel	033-335-1966
Web	www.yangtte.co.kr
Price	교통비 7만원, 식비 5만원, 숙박비 5만원, 여비 4만원(1인, 1박2일 기준)

용평리조트의 특급 피서는 바로 발왕산 산책. 색다른 경험과 피서를 동시에 원한다면 드래곤프라자에서 곤돌라를 타고 하늘 여행을 나서는 것이 좋은 방법이다. 곤돌라를 타고 용평리조트의 유럽풍 건물을 관람하는 사이 드래곤피크에 도착한다. 곤돌라에서 내리자마자 사방의 산맥이 물결처럼 펼쳐진다. 나무 계단이 예쁜 정원 산책로 쪽으로 나가면 한여름에도 추위가 느껴질 정도로 시원하다.

드래곤피크 앞의 꽃길 산책로에서 잠시 휴식을 취하고 발왕산 정상으로 향한다. 100m 정도 오솔길을 오르면 헬기장이 나오고, 키 작은 주목나무 숲과 자생식물 군락이 능선을 따라 펼쳐진다. 이어서 높은 돌무지를 지나면 바로 발왕산 정상. 날씨가 화창한 날에는 발왕산 정상에서 동해 조망도 가능하다. 하지만 날씨가 좋지 않아 바다를 보지 못했더라도 상관없다. 사방으로 펼쳐지는 백두대간의 중

양떼가 한가롭게 풀을 뜯는 양떼목장. 목장을 걷다 보면
양떼들이 구름 위를 산책하는 것처럼 느껴진다.

심에 섰다는 묘한 자부심이 생길 테니까.

드래곤피크에서 발왕산까지는 산책 코스로 아주 좋은데, 한여름에도 시원한 바람이 불어 덥지 않다. 예쁜 야생화 정원과 푸른 초원이 펼쳐지는 풍경을 보고 있으면 마치 구름 위에서 산책을 즐기는 것만 같다. 발왕산 정상 부근은 한여름에도 추위를 느낄 수 있기 때문에 윈드재킷을 준비하는 것이 좋다. 곤돌라는 드래곤프라자 6번 게이트 쪽에서 탑승할 수 있고, 용평리조트 전망대인 드래곤피크까지 20분 정도 소요된다. 탑승 요금은 어른 1만 4천원, 어린이 1만원.

구름 위의 산책, 대관령 옛길과 양떼목장

강원도 영서 지창과 영동 지방을 가로지르는 99개의 봉우리와 고개로 이어진 대관령의 한 자락인 선자령. 대관령 옛길에 위치한 선자령은

대관령 일대에서도 손꼽히는 트레킹 명소다. 평창과 강릉의 경계에 있고, 해발 1,157m에 달하는 높이 때문에 눈과 바람, 탁 트인 바다 전망이 아름답게 조화를 이룬다. 한여름의 트레킹 제안이 좀 의아할 수 있지만 생각을 바꿔보자. 삼림욕보다도 기분 좋은 산책이 된다.

해발 1,000m가 넘는 높은 고개지만 산행의 시작은 800m 정도. 본격 산행이 시작되는 기상관측소 앞까지 시멘트로 잘 포장된 길이 나온다. 마치 동네 뒷산이라도 오르는 것처럼 부드러운 능선이 한여름 트레킹에 재미를 더해준다.

2시간 남짓한 길지도 짧지도 않은 산행을 끝내면 어느새 선자령 정상이다. 맑은 날이면 어김없이 시원한 동해 바다가 눈앞에 펼쳐진다. 동쪽으로는 강릉, 남쪽으로는 발왕산, 서쪽으로는 계방산, 서북쪽으로 는 오대산이 파노라마처럼 펼쳐지는 풍경도 일품이다.

선자령을 둘러봤다면 눈으로 즐길 거리가 많은 대관령 양떼목장으로 발걸음을 옮겨보자. 이곳을 보기로 했다면 갈 길이 바빠도 느긋하게 마음을 먹는 것이 좋다. 해발 1,000m 구릉 지대에 있는 이 목장은 그야말로 하이디의 고향 같은 곳이다. 양을 닮은 듯 순한 풍경과 둥글둥글한 야산이 초록 들판처럼 펼쳐진다. 푸른 구릉 위를

용평리조트에서 곤돌라를 타면 도착하는 발왕산 정상.
산책로와 정원이 있어 촬영 포인트로 인기가 좋다.

구름처럼 떠다니는 양떼를 보면 '예쁘다'는 감탄사가 저절로 나올 정도. 양떼를 관리하기 위해 세운 하얀 울타리 길은 아름다운 사진을 얻을 수 있는 촬영 포인트다.

영화 〈화성으로 간 사나이〉 세트 앞과 목장 정상에서는 솜사탕처럼 초원 위를 누비 는 양떼와 대관령이 한눈에 들어온다. 그리고 산책로를 따라 걸으면서 깨닫게 되는 또 하나의 사실. 산책로 옆의 초원이 온통 들꽃 천국이다. 민들레, 쥐오줌풀, 범꼬리, 노루오줌 같은 꽃들이 지천으로 피어 있다.

대관령의 오리지널 금강송 삼림욕

대관령 인근에서 꼭 추천하고 싶은 곳이 바로 대관령 자연휴양림. 피서객들이 밀물처럼 바다로 밀려들지만, 이곳 휴양림은 비교적 한적하다. 한낮에도 더위를 피할 수 있는 계곡과 그늘이 많고 아름다운 금강송 숲길에서 삼림욕을 즐길 수도 있다. 대관령 인근의 숨겨진 여행지인 셈이다.

대관령 자연휴양림은 국내 최초의 자연휴양림이다. 그간 사람의 발길이 잦았지만 아직도 오지처럼 청정하다. 이곳의 금강송 솔숲은

발왕산 정상의 돌탑

높고 넓다. 해발 841m의 제왕산까지 펼쳐진다. 이 솔숲은 1998년 전국 최초의 자연휴양림으로 지정되면서 일반에 공개됐다. 2000년에는 '한국의 3대 아름다운 숲'으로 선정되기도 했다.

대관령 금강송의 매력을 가장 잘 느낄 수 있는 곳은 관리사무소에서 야영장으로 가는 언덕길에 있다. '소나무 숲으로의 여행'이라 이름 붙은 이 숲길은 1km 정도의 소나무 산책로다. 소나무 숲길을 걸으며 땅과 하늘의 충만한 기운을 품은 금강송의 빼어난 자태를 감상해보자.

고개를 들어 하늘을 올려다보면 마치 퍼즐처럼 하늘을 조각조각 채운 소나무의 모습에 감탄이 절로 난다. 소나무 사이사이 개불알꽃, 패랭이, 엉겅퀴 등의 야생화도 보인다. 휴양림에 예약하면 전문 숲 해설가가 동행하는 숲 체험 프로그램을 무료로 이용할 수도 있다. 약 2시간 정도의 트레킹은 물론 솔숲 산책로, 자생식물 정원 등을 돌아볼 수 있다.

오대산 월정사 입구의 전나무 숲길

근교 여행지

1 | 대관령 삼양목장

시간이 넉넉하다면 대관령 삼양목장에도 가보자. 해발 800∼1,400m 고원에 위치한 600만 평의 드넓은 초지목장이다. 끝이 보이지 않을 정도로 광활해 초지를 보는 것만으로도 눈이 행복하다. 조망 포인트는 소황병산 정상과 동해전망대. 탐방 포인트는 드라마 〈가을동화〉 등 각종 드라마와 영화 촬영지를 비롯한 야생화 군락지. 5월엔 얼레지가 지천이다.

☎ 033-336-0885 Ⓦ 입장료 5천원

2 | 방아다리 약수터

오대산 국립공원의 남쪽에 자리 잡은 방아다리 약수는 독특한 맛을 낸다. 철분, 라듐, 유산, 구론산 등의 성분으로 구성돼 위장병과 신경통 등에 효험이 있다고 전해진다. 약수도 유명하지만, 방아다리 약수터의 명물로 매표소에서 약수터까지 이르는 200m의 전나무 숲길도 빼놓을 수 없다. 드라마 〈천국의 계단〉 촬영지였던 이곳은 원시적인 느낌이 드는 숲길이다. 월정사 전나무 숲길에 비해 덜 알려져 있어 한적한 산책을 즐기기에 좋고, 5월의 숲을 적시는 나무 냄새에 취하기도 좋다.

3 | 월정사

월정사에서는 전나무 숲길 트레킹과 경내 문화재 답사, 부도밭 관람이 필수 코스다. 월정사 앞 매표소에서 전나무 숲길과 월정사를 지나 부도밭까지는 2km 정도 거리 천천히 걸어 들어갔다 나오는 데 2시간 정도 걸린다.

시간이 넉넉하다면 월정사에 간 김에 상원사와 적멸보궁 트레킹까지 곁들여보자. 금상첨화다. 상원사는 우리나라 최고의 범종(국보 제36호)으로 유명한 절집. 절 가까이까지 차량 운행이 가능하다. 상원사에서 도보로 40여 분 거리에 있는 적멸보궁은 부처의 정골사리가 봉안된 곳으로 유명하다.

가는 법

영동고속도로 횡계IC를 빠져나오면 곧바로 횡계. 횡계에서 2km 정도 들어가면 용평리조트. 용평리조트에서 나와 대관령 방면으로 가면 대관령 양떼목장이 나온다. 양떼목장에서 대관령 옛길을 따라 내려가다 어흘리에서 우회전하면 대관령 자연휴양림.

근처 맛집

황태덕장

용평리조트 진입로인 횡계에 자리한 황태 요리 전문점으로 횡계를 찾은 사람이라면 한 번쯤 가볼 만한 맛집이다. 황태구이, 해장국, 황태국 등 황태 요리가 유명하다. 여름에도 입맛 당기게 하는 황태 요리를 먹으면 보양식이 따로 필요 없다. 이 집은 횡계 일대에서 나는 황태를 재료로 써서 기름기가 없고 담백한 맛이 일품이다.

☎ 033-335-5942 🍴 황태구이정식 1만 2천원. 황태국 7천원

숙박 팁

대관령 자연휴양림

대관령 동쪽 중턱 고지대에 자리 잡은 대관령 자연휴양림. 넓은 야영장과 폭포를 비롯해 깨끗한 계곡까지 끼고 있으니 이보다 좋은 피서지가 따로 없다. 휴양림 내에 취사도구가 마련돼 있어 가족 단위 여행객에게 적격이다. 하지만 예약을 서둘러야 숙박동 이용이 가능하다. 숙박동을 예약하지 못했다면 야영장을 이용하는 것도 좋다. 대관령 옛길에서 강릉 쪽으로 가다 어흘리에서 마을길로 진입하면 된다.

✉ 강원도 강릉시 성산면 삼포암길 133

☎ 033-641-9990

한눈에 반한 강원도의 강마을 풍경

영월 동강

동강을 감상할 때는 시간을 잊어버리자. 수만 년 동안 흘러온 강의 절경은 자연이 선사한 최대의 선물이라 해도 지나친 과장은 아닐 것이다. 동강은 뱀의 형상으로 흐르는 대표적인 강이다. 산과 강이 깊은 속살을 섞는 특이한 지형 구조를 가지고 있다. 물살이 꺾이는 지역마다 아름다운 뻥대와 자갈밭, 모래밭을 이루고 있는 것이 동강의 특징이다.

TRAVEL COURSE

1일 중앙고속도로 제천IC – 영월읍 – 예미 – 고성리 – 점심식사(닭볶음탕) – 운치리 –
가수리 – 광하교 – 저녁식사(매운탕) – 가리왕산 휴양림 혹은 둥글바위펜션 숙박

2일 아침식사(곤드레나물밥) – 영월역 – 둥글바위 유원지 – 섭새나루 – 어라연 –
동강래프팅 – 영월 장릉 – 점심식사(보리밥) – 중앙고속도로 제천IC

Address　강원도 영월군 영월읍 거운리 어라연 & 강원도 정선군 광하면 거운리
Tel　동강관리사업소 033-375-5377
Web　ywtour.com
Price　교통비 8만원, 식비 7만원, 숙박비 5만원, 여비 3만원(1인, 1박2일 기준)

동강의 한쪽은 강변을 이루고 다른 한쪽은 뼝대가 우뚝 서 있다. '뼝대'란 바위로 이뤄진 높고 큰 낭떠러지를 가리키는 강원도 방언이다. 층층이 결을 드러낸 뼝대의 표정을 자세히 관찰해 보는 것도 동강 여행의 요령이다. 동강을 하루에 다 돌아보기는 힘들다. 장장 51km에 달하는 물줄기를 따라 길이 계속 이어지지 않기 때문이다. 동강의 강줄기에 서면 감탄사를 연발하면서 신비감마저 느끼게 된다. 동강에 대한 무수한 찬사가 과장된 게 아니었다는 생각을 정리하고 나니 동강이 바로 보이기 시작한다.

동강은 영월 동강으로 접근하기가 쉽지만 동강 상류는 정선 광하교 쪽에서 접근하는 것이 쉽다. 정선 읍내에서 남서쪽 평창으로 뻗은 42번 국도를 따라 고개를 넘은 뒤 가리왕산 갈림길이 난 삼거리에서 크게 왼쪽으로 한 굽이를 돈다. 이내 '광하교'라는 교량이 저 아래로 보인다. 이 교량에 도착하기 직전의 삼거리에서 오른쪽으로 갈라져 나간 길이 동강변이다.

광하교를 지나자마자 도로는 콘크리트 포장도로로 변한다. 왼쪽 옆에는 무시무시한 수문장처럼 수직으로 선 수십 길 벼랑이 있다. 광하리 물굽이를 지나면 굴암리부터는 오토캠핑을 할 수 있는 곳이 연속해서 나타난다. 굴암리 마을 앞에 있는 나팔산은 낮지만 서쪽

고성산성에서 바라본 동강 풍경

사면으로 뻗대를 길게 드리운 자태가 아름답다. 귤암리에 들어서면 너무도 평화롭다. 나도 모르게 평화를 깨뜨리지 않아야 한다는 주문을 중얼거리며 저절로 조심하게 된다.

귤암리를 지나면 펼쳐지는 뻗대와 마주하고 차를 느리게 달린다. 동강의 물소리에 취하려 여유도 부려본다. 그러나 여유는 금세 사라진다. 맞은편에서 경운기가 달려오기 때문. 가수리에서 고성리 구간은 길이 좁다. 반드시 안전도 염두에 두고 운전해야 한다.

이 구간은 차를 타고 드라이브를 즐길 수도 있지만, 드라이브보다는 트레킹을 권하고 싶다. 특히 가수리에는 700년이 넘은 느티나무가 동강을 지키고 서 있다. 이곳에서 바라보는 청옥색 물빛은 마음속에 쌓인 복잡한 속세의 때까지 씻어내며 흐른다. 가수리 부근에는 낚시에 빠져 있는 낚시꾼들이 많다. 동강에는 쏘가리, 꺽지, 어름치, 쉬리 등 1급수에만 사는 물고기들이 수시로 입질하기 때문이다.

이 길을 따라 경치를 감상하며 내려가다 보면 신동읍 운치리에 이른다. 이곳에서 강줄기와 작별하고 고성리로 들어서면, 아담한 고성분교 뒤쪽으로 그성산성이 동강을 굽어보고 있는 전망 포인트와 만나게 된다. 고성산성을 오르려면 고성분교 바로 옆으로 난 산길로 가자. 안내표지판과 함께 무너진 성곽이 마중을 나온다.

고성산성에서 굽어보는 동강의 절경은 입을 다물지 못할 정도로 감탄사를 자아낸다. 사람들의 발길이 닿을 수 없는 무당소, 소사나루, 연포마을 등이 뱀의 허리에 감춰진 듯 살짝살짝 드러난다. 또 성곽을 비끼며 다가오는 산바람에 여유를 부려보는 맛도 있다.

이 구간은 왔던 길과 반대로 영월-신동읍에서 동강 변으로 넘어갈 수도 있다. 어곳 신동읍 소재지에서 동강 변의 운치리로 넘어가는 길목에는 표지판이 없고 입구도 좁다. 영월에서 태백 방면으로 38번 국도를 타고 달리다가 예미삼거리에서 태백 방향으로 좌회전해 300m 가량 가면 고성 리버관광 입간판과 함께 고성리로 들어서는 도로가 나온다.

정선-고성 간 드라이브를 하고 고성 리버관광에서 1박하며 하류부의 거운교까지 래프팅을 하면 동강을 남김없이 보는 것이다. 이 구간은 드라이브나 트레킹을 선택하면 하루 정도가 적당하고, 고성 리버관광을 통해 래프팅을 즐기려면 1박2일 정도가 좋다.

동강 최고의 촬영 포인트
정선읍 뒤편 언덕배기에 있는 조양산 전망대는 동강 최고의 촬영 포인트이자 전망대다. 오메가(Ω) 모양으로 동강이 흘러가는 풍경도 압권이고, 강원도 오지 중의 오지로 손꼽히는 동강을 가장 멋있게 찍을 수 있는 공간이기도 하다. 정선군에서도 인정한 동강 최고의 비경을 만날 수 있다.

이 구간에는 식당이나 민박이 많지 않기 때문에 간단한 음식을 준비해야 한다. 식당이 한두 군데뿐이고 가을이면 영업을 하지 않기도 하니 반드시 간단히 끓여 먹을 수 있도록 도구와 음식을 준비해 가는 것을 잊지 말자.

비단강을 옆에 끼고 강마을의 운치를 즐긴다, 어라연−거운교

동강의 절경 중 입을 모을 정도로 압권인 곳은 어라연. 정선을 가로질러 연포를 에돌아 문산나루를 거쳐 흘러온 동강은 어라연에서 다시 한번 비경을 연출한다. 동강은 절경을 실어 나르는 장중한 흐름을 영월에 맡긴다. 동강이 아름다운 것은 비단 뻥대와 자갈밭만이 아니다. 어라연의 물빛을 보라. 풍덩 빠져들고픈 물빛이다. 동강은 그 물빛 하나만으로도 우리나라 최고다.

이러한 찬사를 몸소 체험하려고 그 비경을 찾아가는 래프팅 보트에 올랐다. 찾은 곳은 정선군 신동읍 운치리의 래프팅클럽 '고성 리버관광'. 래프팅 일행을 태운 마이크로버스는 1시간 반을 달려 동강의 진탄나루에 도착했다. 자갈톱으로 뒤덮인 강변이다.

목적지는 동강 하류의 섭새나루(영월군 거운리)로, 거리는 30㎞(3시간 소요). 보트에서 바라보는 동강 주변은 굽이굽이마다 시선을 잡아당기는 절벽과 물빛으로 아름답다. 굽이마다 한편에는 자갈톱, 다른 한편에는 1백 수십m 높이의 뻥대가 나타난다. 래프팅의 묘미는 물 흐름이 빠른 여울을 통과할 때. 물이 모아지는 여울과 협곡이 심심찮게 이어져 래프팅이 마냥 즐겁기만 하다.

래프팅을 즐기면서 유의해야 할 점이 있다. 나룻배를 도강하기 위해 강을 가로질러 놓은 와이어줄. 보트가 이 줄에 걸릴 경우 전복되고 만다. 그래서 물길이나 쇠줄 위치를 잘 아는 이 지역의 래프팅클럽을 찾는 것이 좋다. 가끔 강 건너 구릉 위로 농가 몇 채가 나타난다. 밭에서 소를 몰고 쟁기질하는 농부의 모습도 눈에 띈다.

이 구간은 주말이면 노랗고 빨간 수십 척의 래프팅용 고무보트들로 강물 위에 수가 놓인다는 곳. 길이 없어 사람의 발길이 닿지 않는 강변 자갈톱에는 트레킹하는 사람들의 모습이 간간이 보인다.

평화로움에 떠밀려 문산나루를 지나쳤다. 어라연 상류 지점인 모래톱 아래 두꺼비 형상의 일명 '두꺼비 바위'가 기다리고 있다. 두꺼비

바위는 강물의 수위가 높아지면 물위에 떠 있는 모습이 되기도 하고, 물이 빠지면 웅크리고 있는 모습으로 보인다. 두꺼비 바위를 지난 뒤로는 동강 최고의 절경인 어라연의 상선암, 중선암, 하선암이 줄줄이 손님들을 반긴다. 래프팅 보트 여기저기에서는 탄성이 터져 나온다.

그 사이, 짓궂은 친구들은 동료들을 물속에 내던진다. 물속에 떨어진 사람의 표정이 경색되었다가 이내 웃으며 살려달라고 익살스럽게 아우성친다. 모두들 폭소를 터트리고 만다. 장난이 끝나자 강이 좁아지고 바위가 관문처럼 솟아 있는 된꼬까리 여울을 대비해 가이드가 기합을 넣는다. 좌현·우현 노젓기 연습이 한바탕 끝나고 나자 보트는 어라연의 중심부로 내려간다.

어라연의 절경 못지않은 재미는 세 시간쯤 물결을 따라 내려가며 가이드로부터 동강에 얽힌 얘기를 듣는 것. 옛날 정선의 나무꾼들이 뗏목을 엮어 띄우면 동강을 거쳐 한양 마포나루까지 흘러갔다. 그렇게 나무를 파는 철이면 한꺼번에 큰돈을 거머쥐게 되는데, 여기서 '떼돈'이라는 말이 나왔다고 한다. 동강 이야기는 강바람에 젖어 어느새 햇살처럼 반짝인다.

절경에 취해 주춤했던 노젓기가 된꼬까리 여울을 만나자 영차영

동강래프팅 즐기기

래프팅이 시작되는 진탄나루에서 문산나루 구간은 자동차 진입이 불가능하다. 이 구간을 제대로 보려면 래프팅이 제격. 동강의 래프팅은 이미 전국에서도 알아주는 명소다. 진탄나루에서 시작해 문산나루–어라연–섭새나루로 이어지는 구간에선 동강의 절경을 고스란히 감상할 수 있다. 래프팅을 할 때는 나룻배가 도강하기 위해 연결해 놓은 철선을 조심해야 한다.

차 기합을 외치며 힘차게 넘어간다. 된꼬까리 여울을 지나 산구비를 돌아서니 강폭이 넓어진다. 호수 같은 강에 떠 있다 보니 어느새 거운교가 눈에 들어온다. 래프팅의 종착지인 섭새나루에 도착하자 배에서 내린 사람들은 저마다 강가 돌무더기 위에 털썩 주저앉는다. 장장 3시간이 넘는 래프팅이 힘든 모양이다. 섭새나루에 도착하면 래프팅 업체가 차량을 대기시켰다가 행선지까지 데려다준다.

동강의 핵심 비경을 제대로 보려면 래프팅을 이용하는 것이 가장 좋은 방법이다. 여건이 맞지 않는다면 영월 거운리에서 어라연까지 트레킹을 하는 것도 좋다. 거운리에서 어라연은 4km쯤 거리로 왕복 4시간 정도 소요된다. 차가 들어갈 수 있기는 하지만 길이 험해 4륜구동만 가능하다. 어라연에서 길이 끊기기 때문에 다시 되돌아 나와야 한다.

영월에서 어라연에 들어갈 때나 나올 때 동강의 최하류 지역인 둥글바위에 들러보자. 둥글바위 인근에는 새로 지은 민박집과 카페들이 예쁘게 자리하고 있다. 이곳은 깨끗한 시설을 갖추고 있어 강폭을 넓히며 흐르는 동강을 편안하게 감상하기에 그만이다.

근교 여행지

1 | 문희마을 트레킹

진탄나루에서 1시간 정도 걸어가면 문희마을이 나온다. 길이 좁고 자갈길이라 승용차는 진입하기 어렵지만 4륜구동은 가능하다. 주변 풍광에 취하다 보면 해가 지는 줄도 모른다. 문희마을 인근에는 우문제씨 민박집과 두륜산방 두 곳이 좋다. 강이 훤히 내려다보이고 새벽안개가 거슬러 오르는 장관을 보려면 예약을 해야 한다.

2 | 백운산 전망대

문희마을 쪽에서 오르는 백운산 등산로가 안전하다. 동강의 핵심부인 진탄-문산, 군산-어라연 구간이 한눈에 들어온다. 문희마을 강변에 앉아 무당소 일대를 바라보면 기암 절경에 취한다. 문희마을 인근은 아직도 오지마을로 유명하다. 사람의 발길이 적어 생태기행 최적의 코스다.

가는 법

중앙고속도로 제천IC-38번 국도-영월역-둥글바위 유원지-거운리-섭새나루-어라연.
가장 많은 사람들이 옻월에서 들어가는 길을 이용하고 있다. 동강의 절경 거운리에 있는 어라연을 보기 위해서다. 문산리에서 시작되는 단기 코스 래프팅을 즐길 수 있다. 어라연까지는 2시간 정도 걸으면 도착할 수 있다.

근처 맛집

1 | 동강나룻터식당

둥글바위 바로 위에 위치한 이 곳은 세련된 빨간색 건물로 카페와 민박을 함께 운영하고 있다. 물빛 고운 둥글바위 여울을 굽어보며 식사를 할 수 있으며 래프팅 예약도 가능하다.

- ✉ 강원도 영월군 영월읍 거운리 둥글바위 유원지
- ☎ 033-374-5880
- 🍴 냉면 5천원, 백반 5천원, 커피 및 음료 3천원
- ₩ 숙박료 3만원

2 | 상구가든

운치리에 있는 상구가든은 동강에서 잡은 잡어(꺽지, 메기, 모래무지 등)를 잔뜩 넣어 얼큰하게 끓인 잡어매운탕으로 유명하다. 또 집에서 기른 토종닭으로 지글지글 볶아낸 닭볶음탕도 별미다.

- ✉ 강원도 영월군 신동읍 운치리
- ☎ 033-378-3738 🍴 민물매운탕 3만원, 닭도리탕 3만원, 감자전 5천원, 도토리묵 5천원, 동동주 5천원(1되)

숙박 팁

숙박이나 래프팅을 할 경우 미리 전화를 해서 예약과 길을 확인하는 것이 좋다. 편안한 잠자리를 원한다면 정선의 가리왕산 자연휴양림이나 영월읍내 여관을 이용해야 한다.

1 | 가리왕산 자연휴양림

동강 상류에서 지내는 여행을 계획했다면 이용하기 좋은 고급형 통나무집. 정선 아우라지강의 정취와 9km에 달하는 삼림욕장, 여름에도 찬바람이 나온다는 거대한 얼음동굴을 즐길 수 있다. 통나무집 단독형과 복합산막이 25개 정도 있다.

- ☎ 033-562-5833
- ₩ 숙박료 3~6만원(6~7평)

2 | 영월읍내 여관

로얄파크장 ☎ 033-374-8101
그랜드파크장 ☎ 033-373-6110
동아파크장 ☎ 033-373-4248

눈과 귀가 즐거워진다!

이색 아트여행

문턱 낮춘 양평의 갤러리로 가을 나들이

양평 갤러리 기행

가까운 곳에서 호젓한 강변 드라이브를 즐길 수 있어 사시사철 사랑받고 있는 양평. 양평은 난립하는 모텔들을 서서히 걷어내고 개성 넘치는 갤러리들을 속속 들이며 대안 문화 공간으로 거듭나고 있다. 맑은 자연을 온몸으로 느끼고 깊이 있는 문화를 향유할 수 있는 곳, 양평으로 떠나보자.

TRAVEL COURSE

1일 능내마을 – 양수리 – 두물머리 – 세미원 – 갤러리 서종 –
잔아문학관 – 마나스아트센터 – 갤러리 와

Address	경기 양평군 양서면 양수1리 두물머리
Tel	양평문화관광 031-773-5101
Web	tour.yp21.net
Price	입장료 갤러리마다 다름

양평은 용문산을 중심으로 펼쳐지는 수려한 산세와 남한강과 북한강이 어우러지는 시원한 전경이 압권인 곳이다. 어느 한 곳을 고를 필요 없이 길 전체가 절경 포인트라고 할 만하다. 드라이브는 깨끗한 양평의 자연을 온몸으로 깊이 호흡하기에 가장 이상적인 방법이라 할 수 있다. 귓가에 스치는 바람소리를 들으며 맑은 공기를 호흡하다 보면 절로 콧노래가 나온다.

서울을 벗어나 팔당댐과 여러 개의 터널을 지나면 먼저 양평 일대의 물길이 가장 잘 보이는 '천주교 성당 묘지'에 갈 수 있다. 길가에 보이는 이정표를 따라 언덕으로 좌회전해서 묘지를 가로지르는 가파른 길을 약 10분 동안 힘겹게 오른다. 그러다 차를 잠시 세우고 뒤를 돌아보면 바로 앞에 시원하게 쭉 뻗어 나간 양수대교와 남한강이 보이고, 반대편으로 북한강과 팔당호까지 내려다보인다. 조용한 곳을 찾는 연인들과 멋진 풍경을 담으려는 사진가들이 즐겨 다녀가는 곳이기도 하다.

언덕을 내려와 양수대교를 건너면 곧바로 두물머리 나루터와 양수리 유원지로 이어진다. 두물머리는 안개 낀 풍경으로 유명한데 특히 이른 아침이 그 아름다움을 제대로 감상할 수 있는 적기. 오래된 느티나무가 서 있는 호젓한 강변 풍경을 더욱 부드럽게 누그러뜨리는 안개 위로 붉은 햇빛이 조용히 희석되는 일출 장면은 마치 기품 있는 한 점의 유화를 보는 듯하다.

포근한 숲에 묻혀 즐기는 삼림욕

45번 국도와 마주보고 있는 391번 지방도는 양수리에서 서종면으로 이어지는 북한강의 대표 드라이브 도로다. 이 길은 양평군 쪽에서 북한강을 바로 옆에 끼고 달리게 되는데, 강이 보이는 시야가 좋아 북한강의 멋을 가장 잘 만끽할 수 있는 도로로 손꼽힌다. 서종면 주변에 있는 갤러리에 잠시 들러 북한강의 정취와 함께 예술의 향기를 맛보는 것도 추천할 만하다.

시원한 강바람을 실컷 만끽했다면 이제는 삼림욕을 즐길 차례다. 서종면에서 우회전해 352번 지방도로 접어들어 구불구불한 산길을 오르내리다 보면 중미산 자연휴양림에 다다르게 된다. 산림청이 직접 관리하는 빽빽한 침엽수림이 짙은 숲을 이루고 북쪽에 중미산,

잔아문학관
다양한 소설과 시집 초판본.
희귀본은 물론 세계의 대문호
를 테라코타 작품으로 만날
수 있는 곳이다. 한국 문학관
과 세계 문학관으로 나뉘어 있
으며, 작가들의 그림과 사진도
같이 전시돼 있다. 입장료는
어른 2천원. 청소년 1천 5백원.
어린이 1천원(문의 031-771-
8577).

동쪽에 소구산 줄기가 병풍처럼 에워싸고 있는 포근한 휴식처다. 아름다운 자연 환경을 배경으로 숲속교실과 자연관찰로가 조성돼 있어 자연 체험 활동을 할 수 있으며, 6.5km 길이의 등산로와 1.3km의 산책로에서 가벼운 운동을 하기에도 안성맞춤이다. 소나무 숲에 숨어 있는 보기에도 정감 넘치는 독립된 15채의 통나무집은 알 만한 사람들은 다 안다는 인기 숙소다. 이용자가 많은 7~8월에는 추첨을 통해 예약자를 배정할 정도. 위성 TV와 전기밥솥, 취사도구 등의 깔끔한 시설들이 웬만한 고급 펜션보다 낫다는 평이다. 바로 인근에 서울 근교에서 가장 많은 별을 볼 수 있다는 중미산 천문대가 위치해 있으므로 시간이 허락한다면 꼭 들러보도록.

문턱 낮춘 친근한 갤러리에서 놀기

중미산 자연휴양림에서 남쪽으로 산길을 내려와 다시 남한강으로 합류한다. 남한강을 사이에 두고 마주보는 6번 국도와 337번 지방도는 남한강의 풍경을 즐길 수 있는 드라이브 도로. 특히 양근대교를 건너 337번 도로를 이용하면 전수리 부근에 자리한 수많은 갤러리들을 만날 수 있다. 경치 좋은 곳마다 강을 바라보고 있는 개성 있는 외관과 차별화된 테마를 자랑하는 갤러리들이 죽 늘어서 있으므로 마음에 드는 곳을 골라서 들어가보자. 대부분의 갤러리들은 전망 좋은 카페를 함께 운영하고 있으며 따뜻한 차 한 잔을 무료로 대접하기도 하므로 쉬어가듯 부담 없이 들르기에 좋다.

가는 법

올림픽대로를 따라가면 미사리가 나온다. 미사리에서 고가도로로 진입해 양평 방향 6번 국도를 타고 직진하면 양평읍 양근대교 사거리가 나오는데 여기서 우회전하면 갤러리와 맛집이 줄지어 있다.

근처 맛집

1 | 평양초계탕

고려시대 때부터 전해 내려오는 평양의 궁중음식으로 귀한 대접을 받았던 초계탕. 새콤달콤한 육수와 시원한 식초, 겨자향이 입맛을 당기는 음식이다. 유리 그릇에 가득 담겨 나오는 초계탕을 비롯해 담백한 게밀전, 매콤한 닭무침. 기름기와 비린내가 쏙 빠진 훈제닭, 감칠맛 있는 막국수와 비빔국수까지 한상 가득하게 차려진다. 더구나 닭고기를 제외한 모든 음식을 원하는 만큼 리필할 수 있다.

- 경기도 양평군 강하면 강남로 309
- 031-772-8229
- 초계탕 3만 4천원(2인) 4만 8천원(3인), 막국수 7천원

2 | 기와집순두부

근사한 기와집의 모습을 하고 있지만 이곳의 메뉴는 한국의 대표 서민 음식인 순두부. 입구에 들어서면 열심히 주걱을 저으며 재래식으로 두부를 만들고 있는 모습을 볼 수 있다. 매일 강원도에서 가져온 국산 콩을 이용해 전통 방식으로 빚어내고 있는 이곳의 순두부는 물 외에 아무런 첨가물도 넣지 않아 순수하고 담백한 맛이 일품이다. 찾아오는 손님들에게 무료로 비지를 나눠주는 것도 이곳의 매력.

- 경기도 남양주시 조안면 북한강로 133 기와집순두부
- 031-576-9009
- 순두부백반 7천원. 재래식 생두부 9천원

놀며 쉬며 아트갤러리 구경하기

감각있는 사진 전문 갤러리, 갤러리 와(瓦)

'갤러리 와'는 ㄷ자 구조의 전통 가옥을 본떠 한국의 고전미와 깔끔한 모던 양식이 조화를 이루도록 만들었다. 2005년 10월 국내에서 유일하게 사진작품만을 전시하는 사진 전문 갤러리로 문을 연 와는 디지털카메라의 보급으로 일상이 되어 버린 사진의 예술적 측면을 부각시켜 '생활 속의 사진예술'을 조명한다는 기조로 만들어졌다. 그중에서도 주목하고 있는 관심 분야는 다큐멘터리 사진. 연중 기획전의 60% 정도가 다큐멘터리 사진전이다. 향기로운 커피를 마시며 2층 카페에서 즐기는 남한강의 풍취는 와가 선사하는 보너스.

⊛ 경기도 양평군 강하면 전수샛골2길 3 갤러리와
☽ 031-771-5454
@ www.gallerywa.co.kr
₩ 2천원

이색적인 고급복합문화공간, 닥터박갤러리

내과 의사이자 미술품 컬렉터인 박호길 원장이 자신의 사재를 털어 강변에 갤러리를 짓고 수집한 예술품을 한데 모아 놓았다. 눈길을 끄는 닥터박갤러리의 외관은 부식한 철로 만들어 자연미를 강조했다. 남한강의 풍경을 마음껏 즐기도록 배려한 야외의 쉼터도 관람객의 사랑을 받고 있다. 박 원장의 소장품을 비롯해 한 달 단위로 바뀌는 다양한 주제의 예술품들을 감상할 수 있으며, 눈으로 보는 예술품뿐만 아니라 귀로 듣는 예술도 이곳에서 접할 수 있다. 1층에 있는 시청각실에서는 클래식 공연 실황 DVD를 수시로 상영하고 있으며 두 달에 한 번 정도 정기 클래식 음악회를 열어 갤러리를 찾는 사람들을 기쁘게 한다.

⊛ 경기도 양평군 강하면 강남로 469
☽ 031-775-5600~1
@ www.drparkart.com
₩ 어른 1만원, 어린이 6천원 (음료 포함)

영혼을 살찌우는 공간, 마나스 아트센터

    산스크리트어도 '마음' 또는 '영혼'의 뜻을 갖고 있는 '마나스(Manas)'라는 이름처럼 예술품을 통해 인간의 영혼을 자유롭고 풍요롭게 하는 열린 공간으로 운영되고 있다. 마나스에서 만날 수 있는 작품들은 대부분 조각품을 비롯한 입체 미술품. 본관·신관·공예관·쇼나관·야외정원·옥외정원으로 나뉜 다양한 공간에서 예술의 풍취에 흠뻑 젖을 수 있다. 특히 건물 옥상에 전시하고 있는 짐바브웨의 쇼나 조각품들이 볼거리다. 쇼나 미술에 관심이 많은 마나스 아트센터에서는 짐바브웨 현지에서 미술품 공모전을 거쳐 신인작가 발굴에 힘쓰기도 한다고.

✉ 경기도 양평군 강상면 강남로 734
☎ 031-774-5121
@ www.manas.co.kr
₩ 무료

자연과의 아름다운 조화, 갤러리 서종

    중미산과 문호천을 등에 진 풍부한 주변 환경과 조화를 이루는 현대식 건물에 전시실과 넓은 야외공간이 함께 있는 복합문화공간이다. 자연에 거부감 없이 섞여 드는 담쟁이덩굴이 휘감긴 회색 건물은 이미 다수의 건축 잡지에 소개될 만큼 아름다움을 인정받고 있다. 1998년 6월에 개관한 갤러리 서종의 1층은 기획전과 초대전을 중심으로 하고 있으며 2층은 상설 전시장으로 이용되고 있다. 큐레이터 박연주 씨, 〈월간 미술〉 편집장 이달희 씨가 함께 운영하는 갤러리인 만큼 높은 안목으로 걸러낸 서종의 알찬 기획전은 작품 구색부터 남다른 것으로 알려져 있다.

✉ 경기도 양평군 서종면 중미산로 47
☎ 031-774-5530
@ www.seojongart.com
₩ 7천원 (음료 포함)

찬 란 한 백 제 문 화 를 찾 아 가 는 비 단 강 길 여 행

공주 걷기여행

1,400여 년 전 백제의 고도로 시간여행을 떠나기 위해 공주를 찾았다. 지금도 유유히 흐르는 금강을 따라 꽃피운 백제문화의 흔적들이 발길 닿는 곳마다 옛 이야기 속으로 이방인을 초대한다. 금강을 따라 전개됐던 웅진시대의 화려한 백제문화가 충남 공주에 살아 숨 쉬고 있다. 공주의 무령왕릉과 공산성, 공주 한옥마을까지 공주 시내를 걸으며 백제문화의 매력에 푹 빠져본다.

TRAVEL COURSE

1일 천안 · 논산간고속도로 정안IC – 공주시내 – 공산성 – 금강교 – 고마나루 –
고마나루 유원지 – 국립공주박물관 – 공주 산성시장

Address 충청남도 공주시 웅진로 280 (산성동 · 금성동 · 옥룡동 일대)
Tel 관광안내소 041-856-7700, 840-2266
Web tour.gongju.go.kr
Price 교통비 7만원, 식비 2만원, 여비 3만원(2인, 당일 기준)

백제 문주왕(475년) 때 서울 한성에서 웅진(공주의 옛 이름)으로 천도한 후 약 64년 간 백제의 정치문화 중심지였던 공주는 도시 전체가 살아 있는 '백제 박물관'이다. 그중에서도 가장 대표적인 유적으로 꼽히는 공산성을 시작으로 뚜벅이처럼 천천히 걸으며 백제문화 도보여행을 시작해본다.

공주에 들어서면서 제일 먼저 만나는 곳이 공산성이다. 백제가 475년에 한산성으로부터 이곳으로 도읍을 옮겨 삼근왕, 동성왕, 무령왕을 거쳐 성왕 16년(538년)에 다시 부여로 도읍을 옮길 때까지 5대 64년 간 왕도를 지킨 백제의 대표적인 고대 성곽이다. 공산성은 해발 110m의 능선에 위치하는 천연의 요새로서 동서로 약 800m, 남북으로 약 400m 정도의 장방형을 이루고 있다. 오랜 세월 역사의 더께가 내려앉아 있으면서도 정겹고 수려한 자연을 그대로 간직하고 있는 공산성에서 금강을 바라보며 한가롭게 산책을 즐겨보자. 성벽 위 산책로를 따라 걷노라면 그 옛날 백제인들이 누

렸을 풍요로움과 유유자적함이 그대로 전해져 온다. 산성 안에는 왕
궁지, 연못 2개소, 연은사, 쌍수정, 진남루 등 많은 문화 유물이 있
어 공주의 역사와 문화, 그리고 백제인들의 생활상을 느낄 수 있다.
　고구려의 남침으로부터 웅진을 지키기 위해 금강 변에 세워진 공
산성은 금강이 한눈에 내려다보이는 높다란 언덕 위에 자리하고 있
다. 성문인 금서루 밑을 통과해 산성 안으로 들어가면 백제왕궁지
로 추정되는 터와 진남루, 이괄의 난 때 인조가 몸을 피했던 쌍수
정, 동문루 등을 차례로 만날 수 있다. 전체 길이는 약 2.5km이며
매년 4월~10월(혹서기 제외)에 매주 주말 오전 11시~오후 5시까지
웅진성 수문병 고대식이 열린다. 공산성 위로 올라가면 백제 전통
복장을 입고 사진촬영을 할 수 있는 포토존은 물론 활쏘기 체험장,
전통문양 체험장 등이 운영되고 있다.

금강 변에 자리 잡은 백제왕릉과 국립공주박물관

다음 볼거리는 무령왕릉이 발견된 송산
리고분군으로 공산성에서 작은 언덕 너머
에 위치한다. 백제 25대 무령왕과 왕비가 모
셔진 송산리고분군은 공주가 웅진백제기의
중요한 수도였음을 실감하게 해 주는 귀중
한 유적지다. 송산 남쪽 자락 경사면 동북쪽
에 4기, 서쪽에 4기의 고분과 무령왕릉이 자
리하고 있는데 보존을 위해 왕릉 출입이 금
지돼 있어 아쉽게도 일반인은 내부를 구경
할 수 없다. 1~5호분은 굴식 돌방무덤(횡혈
식 석실분)이며 6호분은 벽화가 그려져 있어
'송산리 벽화고분'이라고 불린다. 청룡, 백
호, 주작, 현무의 사신도와 해, 달, 구름 등
을 이 벽화에서 찾아볼 수 있다. 모두 둘러
보려면 총 30~40분 정도가 걸린다.
　그렇다면 무령왕릉에서 출토된 보물들은
어디에서 만나볼 수 있을까? 바로 국립공주
박물관이다. 박물관이라고 하면 학생들이나

가는 곳으로 생각할지 모르지만, 백제의 숨결을 느낄 수 있는 대표적 관광지로서 꼭 한 번 들러볼 만하다. 이곳에서는 무령왕릉에서 출토된 108종 2,906점을 비롯해 대전·충남지역에서 출토된 국보 19점, 보물 3점 등 문화재 10,000여 점을 보관·관리하고 있다. 또한 무덤을 지키는 수호신인 석수와 묘지석, 왕과 왕비의 목관재를 비롯해 관장식 부속구, 금제관식, 팔찌, 귀걸이 등의 장신구와 백제와 중국남조 사이의 교류를 살필 수 있는 청동거울, 중국도자기 등의 유물들을 통해 무령왕 시기 백제 문화의 국제적 성격과 화려함을 엿볼 수 있다. 정원에는 공주 일원에서 출토된 많은 석조 유물이 전시돼 있다.

공주박물관 입구에는 공주한옥마을이 조성돼 있다. 공주한옥마을은 공주의 전통음식을 먹을 수 있는 식당가는 물론 한옥체험을 할 수 있는 홈스테이 프로그램도 운영하고 있다. 또한 공주한옥마을 내에 웅진오토캠핑장이 조성돼 있는데, 캐러밴이나 캠핑카를 이용하는 오토캠핑족에게 인기가 좋다. 공주한옥마을 주차장 안쪽에 캠핑장이 있고 화장실, 샤워장, 식수대 등의 편의시설도 갖춰져 있다. 한옥마을의 부대시설을 함께 이용할 수 있다는 장점도 있다.

옛사람들의 숨결이 그대로 깃든 문화유적, 박물관, 사찰, 휴양시설, 문화축제 등 다양한 관광매력이 조화롭게 어우러진 공주에서 고

대 백제문화에 충분히 빠져봤다면 내친김에 구석기시대까지 거슬러 올라가보자. 금강 변에 자리한 석장리박물관은 한국 최초의 선사시대 박물관으로, 금강 변의 석장리에서 발굴된 선사시대의 유물과 유적을 전시하고 있다. 단군시대보다 훨씬 앞서는 구석기시대부터 한반도에 사람이 살아왔다는 사실을 일깨워 주는 중요한 유적들이 있다. 전시실은 자연, 인류, 생활, 문화 등의 테마로 꾸며져 있으며 야외에는 선사시대의 움집들이 복원돼 있다.

생태하천과 유원지로 거듭난 공주보와 고마나루 유원지

공주박물관에서 백제큰길로 나오면 고마나루가 나오고 고마나루 바로 옆에 공주보가 들어서 있다. 공주보 주변은 원래 하천 나대지였지만 생태하천이 조성되면서 편의시설과 자전거길, 잔디공원, 캠핑장까지 갖춘 금강 변 최고의 공원으로 거듭났다.

금강은 발원부터 바다에 이르기까지 약 400km의 긴 여정을 가진다. 소백산맥 깊은 산골 '뜬봉샘'에서 샘솟는 물이 금강의 시작. 골짜기 따라 흘러내려 대전 거치고 충북을 지나 충남과 전북 사이에 경계를 형성, 마침내 바다와 만난다. 금강은 흐르는 곳에 따라 이름도 가지각색이다. 부여군에서는 '백마강', 웅진군에서는 '곰강', 지류와

합쳐져 넓은 강이 되면 호수 같은 강이라고 해서 '호강'이라고도 부른단다. 이 긴 물길이 봄을 타는지 기지개 켜는 소리가 요란하다. 가까운 진원지를 찾아보니 고마나루라는 곳이다. 고마나루는 곰녀의 전설이 깃든 곳이다. 곰 전설도 아니고 '곰녀'의 전설이라고 불리는 것부터가 심상치 않다. 그 전설이 곰사당의 비석에 새겨져 있다.

공주보가 설치된 곳 근처가 고마나루 솔밭이다. 공원과 함께 조성됐으며 임시 주차장이 마련돼 있다. 주차장에서 금강 상류 방향으로 소나무 숲이 멋들어지게 자리해 쉽게 찾을 수 있다. 산책로를 따라 행복한 표정의 곰 석조물이 군데군데 자리하고 있다. 그리고 이어지는 솔밭, 말 그대로 솔방울이 지천으로 깔려 있다. 강가에 수백 그루의 소나무가 일정한 간격으로 자태를 뽐내고 있으니 분위기도 매력적이다.

고마나루 유원지에서 하류 쪽으로 약 200m 내려가면 넓은 공원이 나온다. 시원한 강바람을 만끽하다 보면 시야가 탁 트이면서 건너편으로 유하게 흐르는 산자락이 눈에 들어온다. 이 같은 지형 덕분에 이곳에서 다사다난한 일들이 일어나기도 했다. 대표적으로 백제 문주왕이 웅진으로 천도할 당시 수상 교통의 중심이 된 곳이 고마나루였으며, 나당 연합군의 장군 소정방이 백제를 공격하기 위해 금강을 거슬러 올라와 주둔했던 곳 역시 바로 이곳이다.

근교 여행지

전통과 현대가 공존하는 신식 한옥

기와 한옥과 초가가 조화를 이루고 있는 공주 한옥마을은 2010년에 문을 연 곳으로 9,000여 평의 대지어 조성된 한옥 체험지다. 단체 숙박동 6곳과 개별 숙박동 6곳으로 나뉘어 있는데, 동마다 갖추고 있는 갹실 수와 시설이 조금씩 다르다. 여러 숙박동이 모여 있고, 숙박하는 손님 외에 구경만 하고 가는 방문객도 많기 때문에 안전과 도난에 신경을 쓴 것이다. 장작을 때는 구들 방식을 고수하고 있어서 한옥의 옛 정취를 제대로 느낄 수 였는 동시에 현대식 관리 시스템을 적용해 이용객이 더욱 안락하게 한옥을 즐길 수 있도록 배려했다. 다시 말해, 신식 한옥 리조트인 셈이다.

☎ 041-840-8900

@ hanok.gongju.go.kr

근처 맛집

고마나루돌쌈밥

각종 유기농 쌈야채를 곁들인 돌솥 쌈밥 정식을 맛볼 수 있는 집이다. 공주 시내에 돌쌈밥을 내놓는 집이 여럿 있는데 기곳이 돌쌈밥을 최초로 개발한 곳이다. 된장찌개, 조기구이, 각종 나물과 직접 기른 유기농 야채가 한 상 푸짐하게 나온다. 주말에는 줄을 서서 먹을 만큼 인기다.

✉ 충청남도 공주시 금성동 184-1

☎ 041-857-9999

🍴 돌쌈정식 2만 2천원

@ www.gomanaru.co.kr

가는 법

공주IC–공주IC 교차로(계룡산 방면으로 우회전)–곰나루 교차로(우회전)–고마나루 솔밭–공주국립박물관

40

소백산을 병풍 삼은 기와집에서 보낸 하룻밤

영주 선비촌

풀벌레 울음소리 들리는 밤. 툇마루에 앉아 보는 밤하늘에는 별자리가 뚜렷하고 영롱하
게 빛난다. 어른들은 두툼한 이부자리에서 숙면을 취하며 한옥의 매력을 느낄 수 있고,
아이들은 이곳에서 투호, 그네타기, 서당체험 등으로 특별한 추억을 만들 수 있다.

TRAVEL COURSE

1일 풍기IC – 점심식사(인삼갈비탕) – 소수서원 – 선비촌 입실 – 부석사 노을감상 – 저녁식사(산채정식) – 민속놀이 체험 – 선비촌 숙박

2일 아침식사(해장국) – 소수서원 계곡 산책 – 풍기인삼시장 – 풍기온천 – 점심식사(한우구이) – 풍기IC

Address 경북 영주시 순흥면 청구리 일대
Tel 054-638-6444
Web www.sunbichon.net
Price 선비촌 입장료 3천원, 한옥 숙박체험 5~11만원

영주 인근의 고택과 문화재급 한옥을 옮겨 놓은 영주 선비촌.
소백산을 병풍 삼아 자리 잡은 마을이 아늑하다.

계절이 바뀔 때는 하늘을 바라보기만 해도 발바닥이 간지러울 만
큼 떠나고 싶은 욕구가 강해진다. 주말이나 연휴를 앞두고도 집에서
뒹굴고만 있기에는 화창한 날씨가 아깝다. 연휴에 맞춰 떠나고 싶다
면 영주 선비촌이 제격이다.

영주 소수서원 바로 옆에 자리한 선비촌은 1만 7천여 평 대지
에 세워진 대형 민속촌. 영주의 고택 열두 채를 원형대로 재현한
문화 테마파크이자 조선시대 양반과 상민의 생활상을 두루 체험
할 수 있는 일종의 전통 체험 마을이다. 그야말로 '선비' 빼고는
모든 게 다 있다. 조선시대 저잣거리부터 고래 등 같은 기와집,
초가, 정자, 물레방아, 곳집까지 무려 76채의 건물이 들어서 있
다. 타임머신을 타고 조선시대로 간 듯 풍경이 이채롭다. 최고의
볼거리는 사람이 사는 것처럼 꾸며 놓은 고가. 방마다 삼층장과
자개장이 놓여 있고 벽엔 도포까지 걸려 있다.

부엌엔 가마솥, 주전자, 놋그릇이 가지런하다. 가옥마다 글 읽는
선비, 가야금 뜯는 선비 등 양반가의 생활 모습을 인형으로 재현했
다. 영락없는 조선시대다. 해우당 고택의 안방도 눈길을 끈다. 수천
만 원을 호가하는 고급 자개장이 놓여 있는 안방은 숨은 듯 고요한

것이 특징. 밤에도 잠을 자지 않는 도시와 달리 사위가 쥐 죽은 듯 고요하다. 그만큼 깊은 잠에 빠질 수 있고, 자고 나면 몸도 가뿐하다.

기와집부터 초가집까지 다양한 잠자리

선비촌에 재현된 전통 가옥 열두 채에서는 고가 체험, 즉 숙박도 가능하다. 제일 규모가 큰 두암고택부터 둘러보자. 6칸 대청에 방만 다섯 개다. 부엌, 외양간, 마루방, 문간채, 곳간까지 갖췄다. 압권은 사랑채의 넓은 툇마루. 툇마루에 앉으면 소백산이 눈앞이다. 새벽녘에는 소백산 자락에 걸린 운해가, 해 질 녘에는 소백산 연봉을 적시는 노을이, 한밤에는 머리맡으로 쏟아지는 별빛이 일품이다.

양반 집만큼 고급스럽지는 않지만 김문기 가옥, 김상진 가옥 같은 중류 가옥도 기품 있는 잠자리다. 연인이라면 김상진 가옥이 제격. 화장실까지 딸린 가옥 전체를 단독으로 쓸 수 있다. 작고 아담하지만 초가에서 코내는 하룻밤도 제법 운치 있다. 초가지붕 위에는 탐스러운 박이 열렸고, 마당에서는 지붕 위를 밝힌 달이 보인다. 잘 익은 가을빛을 감상하기엔 양반 집보다 오히려 낫다.

모든 집은 새집 증후군이 걱정 없는 황토집이며, 객실마다 옛 정취 물씬 풍기는 목가구를 비치해 아늑함을 준다. 단, 화장실이 없는 가옥의 경우 다른 가옥의 화장실을 이용해야 하는 불편함이 있다. 입실 시간이 오후 5~7시(동절기 5시, 춘추절기 6시, 하절기 7시)이므로 낮에는 선비촌과 소수박물관, 소수서원을 관람하고 밤에 입실해 마루에 누워 별을 바라보면 안성맞춤이다. 선비촌에 머물며 천연염색, 도자기 만들기 등의 체험 프로그램을 이용하면 더욱 좋다.

어른들도 신기한 전통 문화 체험 가득

선비촌 내에는 문화 체험과 관련한 부대시설이 많다. 서당 체험을 할 수 있는 강학당을 비롯해 소수박물관, 죽계루, 승운정 등 정자와 누각이 있다. 또한 저잣거리 내에는 공방, 전통 찻집, 특산품 코너 등의 시설이 있다.

특히 눈에 띄는 것은 소수박물관. 괴헌 김영의 후손이 기증한 희귀 서적과 고문서·고지도, 민속자료 등 2만여 점을 소장하고 있다. 그래서 선비촌은 사실 숙박 시설이라기보다 문화 체험 시설에 가깝다. 숙박도 일종의 문화 체험인데, 화장실 빼고는 모두가 예스러운 이곳은 특별한 시간을 선물한다. 팽이치기, 투호, 널뛰기, 제기차기 등 관람객 누구나 체험해볼 수 있는 전통 놀이도 있다. 주말에는 장작을 패서 군불을 지핀 후 고구마도 구워 먹을 수 있다.

산책 삼아 소수서원 둘러보기

선비촌을 방문한 이상 소수서원을 빼놓을 수 없다. 최초의 사액서원이었다는 소수서원에 이어서 유교 문화의 모든 것을 보여준다는 소수박물관까지 연결돼 있는 코스다. 제대로 구경하려면 반나절은 족히 걸린다.

선비촌에서 돌다리로 연결된 죽계천만 건너면 바로 소수서원 뒷마당이 나온다. 소나무 숲이 울창하다. 한 바퀴 둘러보는 데 걸리는 시간은 30여 분. 하지만 소나무 그늘 아래 앉아 은은한 솔향기를 맡다 보면 한 시간이 훌쩍 지난다. 죽계천 건너 소나무 사이에 있는 취한대도 볼거리다. 공부에 지친 선비가 한가롭게 풍류를 즐기던 정자답게 소수서원에서 경치가 가장 아름다운 곳. 보는 것만으로도 가슴이 시원해진다.

우리나라 최초의 사액서원인 소수서원(사적 제55호)은 명성에 비해 소박하고 아담한 것이 특징이다. 강의와 토론을 했던 강학당, 스승의 집무실 겸 숙소인 일신재·직방재, 학생 숙소인 학구재·지락

소수서원 안의 전각. 지금의 학교처럼 교실로 쓰였던 건물이 인상적이다.

부석사 촬영 포인트

화엄종찰 부석사도 그리 멀지 않다. 가을엔 사과 따기 체험도 가능하다. 선비촌에서 부석사로 가는 931번 지방도로에는 사과밭이 즐비하다. 햇빛농원 등에서는 사과 따기 체험이 가능한데, 현장 판매도 하니 참고할 것. 부석사의 가을 노을은 아름답기로 소문이 자자하다. 오후 6시경부터 소백산 자락을 붉게 물들이는 노을을 감상하는 것도 놓치지 말자. 무량수전 옆의 삼층석탑은 부석사의 전망 포인트. 소백산 줄기의 노을을 찍거나, 안양루 옆에서 부석사 경내를 찍어도 멋진 사진이 나온다.

재 등 몇 채의 낡은 한옥이 전부다. 하지만 실망할 필요는 없다. 자연과 어울림이 빼어나 쉬면서 여유를 느끼기에 딱 좋다. 3천원이면 선비촌과 소수박물관, 소수서원까지 볼 수 있는 통합입장권을 끊을 수 있다.

근교 여행지

1 | 소백산풍기온천리조트

소백산 자락에 위치한 이곳은 실내온천과 노천탕을 비롯해 독일식 수 치료 시스템을 적용한 바데풀, 워터 슬라이드 등 다양한 시설을 갖추고 있다. 소백산의 맑은 정기를 느끼며 즐기는 온천욕은 묵은 스트레스까지 한방에 시원하게 풀어준다.

2 | 풍기인삼시장

소백산 일대에는 산삼이 많이 자생하고 있다. 소백산의 유기물이 풍부한 토양에서 생산되는 풍기인삼이 유명한 이유가 있다. 이곳 인삼은 내용 조직이 충실하고 인삼향이 강하며 유효 사포닌 함량이 높은 것으로 알려져 있다. 풍기인삼시장은 세계적인 인삼 시장이다. 최고 품질의 인삼을 최저 가격으로 만날 수 있으며, 현대적인 쇼핑센터의 편리함이 조화를 이뤄 많은 사람들의 발길이 끊기지 않는다.

원하고 담백하며, 100% 국산 메밀로 만든 묵은 부드럽다.

- 경북 영주시 순흥면 순흥로39번길 21
- 054-634-4614
- 묵밥 7천원, 두부 6천원

근처 맛집

1 | 풍기인삼갈비

풍기인삼과 한우를 한거번에 맛볼 수 있는 곳. 갈비 켜켜이 저민 인삼이 충분히 들어간 덕분에 인삼향이 진하다. 고기와 인삼향이 적절히 어우러진 독특한 맛이 일품이다. 풍기 지방의 특색을 살린 인삼갈비탕도 별미다. 갈비탕의 경우 국물이 걸쭉하게 우러나 시원한 맛을 느낄 수 있다.

- 경북 영주시 풍기읍 소백로 1933 풍기인삼갈비
- 054-635-2382 한우인삼갈비곰탕 1만 2천원, 풍기인삼갈비 2만 3천원

2 | 순흥전통묵집

선비촌 근처에 있는 별미집. 양념한 묵을 채 썰어 조밥과 함께 낸다. 멸치, 다시마, 양파 등 각종 재료를 넣어 끓인 국물은 시

가는 법

중앙고속도로 풍기IC에서 나와 931번 지방도로를 타고 부석면 방향으로 달리면 순흥면, 단산면, 부석면이 차례로 나온다. 소수서원, 금성단, 선비촌은 순흥면 소재지에서 부석 방향으로 1km 정도에 모여 있다. 소요 시간은 서울에서 3시간 정도.

선비촌 주막

41
대한민국 자연생태교과서

순천 순천만

국제정원박람회가 열리는 순천만 일대는 요즘 최고로 핫한 여행지다. 어머니 품 같은 넉넉함을 갖춘 순천만은 국내 최대의 갈대밭 군락지이기도 하다. 붉디붉은 칠면초, 갯벌을 박차고 나온 짱뚱어, 뒤뚱거리는 농게와 철새들의 군무. 순천만은 그야말로 눈앞에 펼쳐진 자연생태교과서다. 김승옥의 『무진기행』의 무대로 알려진 순천만은 2006년 연안습지 최초로 람사르협약에 등록돼 세계적으로 보존 가치가 인정된 생태보고다.

TRAVEL COURSE

1일 순천 – 순천만자연생태공원 – 순천만정원 – 화포해변 – 순천문학관

2일 낙안읍성 – 선암사 – 순천전통야생차체험관 – 송광사(조계산)

Address	전남 순천시 순천만길 513-25
Tel	061-749-6052
Web	www.suncheonbay.go.kr
Price	순천만공원 · 정원 통합권 어른 8천원, 청소년 6천원, 어린이 4천원

순천만은 사진작가들이 꼭 가고 싶어 하는 여행 일번지다. 순천만의 매력을 알고 싶다면 의미 있는 곳을 무작정 둘러보는 것보다는 순천만자연생태관에서 사전 공부를 하고 탐방에 나서는 것이 좋다. 1층에는 순천만을 대표하는 흑두루미가족 대형 조형물이 있으며, CCTV를 통해 순천만 현장을 실시간 볼 수 있다. 2층 전시실은 갯벌의 생성과정과 갯벌에 관한 정보를 담고 있는데, 마치 관람객이 모형 갯벌 위를 거니는 것처럼 꾸며져 있다.

아치형 목조다리인 무진교를 건너면 갈대숲탐방로가 시작된다. 일렁이는 파도모양의 갈대 춤사위와 사각사각 갈대들이 맞대는 소리가 숨이 탁 멈춰버릴 정도로 느낌이 좋다. 갈대 줄기와 뿌리는 빨대처럼 텅 비어 있는데 이런 통기형 구조 덕에 갯벌 속에 산소가 공급돼 갯벌이 썩지 않고 유지된다. 겨울이 되면 갈대는 바람과 파도에 부서져 갯생명의 먹잇감이 되니 갈대야말로 갯벌을 정화시키는

숨은 공로자다. 2km의 탐방로 곳곳에는 흥미진진한 생태 이야기가 적힌 안내판이 있어 아이들이 마음껏 뛰놀면서 살아 있는 자연교과서를 펼치게 해 준다. 또한 쇠오리, 개개비 등 작은 새들을 직접 볼 수 있으며 농게, 칠게, 짱뚱어가 생동감 넘치는 갯벌 풍경을 만들어내기도 한다. 겨울에는 220여 종의 진귀한 철새가 순천만을 찾는다. 흑두루미, 검은머리갈매기, 노랑부리저어새 등 세계적인 희귀 새가 하늘을 수놓으면 탄성이 절로 나온다.

해 질 무렵 갈대숲을 제대로 감상하려면 용산전망대에 오르는 것이 좋다(왕복 1시간 소요). 부드러운 산자락 위로 붉은 노을이 비단처럼 펼쳐지고 그 아래로 S자 물길이 수많은 생명을 낳으며 바다로 향한다. 침식과 퇴적을 반복하면서 만들어낸 흔적인 S자형 수로는 어머니 마음처럼 넉넉하게 보인다. 그 옆에는 둥그런 갈대 군락이 섬처럼 떠 있어 '미스터리서클' 같은 신비감마저 든다.

순천만을 더 깊게 즐기는 법!
순천만의 속살을 보려면 생태 체험선을 이용하는 것이 좋다(왕복 6km, 40분 소요, 승선료 어른 4천원, 061-749-4059). 대대항에서 출발하는 배를 타면 S자 물길을 끝까지 유유히 항해하면서 철새들을 가까이서 만날 수 있다. 또한 순천의 자연경관을 느낄 수 있는 스카이큐브에 오르면 순천만을 에워싸고 있는 갈대숲과 넉넉한 들녘을 편안히 앉아 감상할 수 있다. 순천문학관까지 운행하기 때문에 김승옥, 정채봉 작가의 문학세계를 볼 수 있으며 프랑스 낭트정원 또한 둘러볼 수 있다(거리 4.6km, 편도 12분, 승차료 왕복 8천원).

순천만의 숨겨진 별미 짱뚱어탕

몸길이 15cm, 머리통이 유난히 크고 머리 꼭대기에 작은 눈이 붙어 있으며 눈 사이가 좁아 우스꽝스러운 얼굴을 하고 있는 물고기 짱뚱어. 입술이 두툼하고 그 안쪽에 촘촘한 이빨을 감추고 있으며 온몸에는 점박이 문신까지 있어 강단이 있어 보인다. 짱뚱어는 물속에서는 여느 물고기처럼 아가미 호흡을 하지만 특이하게도 공기 중에서 피부호흡을 해 펄 위를 자유롭게 기어 다닌다. 화가 나면 등지느러미를 공작처럼 펼치기도 한다. 꼬리지느러미를 이용해 하늘로 펄쩍 뛰어오르는 모습은 가히 장관인데, 이는 짝짓기 철에 수컷이 암컷을 유혹하는 몸부림이다.

깨끗한 갯벌에서만 자라는 짱뚱어는 양식이 되지 않기 때문에 오로지 홀낚시를 이용해 한 마리씩 잡아야 한다. '짱뚱어'라는 이름이 '잠둥어'에서 유래했을 만큼 짱뚱어는 11월에서 4월까지 갯벌 깊숙이 들어가 겨울잠을 잔다. 동면 전에 영양분을 충분히 비축하기 때문에 여름에 잡힌 짱뚱어야말로 가장 실하고 기름져 전국의 미식가들을 불러 모은다. 소리가 나거나 위험을 느끼면 재빨리 구멍 속으로 숨어들어 손으로 잡기에는 벅차다. 아무리 빠른 손놀림으로 낚아채도 '갯벌의 초음속비행기'인 짱뚱어를 따라잡을 수 없다. 이렇듯 하늘을 향해 치솟는 파워에 민첩함까지 겸비하고 있는 짱뚱어를 먹는다는 것은 그 스태미나까지 함께 먹는다고 보면 된다. 짱뚱어를 삶아 채에 곱게 거른 후 우거지와 갖은 양념을 넣고 된장을 풀어 한약처럼 5시간 이상을 푹 고면 짱뚱어탕이 되는데, 맛이 비리지 않고 걸쭉하면서도 깔끔하다고 한다.

순천만자연생태관으로 들어가는 초입과 별양면사무소 인근에 오랜 역사를 가진 짱뚱어탕 집이 몰려 있다. 맛의 고장답게 꼬막, 게장, 생선구이, 튀김 등 먹음직스러운 밑반찬이 한 상 가득 올라온다. 전골은 짱뚱어를 갈지 않고 통째로 끓이기 때문에 살을 발라 먹는 재미가 있으며, 구이는 입안에서 살살 녹는 육질은 물론 뼈와 머리를 바싹 구우면 과자처럼 고소해 술안주로 최고다. 짱뚱어회는 한 마리당 두 점밖에 나오지 않아 현지 아니면 맛보기 어렵다.

천년고찰의 고즈넉한 아름다움에 취하다

순천만을 실컷 즐겼다면 호남의 명산 조계산을 찾아가보자. 선암사는 한국 절의 옛 정취를 가장 잘 보여주는 천년고찰로 사계절 어느 때 찾아도 속세를 떠난 듯한 분위기를 가지고 있다. 소박하면서 유려한 전각 20여 동이 유기적으로 연결돼 있으며, 나무와 꽃이 가장 많은 사찰로 손꼽히는 만큼 선암사를 걷다 보면 근사한 정원을 거니는 기분이 든다. 우리나라에서 가장 아름다운 무지개다리인 승선교는 청아한 소리를 내며 흐르는 계곡물에 제 그림자를 담그며 선녀가 하늘을 날아가는 모양을 하고 있다. 햇볕이 잘 스며들도록 만들어진 T자형 건물 구조에 청량한 바람이 드나드는 시원스러운 창을 가지고 있는 해우소 역시 놓치지 말고 둘러보자.

조계산 건너편에는 승보사찰 송광사가 있다. 지눌과 더불어 16국사를 비롯한 수많은 고승대덕을 배출한 송광사는 통도사, 해인사와 함께 우리나라 3대 사찰 중 하나인 승보종찰이다. 주차장에서 일주문, 우화각에 이르는 숲길과 계곡이 예쁜데 오솔길을 따라 걷기만 해도 정신이 맑아진다. 특히 조계산의 맑은 물에 비친 우화각은 한 폭의 그림을 연상케 해 사진애호가들이 자주 찾는 장소다. 조계산 자락이 감싸 안을 듯 펼쳐져 있고 대웅전을 중심으로 승보전, 지장전, 국사전이 자리 잡고 있으며 관음전 뒤쪽 계단 위 보조국사감로탑에서 내려다본 지붕선이 아름답다. 국사전 한쪽에 놓여 있는 비사리구시는 송광사 대중의 밥을 담아 두었던 것으로 과거 이 절의 규모를 짐작하게 한다.

성내에 주민이 살고 있는 낙안읍성은 조선시대 성, 동헌, 객사, 초가가 원형대로 보존돼 있으며 대장간, 장터, 서당, 우물터, 장독대 등을 통해 조선시대 민초들의 삶을 느낄 수 있는 곳이다. 아이들에게는 살아 있는 역사의 산교육장이며, 500년 전 모습을 고스란히 간직하고 있기에 사극이나 영화 촬영 장소로도 인기 있다. 드라마 〈대장금〉 〈상도〉 〈허준〉 〈용의 눈물〉 등이 대표적이다.

TRAVEL PLUS

순천만 주변에는 다양한 볼거리가 많다. 드라마 촬영장, 고인돌 공원, 전통야생차체험관, 송광사, 와온해변 등이 추천할 만하다.

근교 여행지
송광사

'승보사찰'이라는 명성을 얻게 한 16국사의 영정은 국사전에 봉안돼 있다. 국사전은 일반에 개방하지 않아 영정을 볼 수는 없으나, 성보박물관에 16국사 영정의 영인본이 전시돼 있다. 성보박물관에서 눈여겨볼 것으로 능견난사(전남유형문화재 제19호)가 있다. 바리때(발우) 29점으로 제작 기법이 특이해 어느 순서로 담아도 한 치 오차도 없이 포개진다고 한다. 조선 숙종이 장인에게 똑같은 그릇을 만들라고 명했으나 실패하자 '보고도 못 만든다'는 의미에서 친히 '능견난사'라는 이름을 지었다고 전한다.

숙박 팁
순천낙안민속자연휴양림(061-754-4400, 낙안면 동내리), 순천전통야생차체험관(061-749-4202, 선암사 내), 선암장(061-754-5666, 선암사), 낙안읍성전통민박체험(061-749-8831, 낙안읍성 내), 하얏트모텔(061-755-2110, 가곡동)

근처 맛집
대대선창횟집(짱뚱어탕 · 장어구이, 061-741-3157), 대원식당(한정식, 061-744-3582), 일품매우(매실 생갈비, 061-724-5455)

가는 법
서울—경부고속도로—천안 · 논산간고속도로—익산 · 장수고속도로—순천 · 완주고속도로—남해고속도로—순천IC—순천만생태체험관

42

꽃들 사이로 총총총, 봄이 피어나다!

아산 세계꽃식물원과 외암민속마을

아지랑이가 신기루처럼 피어오르는 봄날에는 무작정 나서자. 푸른 바다도 좋고 바람 부는 산도 좋다. 하루 나들이로 온 가족이 동참할 수 있는 곳이라면 더욱 좋을 터. 아산은 온천과 식물원, 외암민속마을, 충무공 이순신을 기리는 현충사까지 볼거리와 체험 거리가 가득한 여행지다.

TRAVEL COURSE

1일 배방역 - 외암민속마을 - 세계꽃식물원 - 도고온천 - 온양온천역

Address	충남 아산시 송악면 외암민속길 5
Tel	관리사무소 041-540-2654
Web	www.oeammaul.co.kr
Price	어른 2천원, 어린이 · 청소년 1천원

오월의 햇볕이 내리쬐는 정원에 들어서자 온몸을 감싸는 강렬한 꽃향기에 정신이 아찔해진다. 싱싱한 잎을 흔들며 인사를 건네는 꽃, 이름도 생소한 세계 각국의 꽃들을 만나니 마음에 물수제비처럼 평화가 깃든다. 오월의 신록처럼 어느새 입가에 미소가 한가득 피어난다.

농민들이 직접 가꾼 최대의 화원인 세계꽃식물원은 늘 사랑받는 가족 여행지다. 뿐만 아니라 눈이 즐거워지는 예쁜 꽃에 향기까지 가득해 오감이 즐겁다. 2004년에 영농조합법인이 네덜란드식 가든 센터를 본떠 조성한 이곳은 세계적으로 유명한 원예종 식물들을 연중 소개하고 3,000여 종의 꽃과 식물을 8천 평의 유리온실에 전시하고 있다. 매년 다양한 꽃을 주제로 축제도 열리는데 1~2월에는 겨울꽃 축제, 3~4월에는 튤립, 수선화, 동백꽃 축제 등 2개월에 한 번씩 주제가 바뀐다. 예쁜 꽃과 잎으로 손수건을 디자인하거나 마른 꽃으로 액자를 만드는 체험학습도 있으며, 꽃비빔밥을 먹어볼 수도 있다.

왕들이 요양하던 피부로 먹는 보약, 온양온천

온양온천은 기록상 국내에서 가장 오래된 온천으로 백제시대, 신라시대를 거쳐 그 역사가 1,300여 년에 이른다고 한다. 실제 온천탕으로 기능을 수행해 온 것만도 약 600여 년. 특히 조선시대에 세종대왕을 비롯한 세조, 현종, 숙종, 명종, 영조, 정조 등 여러 임금들이 온궁을 짓고 휴양이나 치료 차 머물고 돌아갔다는 기록과 유적이 지금까지도 남아 있다. 온양온천은 화강암에서 용출되는 온천수의 수온이 58도 내외로 고온온천이다. 온천수의 주요 성분은 마니타온을 함유한 라듐온천이며 약알카리성을 지닌 양질의 수질과 풍부한 수량이 이곳의 자랑이다. 신경통, 관절염, 피부병, 위장병, 고혈압 등 각종 성인병과 피부미용에 효과가 매우 크다고 알려져 있다. 온천수의 수질이 뛰어날 뿐만 아니라 온양관광호텔, 그랜드관광호텔, 온양프라자호텔, 인터파크호텔, 뉴코리아관광호텔 등의 5개 호텔은 물론 120여 개소에 달하는 숙박시설과 온천탕들이 집중적으로 모여 있어 많은 관광객이 찾아오는 온천지역으로 손꼽힌다(문의 1644-2468).

이순신 장군을 추모하는 사당, 현충사

온양온천에서 4km 떨어진 방화산 기슭에 위치한 충무공 이순신장군의 사당으로, 1706년 숙종 32년에 처음 세워졌으며 이듬해 숙종이 친히 현충사란 이름을 내렸다. 1932년 일제 때 이충무공 유적보존회가 결성돼 사당을 다시 지은 후, 1966년부터 1974년까지 정부에서 현충사를 크게 확장하고 성역화해서 성지로 다듬었다.

입구에는 이순신 표준 영정이 걸려 있고 그의 일대기를 요약한 글이 있다. 그의 삶이 어떠했는지 조금이나마 느껴본 후, 그의 생애 순간순간이 드러나는 유물을 따라가보자. 교지, 난중일기, 장검 등 국보에서 보물까지 접하기 어려운 문화재가 다양하다. 기념관을 둘러보다 보면 이순신과 임진왜란에 대한 큰 그림이 그려진다.

대나무 숲을 지나면 현충사 충무문에 이른다. 문 옆으로 작은 비석이 있는데, 이순신이 세상을 떠난 지 6년 후인 선조 36년에 세워진 '타루비(墮淚碑)'다. 이순신의 유덕을 추모하기 위해 이순신이 거느렸던 군인이 세운 것으로, '타루'는 중국 양양사람들이 양호를 생각하면서 그 비를 바라보면 반드시 눈물을 흘린다는 고사에서 인용한 것이다. 본전 내에는 이순신 장군의 영정과 일생 기록화인 십경도가 있으며 국보 제76호인 난중일기와 보물 제326호 장검 등이 전시된 유물관, 이충무공이 살던 옛집, 활터, 정려 등이 있다(문의 041-539-4600).

소담스럽고 정겨운 돌담이 조화를 이루는 고택이 즐비한 곳, 외암민속마을

외암리는 온양을에서 남쪽으로 8km쯤 떨어진 곳에 자리 잡고 있다. 행정 구역상으로는 충남 아산시 송악면 외암민속길 5. 이곳은 충청도 지방의 전형적인 반촌(양반들이 많이 사는 마을) 형태를 잘 간직하고 있는 곳이다. 담장 너머로 집 안이 훤히 들여다보이는 허름한 초가집이 있는가 하면, 기세등등한 솟을대문이 우뚝 솟은 고래등 같은 기와집들도 곳곳에 자리를 틀고 앉아 있다. 외암리는 지금으로부터 약 500년 전에 강씨, 목씨 등이 정착하면서 형성되기 시작했다. 그 후에 예안 이씨 일가가 이곳에 뿌리를 내린 이후로 지금은 그 후손들이 마을의 최대 성씨를 이루고 있다. 조선시대 중엽에 장사랑 벼슬을 지낸 이정 일가가 이곳으로 낙향하면서 예안 이씨의 터

전을 일군 것으로 옛 기록은 전하고 있다. 얼핏 따져 봐도 그 역사가 400년은 족히 넘는 내력이다. '외암'이라는 마을 이름은 이정의 6세 손인 이간의 호를 따서 지은 것이다.

외암리 입구에는 기세등등한 장승이 수문장 역할을 하고 있으며 마을 뒤쪽으로는 초가지붕의 형상을 한 '설화산'이 마을 전체를 감싸고 있다. 이곳 설화산에서 흘러내리는 외암천 맑은 물은 외암리를 지나면서 군데군데 빨래터를 제공하고 있을 뿐만 아니라 마을 앞의 넓은 들판을 비옥하게 살찌우고 있다. 마을의 위치가 풍수지리학적으로 전형적인 배산임수의 형국을 띠고 있는 것이다. 기와집과 초가집이 적절하게 조화를 이루고 있는 외암리 곳곳에는 물레방아를 비롯해 연자방아, 디딜방아 등이 있어 마을 전체가 옛 고향의 정취를 물씬 풍긴다.

장승이 세워져 있는 마을 입구에서 반석다리를 건너면 왼쪽에 꽤 운치 있는 정자가 하나 눈에 들어온다. 이곳은 한여름이면 외암리 어른들이 매미소리를 자장가 삼아 낮잠을 즐기기도 하는 휴식처다. 정자 아래로는 마을의 젖줄인 외암천이 흐르고 있다.

외암리는 유난히 돌담이 많다. 봄철에는 연둣빛 신록과 여러 봄꽃들이 돌담과 예쁜 조화를 이룬다. 마을 입구의 정자를 지나 마을 안으로 들어서면 이 마을의 명물 가운데 하나인 고풍스런 돌담이 오밀조밀한 골목길 사이로 미로처럼 이어진다. 총 길이가 무려 5km에 이르는 이 골목은 어찌나 복잡하게 연결돼 있는지 한번은 이 마을을 처음 찾아온 엿장수가 마을 밖으로 나가는 길을 찾지 못해 반나절 내내 같은 길만 뱅뱅 돌았을 정도라고 한다. 외암리의 돌담들은 낮고 정겹게 이어져 이 마을을 찾는 사람들로 하여금 소박하고 편안한 고향의 정취를 느끼게 한다.

현재 외암민속마을에 살고 있는 전체 가구 수는 약 60호. 이들이 거주하는 가옥 가운데 기와집은 이참판댁, 영암댁, 송화댁을 비롯해 모두 10여 채. 이 가운데서도 특히 이참판댁은 조선시대 말엽에 참판벼슬을 지낸 퇴호 이정렬이 고종으로부터 하사받아 지은 집으로 중요민속자료 제195호로 지정돼 있기도 하다. 퇴호 선생이 생전에 사용하던 유물들은 온양민속박물관에서 소장하고 있다.

TRAVEL PLUS

가는 법

경부 고속도로 천안 나들목에서 빠져나와 21번 국도를 이용해 온양까지 간 다음 39번 국도를 타고 외암리까지 가면 된다.

근처 맛집

외암민속마을 입구에 있는 외암촌(041-543-4150)은 잔치국수가 맛있고, 강당골로 이어지는 중간 지점의 아늑한 공간에 조성된 시골밥상가든(041-544-7157)은 한정식이 유명하다.

숙박 팁

강당골로 이어지는 광덕산 인근에는 멋스러운 펜션들이 성업 중인데, 강당골 초입 계곡 옆에 자리한 아산코지테마펜션(010-4274-1212)도 매력적이다.

43

가야왕국의 천년고도 함안에서 착한 여행

함안 아라고분군

무더위가 들이닥칠 때면 마음은 번잡한 일상을 비켜서고 싶어진다. 이럴 땐 가족과 소중한 추억여행을 나서는 것이 안성맞춤이다. 알려지지 않아 호젓한 데다 넉넉한 인심과 따뜻한 마음을 만날 수 있는 곳, 바로 함안이다. 특산품 수박과 멜론이 여름 향기를 더하는 함안으로 착한 여행을 떠나보자.

TRAVEL COURSE

1일 함안박물관 – 말이산고분군 – 원효암 · 의상대 – 어계생가 · 서산서원 – 방어산마애불

2일 와룡정 – 대송리늪지식물 – 악양루 · 처녀뱃사공노래비 – 주세붕묘역 – 무산사 · 주세붕영정

Address	경상남도 함안군 가야읍 도항리 484 외
Tel	함안박물관 055-580-3901 함안군청 문화관광과 055-580-2323
Web	함안박물관 museum.haman.go.kr 함안군청 문화관광 tour.haman.go.kr
Price	박물관 입장료 무료

함안에는 유명한 여행지는 없지만 아라가야의 왕국이었던 아라고
분군, 충절을 상징하는 고려동유적지는 물론 무진정과 악양루로 대
표되는 조선 선비의 기품을 만날 수 있는 여행지가 곳곳에 있다. 그
래서인지 마치 삼국시대에서 조선시대까지 이어지는 시간여행을 나
서는 기분을 느낄 수 있다.

법수리 뚝방이 내려다보이는 곳에서 이정표 안쪽으로 내려가면
악양루가든이 있고, 그 옆에 있는 바위 사잇길로 비탈길을 오르면
악양루가 있다. 가는 길은 좁지만 악양루 앞에 서면 남강과 들판이
어우러진 풍경이 펼쳐진다. 악양루는 악양 마을 북쪽 절벽에 있는
정자로, 조선 철종 8년(1857년)에 세운 것이다. 악양루는 전망이 아
주 좋은 곳에 자리 잡고 있는데, 정자 아래로는 남강이 흐르고 앞
으로는 넓은 들판과 뚝방이 한눈에 들어온다. 한국전쟁 후에 복원
한 악양루는 1963년에 고쳐 지어 오늘에 이르고 있다. 앞면 3칸, 옆
면 2칸 규모의 건물로 지붕은 옆면에서 볼 때 여덟 팔(八) 모양인
팔작지붕이다. 정자의 이름은 중국의 명승지인 '악양'의 이름을 따
서 지었다고 전한다.

세계문화유산 등재 추진 중인 아라고분군

함안은 아라가야의 수도였다. 그래서 함안박물관이 위치한 가야읍 일대에는 유적과 고분군이 밀집해 있다. 함안박물관에 가면 아라가야에 대한 역사와 유적을 공부할 수 있다. 2층 전시실에서는 아라가야가 존재했던 연대와 고분군에서 출토된 말갑옷, 수레바퀴모양 토기, 불꽃무늬 토기, 문양뚜껑, 미늘쇠 등 수많은 유적을 볼 수 있으며 제5전시실에서는 함안의 문화재 및 근대역사 연표와 향교, 서원 등에 대한 자료를 전시하고 있어 함안의 유적지를 한눈에 볼 수 있다.

가야왕국을 이룬 여섯 가야 중 하나인 아라가야의 본거지로 알려진 함안은 풍광이 인상적인 고장이다. 함안의 중심지인 가야읍의 아라고분군에 올라서면 조촐하면서도 풍요로운 느낌의 아름다움을 만끽할 수 있다. 아라고분군은 아라가야 지배층의 무덤으로, 현재 남아 있는 가야시대 고분군으로는 꽤 규모가 크다. 아라가야 왕의 무덤으로 추정되는 100여 기의 대형고분들은 높은 곳에 열을 지어 위치하고, 그 아래로 1,000여 기의 중소형 고분들이 분포하고 있다. 일제시기에 이 그분군이 처음 조사됐을 당시 제34호분은 봉토의 지름이 39.3m, 높이가 9.7m나 되는 최대 규모의 고분이었다. 최근에는 고분군 북쪽 끝자락에 있는 마갑총에서 고구려 고분벽화에 그려진 것과 같은 말갑옷이 출토됐고, 사람의 순장 인골이 확인된 제8호분의 조사로 더욱 유명해졌다.

조선시대 풍류를 즐기던 곳, 무진정

의령군과 경계가 되는 남강 주변에는 와룡정, 악양루, 합강정, 반구정 등 정자를 끼고 자연을 감상할 수 있는 명소가 많다.

그중 무진정은 풍류를 즐기기 위해 언덕 위에 지어진 정자다. 함안에 있는 무진정은 조삼 선생의 덕을 추모하기 위해 조선 명종 22년(1567)에 후손들이 건립했으며, 그의 호를 따서 무진정이라 이름 붙였다고 한다. 무진은 조선 성종 14년(1483) 진사시에 합격하고 중종 2년(1507) 문과에 급제해 함양·창원·대구·성주·상주의 목사를 지냈다. 아담한 건물의 무진정 역시 팔작지붕의 형태다. 또한 앞면의 가운데 칸은 마루방으로 꾸며져 있고, 정자 바닥은 모두 바

입곡군립공원
산인면에 위치한 입곡군립공원은 호젓한 여행을 즐기면서 산책 삼아 가볍게 걷기 좋은 곳이다. 호수를 가로지르는 출렁다리가 유명하다.

닥에서 띄워 올린 누마루 형식이다. 기둥 위에 아무런 장식이나 조각물이 없어 조선 전기의 정자 형식을 잘 보여주고 있다. 겨울철 고목이 연못에 반사되는 풍경이 신비로우며, 이곳에서는 조선 중엽부터 매년 4월 초파일을 전후해서 낙화놀이가 재현되고 있다.

고려의 충절을 지킨 이오 선생의 고려인 마을

고려동유적지는 고려 후기 성균관 진사 이오(李午)선생이 고려가 망하고 조선왕조가 들어서자 고려에 대한 충절을 지키기로 결심하고 이곳에 거처를 정한 이후 대대로 그 후손들이 살아온 곳이다. 이오 선생은 이곳에 담장을 쌓고 고려 유민의 거주지임을 뜻하는 '고려동학'이라는 비석을 세우고 논과 밭을 일구어 자급자족했다.

이오는 죽을 때까지 벼슬하지 않았다. 또 아들에게도 새 왕조에 벼슬하지 말 것이며, 자기가 죽은 뒤라도 자신의 위패를 다른 곳으로 옮기지 말도록 유언했다. 자손들은 19대 600여 년 동안 이곳에서 선조의 유산을 소중히 가꾸면서 살았다. 뿐만 아니라 벼슬보다는 자녀의 훈육에 전념해 학덕과 절의로 이름 있는 인물들을 많이 배출했다. 고려동(高麗洞)으로 오늘날까지 이어져 오고 있는 이곳은 1983년 8월 2일 기념물 제56호로 지정돼 보호받고 있다. 마을 안에는 고려동학비, 고려동담장, 고려종택, 고려전답, 자미단(紫薇壇), 자미정(紫薇亭), 율간정(栗澗亭), 복정(鰒亭) 등이 있다.

근교 여행지
대산리석불

무진정에서 바로 다리를 건너면 대산리 큰절골 마을 입구에 위치한 보물 제71호 대산리석불이 있다. 한절 즉 대사(大寺)라 전해지는 이 사지는 4구의 불상이 하나의 석불군을 이루고 있는데. 이 가운데 가장 완전한 상은 2구의 보살입상이다. 형식이나 양식이 흡사해 입불상의 좌우 협시로 조성돼 있다. 함안은 길 곳곳에 서원과 둔덕비가 서 있을 정도로 유교가 성했던 곳이다. 숭유억불정책 대문인지 나머지 2구는 목이 잘린 형태로 남아 있다. 석입불상은 머리가 없지만 양감이 풍부하고 세련미가 있는 조각으로 상당한 수준의 작품이며. 파괴가 극심한 머리 없는 좌불상은 온몸에서 나오는 빛을 형상화한 광배의 석질과 양식으로 보아 고려시대의 불상임을 확인할 수 있다. 마을 어귀에서 두 그루의 느티나무와 함께 이장님처럼 마을을 지키고 있는 석불상의 인상이 푸근하다.

가는 법

남해고속도로–함안IC–함안문화예술회관–가야사거리 우회전–함안여자중학교–함안박물관–말이산고분군

근처 맛집

대구식당 ☎ 055–583–4026
시장한우국밥 ☎ 055–583–5858
악양루가든 ☎ 055–584–3479
옛그집 ☎ 055–583–6336
한성식당 ☎ 055–584–3503
함성식당 ☎ 055–583–2568

숙박 팁

가야모텔 ☎ 055–584–1300
싸이클론모텔 ☎ 055–583–7784
워커힐모텔 ☎ 055–583–6368
중앙장모텔 ☎ 055–583–6318
홍성모텔 ☎ 055–582–1049
황실모텔 ☎ 055–585–1515

애인과 함께 가실래요?

가슴 설레는 낭만여행

바다 위에 신록을 꽃피운 조용한 천국

제주 우도

우도를 보기 위해 제주도를 찾는 사람들이 많아졌다. 육지와 단절되었던 땅, 제주. 그 속에서 다시 제주와 오랫동안 단절되었던 우도. 기나긴 단절의 시간은 우도의 사람들을 순박하게 보호하고 있다. 소박한 인심 덕에 우도에 가면 우리는 늘 반가운 손님이다. 그곳에 무엇이 있기에 조용한 천국이라 불릴까.

TRAVEL COURSE

1일 제주공항 – 12번 국도 – 조천읍 – 성산항 – 점심식사(해물뚝배기) – 우도 선착장 – 우도 등대 – 우도박물관 – 저녁식사(활어회) – 우도그린휴양펜션 숙박

2일 아침식사(백반) – 검멀레해안 – 비양해수욕장 – 점심식사(백반) – 서빈백사 해수욕 – 우도항 – 성산항 – 성산일출봉 – 종달리해안도로 – 제주공항

Address   제주도 제주시 우도면
Tel   우도면사무소 064-783-0004
Web   www.jejutour.go.kr
Price   교통비 30만원, 식비 10만원, **숙박비** 10만원, **여비** 5만원(1인, 2박3일 기준)

　　소가 드러누운 모습이라고 해서 붙여진 이름, 우도. 환한 낮에도 달을 볼 수 있고, 밤에는 고깃배들의 불빛으로 대낮 같은 경험을 할 수 있는 신비한 섬이다. '우도8경'이라는 말이 있을 정도로 우도에서 느낄 수 있는 특별함이 눈과 귀 그리고 마음을 감싸준다.

　　우도는 제주 최동단의 바다에 떠 있는 거대한 오름이다. 섬 전체가 펑퍼짐하고, 초지와 밭이 펼쳐져 있다. 섬의 남동면은 바다로 수직으로 떨어지는 100m 단애를 이루고 있고, 북쪽에는 분화구가 넓게 벌어져 완만하고 길게 펼쳐진 것이 특징이다.

　　섬의 남동쪽 끝의 쇠머리오름(해발 132m)에는 우도 등대가 있다. 남쪽 해안과 북동쪽 탁진포를 제외한 모든 해안에는 해식애가 발달했다. 한라산의 기생 화산인 쇠머리오름이 있을 뿐 섬 전체가 하나의 용암대지이며 넓고 비옥한 평지가 펼쳐진다.

　　주요 농산물로는 고구마, 보리, 마늘 등이 생산된다. 부근 해역에서는 고등어, 갈치, 전복 등이 잡힌다. 소, 돼지 등의 사육도 활발하며 해녀들로도 유명하다.

　　등대 밑으로는 평탄하고 넓은 초지가 완만하게 이어져 아이들이

우도 검멀레해안은 수직으로 떨어지는 단애를 이룬 풍경이 이국적인
모습을 연출하는 곳이다. 우도의 숨겨진 명물로 인기가 좋다.

뛰놀기에 안성맞춘이다. 우도봉 한편에는 공동묘지가 된 알오름(새
끼 오름)이 있다. 그 주변에서 한가롭게 풀을 뜯고 있는 소들은 평화
로움 그 자체를 안겨준다.

남쪽 '광대코지'라는 절벽 아래에는 파도의 침식작용으로 생긴 해
식동굴이 있다. 이른바 '돌그린 안'이라 불리는 굴이다. 이것이 이른
바 '주간명월(晝看明月)'로 우도8경의 으뜸으로 꼽힌다. 이 동굴에
스며드는 햇빛이 안굴의 천정에 반사되어 둥근 달이 떠오르는 듯한
절경을 이룬다고 붙여진 이름이다. 이를 '해그린 굴'이라 부르는 사
람도 있다.

쇠머리오름에서 조망하는 일출봉과 종달리 지미봉의 모습, 그리고
수다한 오름들을 거느리고 우뚝 서 있는 한라산의 자태는 장관이다.

우도에만 있는 독특한 경치, 검멀레해안

또한 검은 모래와 해식동굴로 유명한 '검멀레'도 빼놓을 수 없다.
속칭 '고래 콧구멍'이라 불리는 경안동굴(검멀레굴)은 간조 때만 안
으로 들어갈 수 있으니 물때를 알아보고 찾아가자. 경안동굴로 가

산호사해수욕장은
빼놓을 수 없는 우도의 명물이다.
산호섬에 온 것 같은 착각이
들게 하는 해변이 아름답다.

려면 지나가야 하는 검멀레의 바닷가는 검은 모래가 특이하다. 하얀 모래와 섞여 있는데, 모래가 흩날리는 모양이 그대로 보일 정도로 곱다. 신발을 벗고 거닐어 보는 것도 좋다.

우도에서 가장 높은 곳은 우도봉이다. 이곳에 올라서면 우도는 물론 주변 경관까지 한눈에 볼 수 있다. 우도봉은 CF에도 자주 나온다. 신혼부부들이 사진을 찍는 필수 장소이기 때문에 처음 오르는 사람들에게도 왠지 익숙한 곳이다. 곱게 자란 잔디의 한가로운 모습과 정반대로 아찔하게 떨어지는 우도봉의 해안절벽은 비경 중 비경이다.

우도8경 중 절경으로 꼽히는 서빈백사

우리나라에 유일한 산호모래 해수욕장이다. 일반 해수욕장의 모래처럼 부드럽지는 않지만 여름철에도 시원하게 거닐 수 있고, 지압효과도 함께 얻을 수 있다. 건강이 좋지 않은 사람이라면 발바닥이 심하게 아플 수 있으니 주의하는 것이 좋다.

마을 한가운데 서서 사방을 둘러봐도 어느 곳 하나 막힌 곳이 없다. 질서정연하게 쌓인 돌담과 짙은 풀밭을 지나 푸른 바다까지 한눈에 들어오는 곳이 바로 우도의 마을이다. 우도 주민들은 제주 본섬과 달리 제주도 사투리를 그대로 사용하고 있는 경우가 많다. 간혹 길을 묻더라도 돌아오는 대답을 알아듣지 못하기도 한다. 섬 사람들이 여전히 관광객들을 낯설어하지만, 그런 모습마저도 무척이나 순박하게 느껴지는 곳이다.

몇 해 전부터 부쩍 늘어난 관광객 덕분에 우도에는 예쁜 숙소들이 늘어나고 있다. 특히 산호사해수욕장 바로 앞에 위치한 우도그린휴양펜션(C64-782-7588)은 창으로 바다가 보이는 객실로 유명하다. 아늑한 다락방의 분위기를 연출해 연인들에게 인기 있는 펜션이다.

해수욕장 주변에서 맛보는 해산물 요리는 신선한 맛이 일품이다. 간단히 식사를 하고 싶다면 해변도로를 벗어나 마을 안쪽으로 들어가보자. 농협 골목에 위치한 일출회관에서는 저렴한 가격으로 우도에서만 나는 별미를 맛볼 수 있다.

해수욕을 즐기고 싶다면 서빈백사 맞은편에 있는 하고수동의 해수욕장을 권한다. 수심이 얕고 만으로 둘러싸여 안전하기 때문이다.

또한 우도가 낚시꾼들이 선호하는 제주도에서도 1급 포인트라는 것
은 누구나 아는 사실. 깊은 수심에서 치고 나가는 뱅어돔의 손맛은
가히 폭발적이다.

우도에는 외적이 침입하면 봉화를 올렸다는 '망동산'도 있다. 또한
'아들을 낳으면 엉덩이를 쳐 때리고 딸을 낳으면 돼지를 잡아 잔치한
다'는 속담이 있다. 그만큼 여성의 역할을 중시한 터이리라.

이곳의 특산품이 '땅콩'이라는 것을 아는 여행객은 드물다. 우도 땅
콩은 맛이 담백하면서도 고소하여 선물용으로 구입해도 좋을 듯하다.

근교 여행지

1 | 성산일출봉

용암동굴과 함께 유네스코에 의해 지정된 성산일출봉은 제주도의 동쪽 끝부분 해안에 있다. 일출봉의 분화구 사면 절벽은 거대한 고성을 연상하게 한다. 일출봉은 바다에서 바라볼 때는 왕관과 같은 모양을 하고 있고, 하늘에서 바라보면 웅장함까지 느껴진다. 자연이 만든 조각의 오묘함은 그 자체만으로도 뛰어난 경관을 이루그 있다.

특히 해 뜨는 시각에 태양을 배경으로 바라보는 모습은 일출의 장엄함에서 비롯된 것이다. 또한 일출봉 주변의 경관은 그 다양한 모습이 신비할 정도로 아름답다.

2 | 성산항 유람선 관광

일출봉의 매력을 제대로 감상하려면 유람선을 타고 바다에서 보는 것도 좋고, 등산로를 따라 절벽 능선을 걸으며 보는 것도 특별하다. 일출봉의 매력을 제대로 느끼며 걸어보자.

더불어 일출봉의 매력들 배경으로 영화 속의 주인공처럼 멋진 포즈를 취하고 사진도 찍어보자. 유네스코도 인정한 세계 속의 명품 여행지를 배경으로 멋진 추억을 만들 수 있는 특별한 여행이 될 것이다.

가는 법

제주공항이나 제주항에서 제주 시외버스 터미널로 이동해야 한다. 이때는 택시를 이용하는 것이 편하다. 제주 시외버스 터미널에서 버스로 성산항까지 이동하면 된다. 버스는 김녕리, 세화리, 종달리를 거쳐 성산항에 도착. 시외버스 터미널에서 성산항까지는 1시간 남긴 거리. 성산일출봉 앞 성산항에서 우도까지는 도항선을 이용한다. 성산항에서 오전 6시부터 오후 5시까지 매 1시간 단위르 선박 운항. 성산항에서 우도항까지 15분 소요.

✆ 성산항 064-782-5671, 우도항 064-783-0448 Ⓦ 어른 왕복 5천 5백원, 중·소형차 왕복 2만 6천원. 우도 관광버스 어른 5천원

숙박 팁

우도에는 펜션이 몇 곳 있다. 눈부시게 하얀 산호모래사장이 넓게 펼쳐진 서빈백사 바로 옆에 위치한 우도그린휴양펜션(064-782-7588)의 전망이 좋다. 선착장 주변에는 하얀성민박(064-784-4487) 등이 있다. 여름 성수기에는 숙박 예약은 필수. 로그하우스(064-782-8212)도 깔끔하다. 특히 연인을 위한 낭만 있는 분위기의 침실이 인기.

근처 맛집

1 | 오조해녀의 집

어촌계에서 운영하는 전복죽 전문점. 해녀들이 돌아가며 주방을 관리한다. 한결같은 맛으로 제주는 물론 서울까지 소문이 나 있다. 직접 잡은 전복만 사용하며, 고소하면서도 담백한 맛에 한 그릇을 금세 비운다. 맛의 비결은 쌀, 전복 내장, 참기름. 소금 등을 조리하는 방법과 순서에 달려 있다.

✉ 제주도 성산읍 한도로 141-13

✆ 064-784-0893

🍴 전복죽 1만 1천원

2 | 우도 내 맛집

소섬바라기(064-783-0516)에서는 카페와 민박, 식사를 동시에 해결할 수 있다. 단체손님을 위한 특별 메뉴인 통돼지바비큐를 맛볼 수 있다. 우도횟집(064-783-0508)은 저렴하고 신선한 회를 맛볼 수 있는 곳. 우도항 바로 맞은편에 위치해 관광객의 길잡이가 되기도 한다.

문화의 향기를 맘껏 누리는 예술 발전소

파주 헤이리 아트밸리

아무것도 아닌 것에서 의미 있는 무언가를 만들어내는 것이 예술이라면 헤이리마을은 그 자체가 예술이다. 동화책보다 더 동화나라 같은 곳. 저녁 무렵 테라스에서 작은 파티가 열리며, 이웃과 나누는 평범한 이야기가 곧 예술가들의 대담이 된다. 봄소풍을 나선 것처럼 마을을 산책하고 차를 마시며 오감을 깨우는 특별한 여행을 즐겨보자.

TRAVEL COURSE

1일 자유로 – 성동IC – 성동사거리 – 점심식사(두부정식) – 헤이리 아트밸리 1번 출구 –
테마파크 '딸기가 좋아' – 북하우스 – 북카페 반디 – 저녁식사(프로방스) –
크레타 레스토랑 & 갤러리 – 모티프원 숙박

2일 아침식사(한식) – 한립토이뮤지엄 – 경기영어마을 – 통일전망대 –
점심식사(장어구이) – 자유로

Address 경기도 파주시 탄현면 헤이리마을길 59–78
Tel 031-946-8551
Web www.heyri.net
Price **교통비** 2만원, **식비** 5만원, **숙박비** 5만원, **여비** 3만원(1인, 1박2일 기준)

헤이리의 북카페는 휴식공간이자
갤러리처럼 꾸며진
아늑한 공간이 많아
데이트 코스로 인기가 높다.

사진과 건축은 낯설고도 희한하고, 아름다운 것을 담아내려는 성향 때문에 여행과 잘 통한다. 사진은 사람들이 잘 알지 못하는 공간을 보여주고, 그 사진 때문에 사람들은 그곳을 여행한 듯한 느낌을 갖게 된다. 파주 통일동산 옆에 위치한 헤이리 아트밸리에는 낯선 사진 한 장처럼 집집마다 숨겨 놓은 이야기가 있고 예술이 흐른다. 헤이리는 예술을 모티브로 하는 획일적인 마을이면서도 수많은 다양성이 존재하는 재미있는 곳이다. 헤이리 곳곳에는 아직 공사 중인 건물이 있어 다소 어수선하다. 하지만 마을이 형성되는 과정 자체가 또 다른 구경거리다. 완공된 집들은 마을 밖 이웃들에게 문을 활짝 열어놓고 있다. 누구라도 방문하는 것을 기꺼이 환영하는 집들이라는 얘기다. 헤이리는 다양한 문화 장르가 한 공간에서 소통하는 문화예술 마을이다.

파주 들판에 들어선 예술 발전소

'헤이리 아트밸리'를 간단히 설명하면 이렇다. 1998년 문화예술계 인사 3백 80여 명이 약 495,000㎡의 땅을 샀다. '예술인 마을'을 만들기 우해서다. 황량한 벌판이었다. 그들은 땅 위에 도로를 어떤 모양으로 내고, 숲은 어떻게 가꾸고, 가로등은 어떤 디자인으로 할 것이며, 집은 어디에 어떻게 지을지 등을 스스로 계획했다. 회원들은 선정한 20여 명의 건축가에게 건축 계획을 위임했다.

그 사이에 평범한 건물이 하나 서 있다면 그것마저도 특별한 것으로 만들 정도로 특이하고 아름다운 건물들이 저마다의 개성을 다투듯 뽐내고 있다. 하지만 모두 '자연 친화'라는 공통된 콘셉트로 똘똘 뭉쳐 어느 것 하나 어긋남이 없다. 자연스럽게 마을의 분위기에 융화된 것이 신기하다.

볼 것도 즐길 것도 무척이나 많아 하루가 부족할 정도다. 먼저 마을 동쪽 끝에 위치한 정보센터 역할을 하는 '커뮤니티 하우스'에 들러 지도와 정보를 얻는 것도 좋다.

우와 신난다! 늘며, 쉬며, 즐기는 헤이리의 명물들

테마파크 '딸기가 좋아'는 아이들이 무척 좋아하는 장소. 쌈지의 브랜드 '딸기'를 테마로 딸기 브랜드의 모든 것을 느끼고 체험할 수 있도록 만들어진 캐릭터 테마파크다. 우스꽝스럽고 유머러스하고 유쾌하고 엉뚱하고 기발한 상상이 채워진 곳이다. 재미있는 딸기 캐릭터와 다양한 문화예술교육 콘텐츠가 조화를 이룬다. 놀이와 체험, 문화와 교육이 어우러진 놀이터에서 아이들이 놀면서 책을 가까이 할 수 있도록 꾸며진 곳이 많아 어린이와 부모가 모두 만족할 수 있다.

'딸기가 좋아 I'은 딸기 브랜드 캐릭터들이 가진 독특한 개성을 살려 오감 체험 놀이 방식을 도입한 독특한 캐릭터 체험 공간이다. '딸기가 좋아 II'는 딸기만의 상상력이 녹아든 실험적이고 창의적인 다양한 워크숍을 연다. 이곳은 문화와 예술을 즐기고 체험한 아이들의 상상력과 창의력을 극대화시켜주는 문화 예술 체험 공간으로 꾸며졌다. '딸기가 좋아'에 붙어 있는 '집에 안 갈래'라는 부제는 괜히 있는 것이 아니다. 폐장 시간이 되어도 이곳을 떠나지 않으려 발버둥치는 아이들을 달래는 부모들의 풍경은 이제 낯설지 않다.

특히 장난감 박물관인 '20세기 소년소녀관'은 부모들도 즐길 만한

헤이리의 북카페는 휴식공간이자
갤러리처럼 꾸며진 아늑한 공간이 많아
데이트 코스로 인기가 높다.

곳이다. 기억 속의 정경을 그대로 끄집어내 완벽하게 재현한 1970년
대의 주택가와 상점으로 꾸며진 전시관 내부는 마치 작은 타임머신
과 같다.

1번 게이트 안쪽의 한립토이뮤지엄은 어린 아이들이 특히 좋아하
는 곳. 지하 1층에는 병원놀이부터 방송국놀이를 직접 체험할 수 있
는 어린이 놀이터가 있고, 2층과 3층에는 세계의 인형부터 시대를
풍미한 인형들이 전시되어 있다. 바비 인형에서 딱지·프라모델·로
봇·비행기·게임기·우주선 등 추억의 때가 곱게 묻은 오래된 장난
감이 아이들의 마음을 훔친다. 전시실 안에는 인형을 그려볼 수 있
는 체험 공간도 있다. 1층에 위치한 인형 카페도 인기가 좋다.

헤이리 예술가들의 사랑방과 아름다운 공간

도시의 번화가에서도 서점을 찾기 힘든 현실이지만 헤이리에서는
그렇지 않다. 곳곳에 책을 테마로 한 박물관이나 테마 서점들을 쉽
게 볼 수 있다. 책으로 만들어진 집, 북하우스는 지금의 헤이리를 있
게 한 '헤이리의 메카'와 같은 곳이다. 헤이리가 단지 황무지에 지나
지 않았을 때 가장 먼저 문을 열었던 북하우스는 사람들로 하여금

멀리 있는 헤이리를 찾도록 한 첫 번째 명소였다.

북하우스는 우선 특이한 외관으로 화제를 불러일으켰다. 헤이리 땅의 생김새, 스카이라인과 잘 조화되는 모습을 갖춘 건축 외형과 내용이 기존의 발상을 한껏 바꿔놓았다. 특히 겉으로 노출된 콘크리트와 나무의 조화로운 구성이 인상적이다. 내부는 거대한 책꽂이를 기둥으로 사용하고 있는데, 이 모습이 기본으로는 서점의 역할을 하고 있는 북하우스에 어울린다. 북하우스는 내부 공간이 하나로 연결되어 있다. 책방이면서 갤러리이고, 공연장이면서 레스토랑이며 카페다. 예술의 장르가 상호 통합되고 소통되는 곳이 바로 북하우스 건축의 포인트인 셈.

헤이리에는 예쁜 카페와 휴식공간이 많다. 그냥 작품 옆에 자리를 깔고 앉을 수 있고, 조형물을 그늘 삼아 쉬어도 된다. 헤이리 예술마을 사람들은 야외무대 옆 갈대광장을 최고의 명소로 꼽는다. 이곳은 헤이리 내에 벤치가 놓여 있는 유일한 공간으로, 마치 피크닉을 위해 조성된 것처럼 보일 정도. 도시락을 다 먹은 후에는 영화 속 풍경을 연상시키는 야외 공간에서 사진을 찍어도 좋다. 갈대 숲 주변에 '대화하는 의자'나 '누운 벤치' '구름 솟대' 등의 아름다운 조형물이 가득 설치되어 있기 때문이다.

즉석 데이트 코스로 인기가 좋은 갤러리와 박물관 천국

비가 온다면 아담한 '북카페 반디(031-948-7952)'에서 도시락을 먹는 것도 방법. 소설, 에세이, 전문 서적까지 총 3,000여 권의 책이 있어서 책을 보면서 식사를 할 수 있다. 북카페에서 판매하는 향긋한 허브 차를 곁들이면 한결 분위기 있는 점심식사가 된다. 차를 마시지 않더라도 누구나 편하게 구경하고 갈 수 있는 집이라는 게 자랑이다.

헤이리에서는 누군가의 갤러리 혹은 스튜디오가 야외 전시관처럼 이어져 있다. 각각의 공간 안으로 들어서면 다른 세상이 펼쳐진다. 토이뮤지엄의 최현주 부관장은 "세련미가 흐르면서도 정성스러운 손길이 담겨 소박해진 공간. 관람객이 찾아오는 갤러리이기 전에 예술가의 일상이 숨 쉬는 작업실"이라고 말한다. 그래서인지 여느 갤러리처럼 외부인이 무시로 드나드는 이곳이 낯설지 않고 친숙하게

**자연이 살아 숨쉬는
이색 공간, 갤러리모아**

물과 돌, 나무 등 자연과 함께
어우러져 눈에 띄는 '갤러리모
아(031-949-3272)' 건물은 건
축가 우경국 씨의 자택이자 갤
러리인 이색 공간. 개성 넘치는
건축으로 많은 사랑을 받고 있
다. 갤러리모아에서는 노르웨
이의 유명한 판화가 테리예 리
스버그의 작품을 함께 감상할
수 있다.

느껴진다.

또한 헤이리는 젊음이 느껴지는 곳이다. 건물의 외관도 예술이지
만, 내부 역시 채광을 고려한 디자인으로 자연과 조화를 이룬다. 길
을 따라 이어진 갤러리들이 단조롭지 않아 이곳을 찾은 여행객들도
소풍 나온 아이들처럼 행복해 보인다.

헤이리 아트밸리의 건물은 곧 예술인이 사는 집이고, 작업장이며
동시에 전시관이다. 그러나 예술인들이 끼리끼리 모여 사는 '그들만
의 마을'이 아니다. 그래서 헤이리의 설계 도면에 '담장'이란 애초부
터 없다. 지척의 철조망을 통해 북한이 건너다보이는 긴장과 대립의
땅이 문화예술인들에 의해 평화의 땅으로 탈바꿈되고 있는 것이다.

근교 여행지

1 | 세계민속악기박물관

세계민속악기박물관은 관람객에게 무료로 차를 대접한다. 사업가 이영진 씨가 유럽, 인도, 아메리카, 동남아 등 60여 나라에서 수집한 민속악기 4백여 점을 전시하고 있다. 일부 악기는 직접 연주해볼 수도 있다. 매주 월요일 휴관.

☎ 031-946-9838 @ www.e-musictour.com

ⓦ 입장료 어른 5천원, 학생 4천원

2 | 통일전망대

통일전망대 실내 전망술에는 미니어처로 북한 개성 일대의 지형을 복원해놓았다. 안내원들에게 요청하면 더욱 자세한 소개를 들을 수 있다.

전망대 건물 내부에는 북한 주민들의 생활상과 북측의 문화·예술 공연을 상영하는 경상실, 통일 노력의 발자취를 설명하는 통일전시실, 그리고 북한 주민들의 생활상을 더욱 가까이에서 체험할 수 있는 북한 전시실과 북한 생활 체험실도 마련되어 있다. 주말에는 가족 단위 여행객들이 많지만 평일에는 단체로 관광을 온 일본과 중국의 관광객들로 붐빈다.

3 | 자유로 드라이브

한강과 임진강의 강둑을 따라 시원스레 열려 있는 자유로는 한껏 속도를 올릴 수 있는 정말 '자유로운' 길이다. 특히 휴일 오후 나들이 코스로 적당하다.

북한 지역이 한강 너머로 바라다보이는 지역에 이르자 강을 막아선 철조망이 눈에 들어온다. 행주대첩으로 유명한 행주산성을 왼쪽에 두고 완만한 커브를 돌면 행주대교가 나온다. 여기서부터 자유로 드르이브가 시작된다.

가는 법

자유로를 타고 일산 이산포IC에서 15분 정도 자유로를 달리면 성동IC. '예술마을 헤이리' 이정표를 따라 우회전한 다음 첫 번째 성동사거리에서 좌회전해 헤이리 1번 게이트로 진입하면 된다.

대중교통을 이용할 경우 서울 합정역 1번 출구에서 200번, 2200번 버스를 타면 된다. 헤이리 아트밸리로 30분 간격으로 출발.

근처 맛집

1 | 레스토랑 겸 아트숍 '크레타'

조각가 김기호 씨 부부가 사는 집. 3층 건물로 1층은 작업장, 2층은 아트숍, 3층은 레스토랑으로 쓰고 있다. 헤이리에서 가장 저렴하고 발 빠르게 지은 집이란 게 주인 내외의 '겸손한' 설명이다. 레스토랑에서 가장 많이 팔리는 메뉴는 돈가스.

☎ 031-948-6001 ⑪ 돈가스 1만원

2 | 장단콩두부마을

헤이리 부근에 장단콩으로 만든 두부를 맛볼 수 있는 곳이 세 군데 정도 있다. 가장 찾기 쉬운 곳은 성동사거리에서 프로방스로 올라가는 언덕 초입에 있는 장단콩두부마을. 물과 콩 외에는 아무런 첨가물이 들어가지 않은 콩 본연의 맛을 두부에 담아놓은 것으로 건강한 콩의 감칠맛과 부드러운 두부의 질감에 서서히 중독된다.

⊠ 경기도 파주시 탄현면 성동리 성동사거리

☎ 031-945-3370 ⑪ 청국장 정식 1만원, 콩비지 정식 1만원

숙박 팁

모티프원

창작 스튜디오를 겸한 문화 숙박 공간. 모티프원은 예술인들의 작업 공간이자 헤이리를 찾는 여행객들의 게스트하우스다. 헤이리를 방문하는 여행객이나 문화 체험을 하려는 외국인들에게도 인기가 많다. 모티프원의 개성 있는 건축과 인테리어는 한 휴대전화 CF를 통해 널리 알려지기도 했다.

☎ 031-949-0901 @ www.motif1.co.kr

ⓦ 숙박료 주중 12~22만원, 주말 14~26만원

프러포즈하기 좋은 럭셔리 펜션의 대명사

양평 생각속의 집

건축은 자연과 끊임없이 대화를 시도한다. 특히 전원에 자리 잡은 펜션은 자연의 흐름을 방해하지 않고 한데 어우러져 자연을 몸으로 느끼기 좋은 공간이다. 그런 점에서 비발디파크리조트 가는 길목의 양평 끝자락에 위치한 펜션 생각속의 집은 자연과 사람의 조화를 빚어낸 쉼터다.

BEST SEASON

봄 ★★★★★
여름 ★★★★
가을 ★★★★
겨울 ★★★★★

TRAVEL PARTNER

가족 ★★★★
연인 ★★★★★
친구 ★★★★

TRAVEL COURSE

1일 양수리 두물머리 – 양평 – 용문사 – 점심식사(닭볶음탕) – 생각속의 집 –
저녁식사(바비큐) – 숙박

2일 아침식사(칼국수) – 비발디파크리조트 – 오션월드 – 홍천 노일강 –
점심식사(산채비빔밥) – 양평

Address	경기 양평군 단월면 부안리 대부록길 37
Tel	031-773-2210
Web	www.mindhome.co.kr
Price	**민트** 주중 19만 8천원, 주말 26만 4천원, **라벤더** 주중 30만 8천원, 주말 38만 5천원, **캐모마일** 주중 31만 9천원, 주말 39만 6천원

건축가 민규암이 설계한 펜션. 회색빛 콘크리트 블록과 자연이 어우러져 빚어내는 이 펜션의 독특한 자태는 건축가들뿐 아니라 수많은 사람들의 이목을 모았다. 공간 구성이 오밀조밀한 단독 주택 방식을 따르면서도 각 동마다 독립된 공간의 인테리어 분할이 이색적이다.

이 펜션의 주인장은 가족 단위 휴양시설을 계획하면서 다양한 커뮤니티를 통해 사람과 자연이 소통하는 공간을 만들고 싶었단다. 그 생각에 초기 유럽형 펜션의 인테리어 장점을 얹어 공간 배치에 반영했다. 주인장은 '스파'를 통한 휴식이라는 특징을 주고 싶었고, 그 결과 각 객실마다 특색 있는 욕실이 마련되어 있다.

사람과 자연이 소통하는 공간을 배려한 펜션

'생각속의 집'은 홍천 가는 길에 있는 용문터널 지나 양평 끝자락에 있다. 물안개 피어오르는 양수리의 풍경을 따라가다 대명비발디파크 안내판을 보고서 시골길로 접어들면 콘크리트 건물이 불쑥 나타난다.

왠지 그 속이 궁금하고 은밀한 것만 같아 연인들에겐 꼭 한번 가보라고 추천하고 싶은 펜션이 바로 '생각속의 집'이다. 사람과 자연이 소통하는 공간을 배려한 이 펜션은 객실 이용자들의 프라이버시를 최대한 고려했다. 각 동마다 진입 동선을 다르게 분리했고, 특색 있는 욕조 시설을 마련했다. 그런 점에서 이곳은 초기 유럽형 펜션의 의미와 일맥상통한다. 목욕을 통한 휴식과 자연과 소통할 수 있는 야외 공간을 마련한 객실에서 나만을 위한 휴식을 취할 수 있는 곳이다.

넓게 펼쳐진 각 공간은 모두 산과 나무와 호흡한다. 산기슭을 집 안으로 끌어들인 것은 선조들이 장독대를 뒷마당에 놓은 것처럼 집을 넓게 활용하는 전통 한옥의 구조에서 착안한 것이다. 근본적으로 산기슭을 집 안으로 끌어들이는 독특한 구조를 섬세하게 다듬어 전혀 새로운 공간으로 탄생한 이 펜션의 멋을 느낄 수 있다.

생각속의 집은 흔한 재료인 콘크리트 블록으로 지어져 멀리서 봤을 때는 웅장하게 어깨를 기댄 유럽의 성을 닮았다. 전체가 하나의 공간처럼 보인다. 실제로는 펜션 주인이 거주하는 본채 한 동과 별채 세 동으로 이루어져 있다. 하지만 각각의 공간은 펜션이라는 용도에 맞게 모두 다른 사용자의 성격을 고려했다. 사용자가 서로 마

성처럼 생긴 블록 구조의 건축이
고급스럽고 아늑한 공간으로 탄생한
생각속의 집 펜션

자연광을 객실로 끌어들여 화사하고
편안한 분위기를 연출하는 침실.
각 객실마다 독립된 공간으로
분리되어 있어 사생활이 보호된다.

주치지 않는 동선과 독립적인 설계로 고안되었다. 다양한 방법으로 쌓은 콘크리트 블록은 건물의 선과 면을 강조하고 모던한 건축미를 자랑한다.

건물 중심에 위치한 2층 구조의 본관은 나머지 건물들의 중심 역할을 하고 있다. 여느 건물들과는 다르게 비스듬히 위치해 성처럼 넓게 퍼져 있다는 인상을 준다. 서쪽에 위치한 건물은 콘크리트 블록이 건물과 마당 전체를 아우르고 있다.

대지의 중간 자락에 위치한 또 다른 건물은 2층 구조로 설계되어 있다. 1층에는 공동 생활 공간과 레스토랑이, 2층에는 발코니와 이어지는 침실이 있다. 1층과 2층의 높은 천장은 산의 지형을 닮았다. 마지막으로 산과 정면으로 마주하고 있으며 가장 동떨어진 곳에 있는 건물의 뒤편에는 연못 깊이 정도의 노천탕이 설치되어 있어 운치를 더한다. 각 건물마다 옥상으로 이어지는 계단 외에도 여러 곳에서 계단이 반복적으로 등장해서 하늘과 맞닿은 듯한 인상이 든다.

특급호텔 스위트룸보다 럭셔리한 객실

펜션으로 들어가면 편안함이 몸을 감싼다. 객실은 모두 여섯. 객실명은 민트, 로즈마리, 라벤더, 타임, 재스민, 캐모마일로 모두 스타일리스트가 꾸몄다.

민트는 예쁜 홈바가 마련되어 있어 커플이 이용하기에 알맞다. 황금색으로 꾸며진 노천탕이 있는 로즈마리는 흰색과 초록의 세련된 색감이 주조를 이룬다. 복층으로 꾸며진 라벤더는 연인에게 특히 인기가 있는 객실이다. 2층에 자쿠지 원형 욕조가 설치되어 있기 때문. 창밖에는 차를 마실 수 있는 테라스도 마련되어 있다.

로즈마리는 화이트그린의 심플하고 세련된 이미지의 인테리어로 커플이나 핵가족이 이용하기에 알맞은 쉼터이다. 후정 공간에는 아름다운 연못과 그 안에 노천탕이 있다. 봄이면 연못에 꽃들이 만발하는데, 그 속에서 목욕하는 느낌은 이전에는 느껴보지 못한 색다른 경험을 선사한다.

스타일을 살린 객실과 부대시설

예술 작품 안에 들어와 있는 것 같은 느낌을 주는 것으로도 유명하다. 외부 인테리어는 군더더기 없이 깔끔하고, 내부로 들어서면 특급 호텔의 스위트룸에 온 느낌을 받을 수 있다. 2단지를 세우고 레스토랑을 새로 지은 뒤에는 더 편리하게 휴식을 즐길 수 있다. 야외 욕조, 야외 데크 등 자연의 싱그러움을 느끼도록 세심한 배려를 했다.

복층 구조의 재스민은 로맨틱한 분위기를 풍긴다. 하지만 재스민의 압권은 유리로 외벽을 마감한 야외 욕조다. 자연을 향해 완전히 드러나 있지만, 독립성을 완벽하게 보장하는 건물의 구조 덕택에 딱히 걱정할 필요는 없다. 연인뿐 아니라 아이를 동반한 가족에게 인기가 높으며, 1층에는 바비큐를 할 수 있는 야외 공간이 준비되어 있다.

타임은 선명한 빨강을 포인트로 하여 꾸며진 세련되고 모던한 복층 구조의 72.6㎡의 공간이다. 1층에는 바비큐를 할 수 있는 야외 공간과 5.1채널 DVD시설이 구비된 거실, 샤워실 및 화장실과 세면대, 심플한 주방으로 이루어져 있다. 2층은 아늑한 공간의 침실이다. 커플 및 친구 등 소규모 이용객이 묵기 적합한 구조다.

캐모마일은 현대적 감각의 인테리어로 꾸며진 객실이다. 레드 컬러의 사용이 돋보인다. 1층에 있는 부엌은 스테인리스 소재로 장식을 했는데, 간접 조명을 사용해 활기를 준다. 아마도 생각속의 집에서 가장 넓은 공간인 만큼 단체 모임을 배려한 것이 아닐까 싶다.

생각속의 집의 자랑은 노천탕이다. 여느 펜션의 노천탕과 사뭇 다르다. 통유리벽으로 둘러싸여 실내에서 노천탕의 효과를 누리게 했다. 김영관 대표에 따르면 겨울에 노천욕 하기를 꺼려하는 우리나라 사람들의 취향에 맞춘 것이라고. 유리벽으로 둘러싸인 이 집의 노천탕은 차가운 바람은 막아주면서도 자연 속에서 노천탕을 즐기는 감흥은 그대로 느끼게 해준다.

이런 곳에서 하룻밤을 묵는다는 것은 행복한 휴식이다. 우리가 상상하는 펜션의 모든 것을 완벽하게 갖추고 연인들의 로맨틱 휴식을 보장하는 곳이 '생각속의 집'이다.

두물머리 고목

능내마을

근교 여행지

1 | 두물머리

양평의 두물머리는 남한강과 북한강 두 물줄기가 만나는 곳이라는 뜻의 옛 지명으로, TV 드라마나 영화를 통해 널리 알려진 곳이다. 결혼기념 사진 촬영장소로도 인기가 높다. 400년 된 느티나무와 이른 0 침에 피는 물안개가 압권이다. 수령이 400년 된 장대한 느티나무는 그 잎의 푸르름으로 주변을 압도하며 서 있다.

2 | 용문사

용문산에서 2km 거리르 약 1시간 소요. 능선마루에서 등산로가 갈린다. 짧은 산행을 하려면 여기서 북릉 쪽으로 길을 잡아 920고지에 이른 뒤 겨곡을 타고 내려오면 용문사에 이른다. 신라 선덕여왕 때 창건한 용문사 사찰 앞에는 높이 61m, 둘레 14m에 달하는 은행나무(수령 1,100년)가 사람들의 발걸음을 멈추게 한다.

3 | 중미산 자연휴양론

환상적인 드라이브 코스라 불리는 농다치고갯길 꼭대기까지 올라가면 휴양림 입구가 나타난다. 산 정상에 서면 울창한 숲과 남한강이 조화롭게 꽤치되어 있어 눈이 시원하고, 산안개가 끼는 아침이면 통나무 집 주위에 운무가 가득해 색다른 분위기가 난다. 중미산은 산 전체에 침엽수림이 들어차 있고, 봄부터 가을까지 하늘이 보기지 않을 정도로 숲으로 우거져 있다.

가는 법

서울에서 6번 국도를 따라 양평에서 홍천 방향 44번 국도로 갈아탄다. 용문터널을 지나 비발디파크 방향으로 가다 단월터널 직전 삼거리에서 '생각속의 집' 이정표를 따라 우회전하면 나타난다.

근처 맛집

민예원

생각속의 집 펜션에서 50m 정도 안으로 들어가면 나무가 가득한 식당이 나온다. 주인장이 직접 버섯과 효소 재배로 키운 야채와 토종닭요리를 맛볼 수 있다. 반찬으로 나오는 음식도 직접 유기농으로 재배해 올린 것들. 버섯요리도 맛있다.
특히 버섯칼국수가 인기가 많고, 닭볶음탕도 기름기가 적은 토종닭을 사용해 매콤달콤한 맛이 입맛을 당긴다.
◉ 경기 양평군 단월면 대부록길 67
☎ 031-773-6373 🍴 토종닭볶음탕 3만원, 녹차수제비 7천원

서종리 강변도로

내 마음에 꼭꼭 숨겨 놓은 청정 지역

곡성 섬진강 기차마을

오염되지 않은 자연을 간직한 곳, 곡성의 섬진강. 울울창창 우거진 수풀을 헤치고 흘러가는 섬진강은 어머니의 품처럼 애잔하고 그리움을 낳는 공간이다. 더불어 보성강과 만나는 섬진강 중류는 섬진강 최고의 드라이브 길로 사랑받는 곳이다. 최고의 드라이브와 자전거 하이킹 코스와 아름다운 강마을이 있는 섬진강 중류로 피서를 나서자.

TRAVEL COURSE

1일 호남고속도로 옥과IC – 곡성읍 – 점심식사(참게탕) – 곡성 기차마을 – 가정역 –
섬진강 하이킹 – 압록유원지 – 저녁식사(은어회) – 섬진강 기차마을 펜션 숙박

2일 아침식사(한식) – 압록유원지 – 태안사 – 보성강 드라이브 –
점심식사(눈치회무침) – 곡성읍 – 옥과IC

Address	전남 곡성군 오곡면 기차마을로 232-1
Tel	섬진강기차마을 061-363-9900~1
Web	www.gstrain.co.kr
Price	교통비 5만원, 식비 7만원, 숙박비 5만원, 여비 3만원(1인, 1박2일 기준)

　섬진강 중류인 곡성에서 압록 구간은 섬진강에서 풍치가 가장 아름다운 곳이다. 웅장하고 화려한 멋이 아니라 푸근하고 감칠맛이 느껴지는 서정적인 구간인 것이다. 진안과 순창을 거쳐 흐르는 아담한 강줄기는 곡성에 접어들면서 제법 강폭을 넓혀 압록에서 보성강과 만난다. 자연 그대로의 모습을 고스란히 간직한 보성강과 섬진강의 어울림은 소담스런 운치를 자아내며 섬진강 최고의 비경을 선보인다.

　청정한 섬진강에는 풍성한 자연이 숨 쉰다. 여름이 되면 강마을 사람들의 손길이 분주해진다. 투망을 던져 은어를 잡고 통발을 쳐서 참게를 잡는다. 강변을 따라 은어회, 은어튀김, 참게탕을 맛볼 수 있는 맛집들이 즐비한 탓에 맛깔스런 섬진강으로 불리기도 한다.

　웅장하지도 왜소하지도 않은 강과 곧은 철로를 곁에 두고 구불구불 휘돌아 달리는 섬진강 드라이브는 최고의 하이라이트로 손꼽힌다. 유홍준 교수는 저서 『나의 문화유산 답사기』에서 섬진강을 끼고 달리는 곡성에서 구례에 이르는 17번 국도를 우리나라에서 가장 아름다운 드라이브 길이라고 감탄했다. 오후의 햇살에 반짝이는 은빛 물결, 신록을 뽐내는 강변 수목의 일렁임은 가슴 뭉클한 여행의 묘미를 선사한다. 한참을 달려 압록에 이르면 길은 두 갈래로 나뉜다.

보성강을 따라 태안사 방면으로 가는 18번 국도로 접어들면 시원한 드라이브의 맛을 만끽하기 좋은 길이 나온다.

특히 압록유원지는 섬진강과 보성강이 만나는 곳으로 대나무와 강이 어우러져 한 폭의 동양화를 보는 듯 아름답다. 섬진강의 별미 참게탕, 은어구이 등을 맛볼 수 있으며, 가족 단위 캠핑 장소로 인기가 좋다.

압록에서 10분쯤 보성 방향으로 달리면 우리나라에서 원시림이 가장 잘 보존된 태안사가 나온다. 동리산 자락에 위치한 태안사까지 약 2km 정도 이어지는 산책로는 한낮에도 햇살이 미치지 않을 만큼 울창하다. 야생의 모습 그대로 계곡과 어울려 빚어내는 풍경은 기대와 설레는 감흥을 선사한다. 이곳은 차를 타고 오를 수 있지만 그렇게 쉽게 지나쳐 버리기에는 아까운 길이다.

〈태극기 휘날리며〉 섬진강 따라 증기기관차 기차 여행

곡성군은 1999년 전라선 철도 개량 공사로 폐선이 된 철로를 이용해 섬진강변을 달리는 미니 기차를 상품으로 개발했다. 곡성의 명물 미니 기차는 옛 곡성역 자리인 곡성 철도공원 혹은 곡성 섬진강 기차마을에서 고달면 가정마을 간이역까지 9km 구간을 왕복 운행한다.

영화나 드라마 촬영은 주로 전시용 증기기관차에서 이뤄졌다. 체험용 증기기관차는 긴 쿠션의자의 옛날식 비둘기호 객실이지만, 전시용 기차는 더 옛날식이다. 투박하게 각진 2인용 나무의자가 이채롭다. 외관도 훨씬 낡았다. 곡성역 주변에 무궁화호나 비둘기호 기차도 전시하고, 철길에 목침을 놓아 산책로도 만들었다. 객차를 이용한 카페나 레스토랑도 있다. 곡성역사 옆에는 수화물 창고도 있는데, 이 또한 오래된 목조 건물이다. 철로자전거도 탈 수 있고 조형물을 배치해 아담한 공원을 둘러보는 느낌이다.

섬진강에서 가장 아름답다는 구간을 시속 30km로 달리는 미니 기차를 타고 감상하는 맛은 색다르다. 섬진강 맑은 물과 주변의 아름다운 풍광, 그리고 차창 밖의 강바람은 스트레스를 한순간에 날려준다. 무엇보다 아이들과 여성들이 더없이 좋아하니 가족 나들이로는 제격이다. 데이트를 즐기는 연인들도 인기 여행지로 꼽는다.

섬진강 자전거 하이킹은 연인과 함께 섬진강에 가까워지는 데이트를 즐길 수 있는 곳. 곡성군에서는 압록 주변 가정리 강변에 자전거 전용 도로를 꾸며 놓았다. 주변에 3천여 평의 잔디광장과 원두막, 디딜방아, 수차, 나룻배 등의 향토적인 볼거리를 갖춰 놓았다.

강변에는 참취꽃, 싸리꽃 등 야생화와 예쁜 꽃들이 자전거 도로를 아름답게 수놓는다. 압록이나 태안사 혹은 구례구역 쪽으로 멀리 이동하는 것도 좋다. 청소년야영장과 민간대여소에서 자전거를 대여받을 수 있다 (자전거 대여소 061-363-4189).

미니 기차가 곡성 철도공원을 출발해 가정 간이역을 돌아오는 데 왕복 1시간 30분 걸린다. 매일 오전 11시 반, 오후 1시 반, 오후 3시 반에 운행하며 시기에 따라 오전 9시 반, 오후 5시 반에도 출발한다. 자세한 사항은 홈페이지 참조. 좌석은 인터넷과 현장 구매, 입석은 현장에서만 구매 가능하다. 기차 요금은 어른 왕복 6천원.

미니 기차가 지나는 가정마을 간이역은 섬진강의 수려한 풍경을 제대로 즐길 수 있는 최고의 장소. 차를 가지고 가지 않았다면 철도공원으로 되돌아가지 말고 이곳에서 내려도 된다. 자전거 대여소에서 자전거를 빌려 타고 섬진강변을 따라 하이킹을 해보는 것도 섬진강을 제대로 여행하는 방법이다.

곡성 철도공원의 철로자전거도 꼭 타자. 철로를 따라 철도공원을 한 바퀴 돌 수 있다. 자전거를 개조한 거라 조작법도 간편하고, 큰 힘을 들이지 않고서도 신나는 경험을 할 수 있다. 철로자전거는 주중에도 오전 9시부터 오후 6시까지 아무 때나 탈 수 있다.

가정마을에서 이어지는 자전거 하이킹은 자전거를 타다 원두막이나 강변에서 쉴 수 있어 좋다. 또 이 구간은 강의 수심이 깊지 않아 아이들도 물놀이를 하기에 적당하다. 다슬기와 조개도 잡을 수 있고 낚시를 하기에도 안성맞춤.

근교 여행지

1 | 압록유원지

곡성과 구례가 만나는 지점인 압록유원지는 섬진강과 보성강이 합류하는 곳이다. 이곳에서 보성강을 따라서 태안사 방향으로 가다보면 오른편에 폐교를 활용해서 조성한 섬진강 문화학교가 보인다.

2 | 태안사

태안사는 신라시대 구산선문 중 하나로 고려시대 국사인 적인선사를 배출한 고찰이다. 이곳에서 맨 처음 접하는 건물은 좁은 계곡 위에 세워진 능파각이다. 능파각을 통과하면 멋진 오솔길이 나온다. 오솔길 끝에 있는 일주문을 지나면 왼쪽에 아름다운 연못 한가운데 놓인 삼층석탑이 있다.

가는 법

호남고속도로 곡성IC로 빠져나와 곡성읍까지 간 다음 터미널 사거리를 지나 큰 다리를 지나면 바로 섬진강 기차마을이 나온다. 여기서 다시 17번 국도를 타고 가정마을을 지나 10분쯤 달리면 압록유원지가 나온다.

근처 맛집

새수궁가든

24년째 참게 요리와 은어 요리를 전문으로 하는 주인아주머니는 전국 요리명장 콘테스트에서 최우수상을 수상했다. 정성스레 담아내는 참게탕의 감칠맛이 일품이다. 이 집의 별미인 '닭 잡아먹은 참게'도 좋지만 여름에는 수박향이 알싸한 은어회와 은어튀김이 제맛이다.

✉ 전남 곡성군 죽곡면 하한리 937
☎ 061-363-4633 🍴 참게탕 3만 5천원, 은어회 3만원~

숙박 팁

곡성읍내 터미널 주변에 모텔과 여관이 몇 곳 있지만 시설이 낙후되고 오래된 것이 흠. 그렇다면 섬진강을 내려다볼 수 있는 압록유원지 부근의 리버사이드모텔(061-363-8201)이 좋고, 압록에서 섬진강 드라이브를 즐기며 5분 정도 더 달리면 구례구 다리 건너에 위치한 섬진강호텔(061-781-2000)도 좋다. 두 곳 모두 강변에 있어 전망이 좋고 객실도 깨끗하다.

밥 짓고 별 보며 오로지 자연에서 즐기는 하룻밤

망상 오토캠핑리조트

유럽 캠핑촌을 떠올리게 하는 망상 오토캠핑리조트. 드넓은 동해 바다를 머리맡에 두고
캠핑카에서 몽골텐트촌까지 골라 자는 재미가 쏠쏠하다. 드넓은 망상해수욕장에서 낮
에는 더위를 피하고, 저녁엔 캠핑리조트에서 여유 있는 바닷가 여행의 진수를 느끼기에
안성맞춤인 곳. 바닷가 캠핑장으로 떠나보자.

TRAVEL COURSE

1일 망상IC – 망상해수욕장 – 묵호항 어달회센터 – 점심식사(활어회) –
망상 오토캠핑리조트 – 해수욕 – 저녁식사(바비큐) – 캠핑장 숙박

2일 아침식사(캠핑음식) – 캠핑장 산책 – 점심식사(물회) – 무릉계곡 – 망상IC

Address   강원도 동해시 동해대로 6370
Tel   033-539-3600~2
Web   www.campingkorea.or.kr
Price   캐러밴A(2~4인용) 주중 6만원, 주말 9만원, 캐빈하우스A(4~7인용) 주중 8만원,
주말 12만원, 아메리칸코티지A(4~8인용) 주중 10만원, 주말 15만원

오토캠핑의 인기가 수직 상승하고 있다. 언제 어디서나 내 집 같은 편안함이 보장되기 때문이다. 차를 세우는 곳이 곧 숙소가 되는 오토캠핑이야말로 자연친화적인 레저 문화다. 머물고 싶을 때 머물고, 떠나고 싶을 때 떠나는 여행의 자유를 실컷 느낄 수 있다는 점도 매력적이다. 씻을 물과 식수의 구별 등 세심한 부분을 꼼꼼히 챙기기만 한다면 오토캠핑처럼 즐거운 것이 없다. 오토캠핑(Autocamping)은 호텔이나 여관 대신 텐트나 간이 숙박시설을 이용해 경관을 즐기면서 자동차로 여행하는 것을 말한다.

망상 오토캠핑리조트는 오토캠핑장, 캐러밴, 캐빈하우스, 아메리칸 코티지, 몽골텐트촌 등으로 구성되어 있다. 이곳에 가면 마치 유럽의 캠핑촌에 온 느낌이 들어 마음이 설렌다. 캠핑장 입구에 들어서자마자 하얀 파도를 일으키는 동해 바다와 수십 대의 캠핑카가 어우러진 이국적인 정취가 돋보인다.

동해의 망상 오토캠핑리조트에는 100여 대의 캠핑카를 설치할 수 있는 오토캠핑장이 조성되어 있다. 우리나라에서는 아직 캠핑카를

이용하는 여행 방식이 생경하다. 하지만 유럽이나 미국, 일본에서는 이미 일상적인 여행법으로 정착했다. 네덜란드에서는 인구의 3분의 1 이상이 캠핑카를 소유하고 있을 정도. 캠핑카의 매력은 어디로든 자유롭게 이동할 수 있다는 것. 그러면서도 내 집 같은 편안함을 보장받을 수 있다. 펜션이나 호텔을 찾는 것보다 한층 자연을 가까이 느낄 수 있는 것도 캠핑카의 장점. 마음에 드는 곳이 바로 목적지가 되는 낭만적 일탈도 얼마든지 가능하다.

현재 망상 오토캠핑리조트에서 경험할 수 있는 캠핑카는 무동력 캐러밴. 움직이는 집이라 불리는 캐러밴에는 침실, 조리대, 화장실 등 기본생활에 필요한 시설이 완비되어 있다. 캠핑카 내부는 좁지만 갖출 것은 다 갖췄다. 하지만 화장실의 뒤처리를 본인이 직접 해야 한다. 주방 가스레인지, 냉장고는 물론 전자레인지까지 갖추고 있어 조리에도 전혀 불편함이 없다. 물탱크가 따로 있어서 급수에도 문제가 없다. 캠핑카 내부 응접실에 있는 소파를 펼치면 침대가 된다. 둘이 누워도 넉넉하고 다시 접으면 소파로 변신한다. 소파는 꽤 넓은 공간으로 5~6인도 넉넉하게 앉을 수 있다.

망상 오토캠핑리조트에는 공동취사장, 공동화장실과 샤워장, 코인 세탁기, 카페테리아, 매점, 놀이터 등 각종 편의시설이 세련되고 깨끗하게 갖추어져 있다.

망상 오토캠핑리조트는 원래 '세계 캠핑 캐러배닝대회'를 개최하기 위해 조성한 곳이다. 60여 대의 캠핑카 외에도 오토캠핑장, 캐빈하우스, 아메리칸 코티지, 몽골텐트촌 등 다양한 숙박시설을 선택할 수 있다. 또한 국내 최초로 오토캠핑장에 리조트 개념을 도입하고 이색 잠자리 체험을 가능하게 한 망상 오토캠핑리조트와 (주)굿위크앤드에서 운영하는 캐러밴에서 숙박을 할 수 있다.

망상 오토캠핑리조트 꼼꼼 돋보기

망상 오토캠핑리조트는 동해 최고의 해수욕장으로 손꼽히는 망상해수욕장에 위치하고 있어 언제나 바다를 볼 수 있다. 부대시설로 전망대 역할을 하는 정자가 별도로 마련되어 있다.

조그마한 별장 느낌이 들 정도로 캠핑카 내부를 고급 소재로 마감했다. 공간은 협소해도 냉장고와 조리대, 수납장 등이 서랍식으로 꾸며져 있어 아늑하다. 처음 이용해 본 사람들은 아기자기한 캠핑카의 이색적인 분위기에 만족한다. 하지만 캐러밴 안에 있는 화장실과 세면장 공간이 좁은 것이 단점. 캐러밴 종류에 따라 화장실 기능이 다르므로 여럿이서 사용한다면 야외 시설을 이용하는 것이 낫다.

이용객들마다 입을 모아 칭찬을 하는 부분은 코앞에 있는 해변과 솔숲 산책로. 캠핑리조트 주변에 잔디밭이 조성되어 있어 공원 같은 느낌이 들고 매점, 전망대 등 편의시설이 있어 편리하다. 하지만 캠핑장에서 특급 호텔 같은 서비스는 기대하지 않는 게 낫다. 워낙 공간이 넓고 관리가 힘들다. 그래도 최상급 서비스는 아니지만 모든 직원들이 웃는 얼굴로 안내한다.

해수욕장과 대규모 부대시설은 망상 오토캠핑장만의 장점. 하지만 캐러밴 내부의 부대시설이 좁아 약간의 불편함은 감수해야 한다. 가족보다는 연인들에게 안성맞춤. 또한 오토캠핑에서 '시간을 어떻게 보낼 것인가?'의 문제는 '먹는 것'만큼 중요하다. 캠핑장 주변에서 하이킹이나 물놀이를 하고, 해먹 등을 설치할 수 있다면 금상첨화라고 할 수 있다. 원반이나 배구공 같은 간단한 운동 장비도 캠핑에서는 좋은 친구가 된다.

망상해수욕장&묵호항 새벽시장에서 횟감 구입

동시에 5만 명 정도 수용이 가능한 망상해수욕장. 동해시 최대의 해수욕장으로 숙박, 식당, 오락실 등 편의시설이 많아 피서철은 물론 평상시에도 인기가 높은 곳이다. 망상해수욕장은 1.4km의 긴 해변에 완만한 경사를 이루고 있어 어린아이를 동반한 가족 피서객들에게 특히 인기가 좋다. 주변에 모터보트나 윈드서핑 등 레포츠 업체가 많아 물놀이를 즐기기에도 좋다.

망상해수욕장에서 자동차로 3분 거리에 있는 묵호항에도 꼭 가자. 묵호항은 새벽에 바가 들어올 때 가장 분주하다. 본격적인 경매가 시작되는 오전 6시부터 8시 사이에는 주변에서 휴가를 즐기는 사람들까지 몰려들어 북적거린다. 새벽 어시장은 여행객들에게 신선한 볼거리다. 싱싱한 생선을 경매로 즉석에서 사는 경험도 할 수 있다. 여름철이면 싱싱한

신선한 횟감과 정겨운 항구의
풍경이 펼쳐지는 묵호항

오징어 20마리를 1만원 정도에도 살 수 있다. 묵호항에서는 그 자리에서 횟감을 다듬어주기 때문에 상추, 깻잎 등 야채와 양념을 준비하면 즉석에서 먹을 수 있다. 다른 항과 달리 야시장이 서지 않고 새벽시장만 선다는 것도 기억하자.

근처 맛집

오동동횟집

망상해수욕장 백사장 입구에 있어 창문 너머로 동해 바다가 활짝 열린다. 동해시가 으뜸음식점으로 선정했을 정도로 음식 솜씨 또한 뛰어나다.

이 집의 대표 메뉴는 둘회와 활어회. 동해 묵호항에서 매일매일 오징어와 활어를 가져오기 때문에 신선한 음식을 맛볼 수 있다. 물회는 오징어와 야채를 넣어 푸짐하게 나온다. 새콤달콤한 맛으로 입맛을 돋우기 때문에 여름철 인기 메뉴. 여름철 별미로 손꼽히는 산오징어회도 인기. 광어와 우럭회를 주문하면 매운탕과 야채도 덤으로 나온다.

✉ 강원도 동해시 동해대로 6270—18

☎ 033—534—3122 🍴 물회 1만원, 산오징어회 3만원, 광어·우럭 5만원

가는 법

영동고속도로 강릉분기점에서 동해고속도로 망상IC로 나와 망상해수욕장 방향으로 직진. 동해휴게소를 지나면 망상해수욕장이 나오기 전에 망상 오토캠핑리조트 이정표가 나온다. 이정표를 따라 좌측으로 진입.

숙박 팁

굿위크앤드 망상 오토컴핑장

망상 오토캠핑리조트 바로 옆에 위치한 캠핑장으로 캐러밴 32대를 보유하고 있다. 주변에 솔숲이 있어 운치 있다.

☎ 02—2105—1900 @ www.egoodweekend.com ₩ 클래식 (5인승) 9~21만원, 스위트(6인승) 15~29만원

근교 여행지

1 | 추암해수욕장

동해를 찾는 여행객이라면 반드시 찾아가는 추암해수욕장. 이곳의 대표적인 명소는 역시 촛대바위. 오랜 시간 파도에 깎여 만들어진 각양각색의 기암괴석이 가득하다. 추암해수욕장에서 촛대바위 전망대와 해암정을 돌아보는 데 30분이면 충분하다. 촛대바위의 매력을 제대로 보려면 추암해수욕장에서 모터보트를 타는 것도 좋다. 촛대바위 인근의 해안 절경을 한눈에 볼 수 있는 매력이 있다.

2 | 무릉계곡

두타산과 청옥산 줄기에 있는 무릉계곡은 용추폭포에서 시작하여 약 3km 하류인 호소암까지의 구간을 말한다. 매표소에서 5분 정도만 걸으면 수백 명이 앉아도 될 만큼 넓은 무릉반석이 나온다. 여기부터 삼화사, 학소대, 옥류동, 선녀탕, 용추폭포에 이르기까지 곳곳에 비경을 품고 있다. 계곡 주변으로 거대한 나무가 우거져 있어 삼림욕도 겸할 수 있다.

내륙 속의 바다로 떠나는 로맨틱 여행
충주호&단양

유람선을 타면 충주호 주변의 자연 경관에 눈이 즐거워진다. 처음 내딛는 발길마다 만나게 되는 멋진 산줄기와 기암괴석. 맑은 강줄기에 취하고, 조물주의 섬세한 연금술에 감탄케 된다. 특히 충주호 유람선 관광이 압권이다. 2시간 넘게 뺨에 부딪치는 강바람을 맞으며 유람선을 타는 일은 신나고 설레는 일이다.

TRAVEL COURSE

1일 남제천IC – 금성 – 금월봉 – 드라마 〈태조 왕건〉 세트장 – 점심식사(송어회) – 청풍랜드 – 능강계곡 – 정방사 – 저녁식사(마늘정식) – 청풍리조트 숙박

2일 아침식사(한식) – 장회나루 – 충주호 유람선 – 구담봉 – 옥순봉 – 도담삼봉 – 점심식사(올갱이국) – 청풍문화재단지 – 남제천IC

Address	충북 제천시, 단양군
Tel	충주시청 043-850-6732, 단양군청 043-420-3114
Web	충주문화관광 www.cj100.net/tour 단양군문화관광 tour.dy21.net
Price	교통비 5만원, 식비 6만원, 숙박비 7만원, 여비 3만원(1인, 1박2일 기준)

봄기운이 감도는 충주호반에 낭만이 흐른다. 더없이 높고 푸른 하늘, 털보숭이 새싹을 피워내는 버들강아지. 이즈음 호반이 더욱 그리워지는 것은 물안개 때문이다. 해돋이를 준비하는 새벽녘 수면 위엔 어김없이 물안개가 피어오른다. 어디가 뭍이고, 어디가 호수인지 모를 정도로 사방은 온통 안개로 가득하다. 물안개의 적막은 산 너머 찬란한 햇살과 함께 서서히 비켜 앉는다.

충주호는 충주에서 제천, 단양까지 호수 골짜기마다 비경을 이뤄 퇴계 이황이 감탄사를 연발했다는 절경지다. 호수 줄기를 따라 이어지는 호반 풍경은 호젓하니 아름답다. 엷은 초록빛의 신록이 떠다니는 풍경이 첫 걸음마를 배우는 아기의 종종걸음처럼 풋풋해서 눈에 밟힌다. 차로 달리다 보면 바람 속에 봄이 숨어 있는 것을 느낄 수 있다. 그래서 길 따라 바뀌는 충주호는 주변 경치를 즐기며 드라이브하기에 좋은 코스. 특히 충주호 주변 내륙의 자연 경관이 잘 살아 있고, 호반의 곡선을 따라 이어지는 풍경이 아름답다.

충주호의 들머리에 해당하는 충주시 인근에는 중원 문화를 상징하

월악산과 충주호가 어우러진 풍경

는 문화유산이 남아 있다. 중앙탑 공원에는 신라시대의 유일한 7층 석탑으로 불리는 탑평리 7층 석탑을 비롯해서 중원향토사료전시관과 수석전시관 등 다양한 볼거리가 있다. 넓은 잔디공원에 조각품들이 둥지를 틀고 있어 편안한 여행지로도 적격이다. 남한에 유일하게 남아 있는 고구려비인 중원고구려비를 찾아가 보는 것도 좋다.

연인들끼리 충주를 찾았다면 탄금대도 추천 코스. 가야국이 멸망하자 신라로 망명한 우륵이 망국의 한을 달래기 위해 가야금을 탄주했다는 이야기가 전해져 오는 곳이다. 모래톱을 정점으로 남한강 물줄기가 돌아가며 빚어내는 풍광이 참으로 아름답다.

청풍문화재단지 쪽으로 가면 알찬 여행이 기다린다. 호숫가 산마루에 위치한 청풍문화재단지의 정자에 오르면 충주호 풍광이 한눈에 들어온다. 지대가 높아 시원하고 청풍 호반을 내려다보는 운치도 좋다. 수경 분수가 작동하는 시간이 되면 문화재를 구경하던 관광객들이 일제히 호반 쪽으로 몰려든다. 휴일에도 이 수경 분수의 장관을 보려는 사람들로 장사진을 이룬다. 모양새에 따라 직선으로 올라가는 고사 분수와 진달래꽃 형태의 문양 분수, 낮게 흩어지는 안개 분수로 나뉘어 연출된다. 분수대 옆에서 출발하는 유람선을 타고 감상하면 더욱 장관이다.

충주호를 마음껏 눈에 넣을 수 있는 청풍리조트에서 묵고, 청풍랜드에서 레포츠를 즐기자. 청풍리조트 객실의 창문 너머로 청풍 호수와 수경 분수, 청풍 나루, 청풍문화재단지가 차근차근 시야에 들어오는 경치는 가히 따를 곳이 없을 정도다. 객실과 로비는 이용 공간이 넓어 가족 여행객들에게 좋고, 고급스러운 호텔 분위기를 연출한다. 또한 객실의 테라스는 호수를 향해 넓게 트여 수경 분수가 연출하는 낭만과 여유를 가까이서 느낄 수 있다. 호수를 내려다보며 수영을 할 수 있는 수영장은 특히 아이들에게 인기가 좋다. 실내수영장과 야외수영장을 연결해 놓아서 간단한 물놀이도 즐길 수 있다.

거대한 호수 낭만 여행의 진수, 충주호 유람선

한강물이 흐르고 흘러서 모인 물이 인공적인 댐으로 인해 멈춰선 곳이 바로 충주호다. 주변에 월악산, 계명산, 금수산 등 몇 개나 되는

충주호 관광선

신나는 여행을 원한다면 충주
호반의 백미 선상관광을 즐겨보
자. 충주호에서 관광선을 즐길
수 있는 나루터는 다섯 곳이지
만 충주호 최고의 비경을 즐길
수 있는 알짜배기는 청풍 나루
에서 장회 나루 구간. 청풍 나루
에서 25분 정도 달리면 하늘을
찌르는 푸른 대나무 형상의 옥
순봉이 눈앞에 다가선다.
옥순봉을 지나자마자 금수산이
나타나고 반대편으로 단양팔경
중의 하나인 구담봉이 나타난
다. 먼발치에서부터 거북 모양
으로 서 있는 암반이 생생하게
눈에 들어온다.
충주호 관광선은 월악–충주댐
(1시간), 장회–청풍(1시간) 등의
코스로 운항한다(충주호 관광
선 043–851–5771).

산 그림자가 물에 잠길 정도로 크다. 유람선을 타고 서쪽의 충주에서 오른쪽 단양을 가자면 얼추 2시간이 넘게 걸린다. 호수에서 2시간이 넘도록 강바람을 맞으며 유람선을 탄다는 것은 분명 가슴 설레는 일이다. 그 바람이 산 좋고 물 좋기로 소문난 곳에서 불어온다면 더욱 여유롭고 향기로울 터. 도원경 따라 130리라 불리는 선상 여행의 시작을 알리듯 배는 천천히 장회 나루를 나선다.

충주호의 물줄기가 산허리를 휘감듯 부드럽게 감싸 안고, 산자락은 병풍을 쳐놓은 듯 섬세해 한 폭의 산수화를 둘러놓은 듯하다. 산의 부드러움과 웅장함이 강물에 그림자를 드리울 때면 아직도 이런 비경이 남아 있었나 하는 찬사가 절로 나온다. 휘돌며 유유히 빠져나가는 뱃길은 좁아지나 싶다가도 다시 넓어진다. 이것이 진정 바다에서 즐기는 유람선과는 다른 묘미로 다가온다.

충주호 유람선의 백미는 구담봉과 옥순봉이다. 10여 분쯤 물길을 달리면 절벽 바위가 코앞에 다가선다. 이 절벽이 바로 구담봉이다. 깎아지른 절벽 바위가 거북이가 물에서 나와 산으로 오르는 모습과 닮았다고도 하고, 소백산 정상에서 굽어보면 물에 비친 산 그림자가 마치 물 위에 거북이가 떠 있는 형상 같다고도 해서 붙여진 이름이란다. 곁들인다면 구담봉은 봄이 되면 꽃이 만발하고, 가을이면 붉은 단풍이 장관을 이루는 절경이 일품이다.

구담봉에 취한 몽롱함이 가시기도 전에 두 번째 절경 옥순봉이 시선을 잡는다. 희고 푸른 바위 절벽이 대나무 죽순처럼 우뚝 솟아오른 신묘한 형상이다. 바위 하나하나가 신의 작품인 듯 곧은 모습을 갖추었고, 그 주변을 노송이 감싸고 있으니 감탄사가 절로 나온다.

옥순봉의 절경이 워낙 뛰어나 퇴계 이황과 김삿갓 등 명사와 관련된 이야기들이 많다. 단양 군수로 재임 중이던 퇴계 선생이 뱃놀이를 즐기던 중 옥순봉에 심취해 사공에게 이곳의 위치를 물으니 청풍군이라 했다. 그러자 천하의 퇴계 선생이 청풍 현감을 찾아가 옥순봉을 단양군에 속하게 해달라고 떼를 썼다고 한다. 이에 청풍 현감이 "옥순봉이 작은 물건도 아닌데 가지고 갈 수 있으면 가져가시오"라고 했다나. 그러자 퇴계 선생은 돌아오는 길에 옥순봉에 '丹丘東門(단양의 동쪽 입구)' 한자를 새겼다. 그 뒤로 옥순봉이 단양

청풍리조트에서 바라본 충주호

청정계곡으로 유명한 선암계곡

에 속하게 되었다고 한다.

또한 김삿갓의 친구 김남포란 사람이 옥순봉 아래에 살고 있었다고 한다. 어느 날 김삿갓이 친구를 찾아와 보니 생활이 너무 빈곤한지라 밥 한 그릇 주지 못하고 죽을 쑤었는데, 그 죽이 얼마나 묽은지 하늘의 달이 비추었다고 한다. 이에 김삿갓은 수저를 들다 말고 "천하명산은 옥순봉이여 / 세상 괴한은 김남포라 / 사각 송반죽 한 끼에 / 천광운영 공배회라"를 읊으며 껄껄 웃었다고 한다.

뱃길 유람이 중반을 넘기자 멀리 월악산과 계명산의 산 그림자가 뉘엿뉘엿 저무는 해와 함께 길어지고, 월악산의 웅장함은 호수를 가린다. 뱃머리에 앉아 강바람에 머리를 날리며 밀어를 속삭이는 연인들이 참으로 아름다워 보인다.

유람선 관광 후 도담 삼봉에서 풍류기행

단양에 가면 나이 지긋한 할아버지나 매표소 아저씨의 입에서 이황, 정도전, 김삿갓 등 시대를 풍미했던 명사들의 이름이 자연스럽게 나와 깜짝깜짝 놀라게 된다. 어떻게 그 사람을 잘도 아시느냐 물으면 "여기가 좋다고 살다간 사람들이니까 알지. 여기저기 다녀보면 바위에 그 사람들 이름도 새겨져 있고, 전해 오는 재미난 이야기도 많아"라며 웃는다.

퇴계 이황은 이곳에서 군수를 지냈던 사람으로 중국의 소상8경보다 단양이 낫다고 극찬하며 단양8경을 지어주었다. 풍운아 정도전은 세 개의 기암괴석에 반해 자신의 호인 삼봉을 붙여 '도담삼봉'이라 이름 지었다. 퇴계 선생과 염문설을 뿌렸다는 기생 두향이가

선생을 그리며 초막을 짓고 살았다는 강선대가 도담삼봉의 상징처럼 박혀 있다. 물골마다 남한강 뗏목꾼의 사연도 전해오고 있다.

두루두루 명현들이 반해 휴식을 취하던 단양골은 지금에 이르러서는 수많은 여행객이 찾고 있는 명소가 되었다. 도담삼봉은 살펴볼수록 그 생김새와 이름이 잘 어울려 선조들의 지혜와 상상력에 새삼 감탄하게 된다.

1 | 금월봉

충주호 여행을 끝마치는 마침표처럼 우람한 바위산이 감동을
준다. 충주호 끝자락에 해당하는 이곳은 춤의 달인 공옥진 여
사가 공연을 한 뒤로 더욱 유명해진 곳이다. 하지만 중국 계림
의 기암괴석을 축소시켜 놓은 듯한 풍경이 압권이다. 금월봉
에서 충주호를 내려다보는 풍경도 멋있다.

2 | 정방사

능강 계곡 끝자락에 위치한 정방사는 충주호를 제대로 관망할
수 있는 전망 포인트. 계곡을 거슬러 오르는 길은 솔숲 사이로
난 오솔길이어서 등산코스로 인기가 좋다. 깎아지른 절벽이
병풍처럼 감싼 정방사 앞마당에 서면 겹겹이 포개지는 산자락
의 실루엣이 파노라마처럼 펼쳐진다. 정방사 뒤편 바위틈에서
솟아나는 작은 샘에서 곡을 축일 수도 있다.

3 | 청풍문화재단지와 SBS 세트장

호숫가 산마루에 위치한 청풍문화재단지. 이곳은 1978년 충주
댐 건설로 인근 마을이 수몰되기 전 문화재를 옮겨 놓고 마을
과 관아 등을 복원한 곳 산마루에 조성된 이곳은 문화재와 생
활 유물들이 오밀조밀 놓여 있다. 산마루의 정자에 오르면 충
주호 주변 풍광이 한눈에 들어온다. 지대가 높아 시원하고 망
월산 전망대에서 호반을 내려다보는 풍경도 일품이다.
청풍문화재단지 옆에 SBS 대하드라마 〈대망〉 세트장이 있
다. 조선시대의 작은 마을을 감상하는 기분이 든다.
☎ 043-647-7003 Ⓦ 입장료 어른 3천원

4 | 미륵리 사지

충북과 경북을 연결하고 있는 하늘재 사이의 분지에 남죽향
으로 펼쳐진 절터. 이곳에 일찍이 석굴사원이 있었지만 현재
는 소실되어 석조물만 남아 있다.
이 미륵리 사지 내에는 보물 95호인 5층 석탑과 96호인 석불
입상이 있고 석등과 3층 석탑이 있다. 석불이 있는 석굴의 방
형 주실은 자연석축을 쌓아 올렸고 그 가운데 불상을 세웠다.
석축 위에는 지금은 없어진 목조 건물이 있었으며 전당은 목
조로 된 반축조 석굴이다.

영동고속도로 만종분기점에서 중앙고속도로로 갈아탄다. 중
앙고속도로 남제천IC로 나와 597번 지방도로를 달리면 금성
면 지나 청풍리조트. 청풍리조트에서 청풍대교 건너면 청풍
문화재단지와 장회나루가 나온다.

금수산 송어장가든

금수산 등산로 입구에 위치한 송어, 향어, 산천어 등 민물고기
전문 횟집. 싸고 싱싱한 송어 비빔회가 인기 메뉴. 붉은 빛이
도는 싱싱한 송어를 그릇에 담고 야채와 초장, 콩가루를 넣어
비벼 먹는 맛이 일품이다. 횟집 앞으로 계곡이 흐르고 주차장
과 야외 정자가 있어 주변 풍경도 운치 있다.
✉ 충북 제천시 금성면 청풍호로39길 41
☎ 043-652-8833 🍴 송어회 3만원

청풍리조트

아름다운 충주 호반에 자리 잡은 대형리조트 겸 호텔. 레이크
(Lake) 호텔과 힐(Hill) 호텔로 나누어져 있고, 276개의 객실을
갖추고 있다. 호텔 앞으로 펼쳐진 호반에서 분수가 솟아오르
는 수경 분수를 객실에서 볼 수 있다. 수상비행기와 수상스키,
골프퍼팅장 등 각종 스포츠 시설이 갖춰져 있다.
☎ 043-640-7000
Ⓦ 스탠다드 13만 3천원, 디럭스 25만 5천원

누구나 가고 싶어 하는 낭만데이트 일번지

안면도 나문재펜션

안면도는 누구나 한 번쯤 가보고 싶어 하는 매력의 휴양지다. 해수욕장만 해도 숨겨진 보물처럼 알려지지 않은 해수욕장까지 모두 손꼽는다면 12곳이나 된다. 여기에 수많은 맛집과 예쁘게 단장된 펜션과 리조트가 곳곳에 마을을 이루고 있다. 안면도는 그야말로 여행의 3박자를 모두 갖춘 셈이다.

TRAVEL COURSE

1일　홍성IC – 백사장 포구 – 점심식사(굴밥) – 삼봉해수욕장 – 두여해수욕장 갯벌 체험 –
꽃지해수욕장 – 방포항 – 저녁식사(활어회) – 황도 – 나문재펜션 숙박

2일　아침식사(해장국) – 백사장포구 – 안면도 자연휴양림 – 샛별해수욕장 –
점심식사(해물탕) – 영목항 – 바람아래해수욕장 – 안면암 – 간월도 – 홍성IC

Acdress	충남 태안군 안면읍 통샘길 87–340
Tel	041-672-7634~5
Web	www.namoonjae.co.kr
Price	아주로(4~6인) 주중 20만원, 주말 30만원
	코스102(6~8인) 주중 25만원, 주말 35만원

태안군 안면도는 휴식과 낭만을 동시에 맛볼 수 있는 곳이다. 한적한 바닷가에서 호젓함을 누리고, 영화에 나올 법한 숨겨진 풍경에 몸을 기댈 수 있기 때문이다. 여행의 자유와 스트레스를 훌훌 털어버릴 수 있는 장소로 제격이다. 안면도의 해수욕장은 오밀조밀 늘어서서 여행객을 맞이한다. 하나같이 넓은 백사장과 울창한 숲을 품고 있는 해변은 여행자들이 잠시 쉬어가기에 더없이 매력적이다. 이렇듯 안면도는 설렘을 주는 보물창고라 할 수 있다.

안면도의 장관 중에서 가장 오래도록 기억되는 것은 역시 황홀한 일몰이다. 안면도 어느 해변에서나 아름다운 일몰을 감상할 수 있다. 서해안의 3대 낙조로 손꼽히는 꽃지해수욕장의 낙조는 할미바위와 할아비바위를 배경으로 펼쳐진다. 애절한 부부의 사랑을 전하는 전설이 깃든 탓일까. 꽃지의 일몰은 그래서 더욱 선명한 빛을 뿜어낸다. 푸른빛 하늘에서 오후에는 햇빛에 반사된 은빛으로, 은빛에서 다시 황금빛으로 변하는 꽃지의 낙조야말로 자연이 빚은 아름다운 빛의 향연이다.

서해안 3대 낙조 명소 중 하나인 꽃지해수욕장

꽃지는 이름도 예뻐서 쉽게 기억된다. 태안의 남쪽인 안면도에서 가장 크고 번화한 해수욕장이다. 서해에서는 대천해수욕장 다음으로 규모도 크다. 길이 3.2km, 폭 400m 정도의 백사장이 웬만한 운동장을 펼친 것보다 크다. 깨끗한 해변과 맑은 물도 꽃지의 유명세를 더하는 요소다. 해수욕장의 장점에 고급 리조트와 펜션 단지, 그리고 음식점이 몰려 있다. 바캉스철에도 수용이 가능한 대형 주차장까지 고루 갖추고 있는 것도 이곳만의 장점이다.

드라이빙 찰떡궁합 휴양림과 숨겨진 해수욕장

삼림욕의 진수를 느끼게 하는 안면도 자연휴양림도 드라이브에 어울리는 으뜸 여행지다. 이곳 자연휴양림에는 경복궁 기둥으로 쓰였을 정도로 우리나라에서 최고로 좋다는 소나무 군락인 안면송이 우거져 있다. 그래서 삼림욕장으로도 잘 알려져 있다. 삼림욕이란 울창한 숲에 들어가 늪음 속에 몸을 맡겨 맑고 신선한 숲의 향기를 호흡하는 것이다. 신선한 공기, 깨끗한 물, 숲의 향기는 사람의 몸을 건강하게 해 주고 숲의 고요함과 푸르름은 사람의 정신을 다스려 준다.

숲길을 걸으면 심신이 맑아진다. 특히 바캉스 시즌에 숲이 주는 혜택을 최대한 만끽하는 것도 안면도를 즐기는 여행법이다. 공기 유통과 땀 흡수가 잘 되는 간편한 옷차림으로 숲을 거닐면서 숲의 맑은 공기와 새소리를 접하고 피톤치드를 마시자. 상쾌한 기분을 누릴 수 있는 건강 휴양법도 즐겨보는 건 어떨까. 휴양림 건너편에 있는 수목원 정상의 전망대에 올라 서해가 선물하는 눈부신 은빛 물결을 만나는 것도 여행의 즐거움이다.

안면도의 가장 남쪽에 자리한 작은 해수욕장인 바람아래해수욕

장. 이름이 독특하고 싱싱하다. 그래서 한 번이라도 이곳을 찾으면 쉽게 잊혀지지 않는다. 용이 승천하면서 지금의 지형을 만들었다고 한다. 그 뒤로 바람이 많이 불어 지금의 이름으로 불리게 됐다는 재미있는 전설을 간직한 곳이다.

고남초등학교 건너편 작은 길로 접어들어 약 5㎞ 구불구불 마을길을 돌아가야 닿는다. 우거진 소나무 숲을 지나면 탁 트인 바다와 넓게 펼쳐진 백사장이 시선을 사로잡는다. 백사장은 승용차가 들어가도 좋을 정도로 곱고 단단하다. 일몰 때 호젓한 기분을 만끽할 수도 있다.

샛별과 바람아래해수욕장 중간에 위치한 장삼포해수욕장은 김상중, 심혜진, 신현준 등이 출연한 영화 〈마리아와 여인숙〉을 촬영했던 무대다. 한적한 가운데 주변 경관이 수려한 곳이다.

안면도보다 유명한 휴식 공간, 나문재펜션

나문재펜션은 안면도 안의 쇠섬에 있다. 쇠섬은 길이가 약 1㎞ 정도의 작은 섬이다. 태안에서 77번 국도를 이용해 연륙교인 안면대교를 지나 창기리 삼거리에서 좌회전한다. 황도 방향으로 가다 오른

쪽으로 접어들어 고개를 넘으면 작은 마을을 만난다. 마을을 벗어나면 약 500m의 비포장도로가 나오는데, 염전 옆 둑방이다. 둑방 길 끝 정문을 지나 을창한 소나무 숲을 지나면 별천지가 펼쳐진다. 넓은 잔디정원을 중심으로 동화 속에서나 나올 예쁜 건물들이 줄을 지어 서 있다.

나문재펜션의 특징은 바다를 품고 있다는 점이다. 전국 바닷가에 무수한 펜션이 들어서 있지만 언덕에 의지한 채 바다에서 멀찌감치 떨어져 있을 뿐 이곳처럼 바다와 하나가 되어 아늑한 분위기를 풍기는 곳은 드물다. 여섯 동의 객실 어디에서든 천수만과 그 너머 서산 간척지까지 한눈에 들어온다. 객실은 15평, 20평, 30평형 등 세 종류인데, 주방 시설이 갖춰져 있어 가족 단위로 즐기기에 제격이다. 건물 외부에는 담쟁이넝쿨이 무성하고, 실내에는 소라껍데기로 만든 전등과 나룻배를 잘라 붙인 벽이 있다. 식탁도 배 모형으로 돼 있다. 곳곳에 세워진 책꽂이, 그림이 걸려 있는 화장실, 오디오와 TV 등 모든 인테리어는 빌려주는 집이라기보다 식구를 위해 마련된 공간이란 느낌이 강하다.

특히 30평형 로열의 경우 원룸형으로, 결혼기념일 등 특별한 이벤

안면도의 숨겨진 비경을 찾아라!

안면암은 천수만을 따라 길게 뻗은 안면도 동쪽 바닷가에 자리한 작은 절이다. 천수만 건너편 서산 간월암이 일몰을 볼 수 있는 곳이라면, 안면암에서는 일출이 절경이다.

77번 국도를 이용해 안면대교를 지나 약 6㎞쯤 가면 왼쪽으로 울창한 소나무 군락지를 만난다. 소나무 군락지 사이로 난 길을 따라 10분 정도 들어가면 바닷가에 서 있는 사찰을 만날 수 있다. 절벽에 기대 서 있는 절은 4층 콘크리트 건물이어서 다소 썰렁한 느낌이다. 하지만 이곳에서 내려다보이는 천수만과 그 너머 서산 간척지의 절경은 장관이다.

트를 위해 준비된 객실이다. 벽과 천장은 은은한 파스텔 톤으로 칠해져 있고, 한편에는 둘만의 오붓한 시간을 위한 작은 바도 마련돼 있다. 잠시 묵는 객실이지만, 세상과 담을 쌓고 누구의 간섭도 받지 않는 '나만의 별장'이 된다.

나문재펜션에는 여러 가지 놀 거리도 많다. 섬 외곽을 따라 조성된 산책로는 호젓함의 극치를 보여준다. 약 한 시간 코스로 안면도의 상징이 된 소나무 숲이 뿜어내는 향긋한 솔향을 맡으며 가족과 이야기를 나누며 걷다보면 세상 시름이 모두 잊혀진다.

또 물이 빠질 때 갯벌에서 생태 체험도 할 수 있다. 갯벌은 바닷물의 흐름이 빠르지 않은 탓에 개흙이 많지 않아 빠질 염려는 없다. 농게나 고둥 등이 많아서 펜션에서 준비한 장화와 호미를 갖고 나서면 반찬거리 걱정은 하지 않아도 될 정도로 '풍성한 수확'을 거둘 수 있다. 바비큐 파티도 가능하다. 펜션에서 빌려주는 기구를 이용해 해 저무는 바다를 바라보며 숯불에 구워 먹는 바비큐 맛은 일품이다.

근교 여행지

1 | 안면도 해변 즐기기

안면도에 있는 12개의 해수욕장은 모두 서쪽에 몰려 있다. 이로 인해 관광은 대부분 서쪽에 집중되기도 한다. 해안도로를 비롯해 해변을 따라 펜션 단지가 조성되었고, 소문난 맛집도 대부분 서쪽에 있다.

국도 77호선으로 횡단되는 안면도는 북쪽의 백사장해수욕장에서 삼봉, 꽃지, 샛별, 최남단의 바람아래해수욕장에 이르기까지 서해안을 중심으로 해수욕장이 무려 12개가 집중돼 있다. 해변마다 색다른 분위기를 연출하고 있어 언제든지 이웃한 다른 곳으로 발걸음을 옮길 수 있는 것도 안면도의 장점이다.

또한 안면읍 승언리의 두여해수욕장은 밤이면 어른 주먹만한 소라를 잡을 수 있는 곳. 인근에 민박업소가 즐비하며 경사가 완만해서 가족 단위 피서지로 좋고 수온이 높아 늦은 여름까지도 해수욕객이 찾는다. 이곳 역시 모래 질이 단단해서 해변을 질주하는 차량을 만날 수 있다.

2 | 백사장해수욕장

은빛 모래가 아름다운 장관을 이룬다. 해변은 은빛 모래로 끝없이 길게 뻗어 있어 썰물 때면 수평선으로 변한다. 조수간만의 차가 심하지만 해변이 넓어 안전하고 수온이 알맞아 늦은 여름까지 해수욕을 즐길 수 있다. 백사장해수욕장은 모래가 고와 특히 가족 여행객들에게 인기가 많다.

3 | 안면암

안면암은 바다에 부표처럼 떠 있는 작은 섬이다. 조구널섬이라 불리는데. 두 개의 섬이 나란히 서 있다. 섬으로는 오렌지색 부표와 나무를 엮어 만든 100여m 길이의 부상교가 있는데. 물이 빠질 때는 갯벌에 닿았다가 밀물 때에는 떠올라 흐르는 바닷물에 흔들린다. 난간이 부식돼 일부는 떨어져 나갔지만 조심조심 건너면 큰 위험은 없다. 섬은 두 개의 봉우리로 된 바위섬인데. 밀물 때에는 물이 갈라놓아 두 개의 섬처럼 보인다. 규모는 크지 않아 10분 정도면 돌아볼 수 있다.

안면암 입구

근처 맛집

백사장 포구와 방포항, 그리고 영목항 쪽에 이름난 횟집과 음식점들이 몰려 있다. 안면도에서 유명한 음식점은 꽃게탕이 유명한 오뚜기횟집(041-673-6000), 등대회관(041-672-7558) 등이다. 포구 안쪽에 대형 횟집촌과 건어물 노점이 몰려 있다. 방포항은 방포수산(041-673-4575)의 횟감과 해산물 가격이 저렴하고 방포회타운(041-674-0026)에서도 저렴하게 식사를 할 수 있다. 안면도 내의 맛집으로는 간장게장으로 유명한 일송식당(041-674-0777)과 송정꽃게찜(041-674-8522)이 첫손으로 꼽힌다.

숙박 팁

안면도에는 낭만적인 펜션들이 즐비하다. 특히 안면도 일대에서 고급 펜션으로 통하는 휴먼발리(041-673-8188)와 씨앤썬(010-7234-8252)은 황도에 있다. 황도는 바다와 접해 있어 풍광이 뛰어나다. 안면도 동쪽에 자리 잡아 일출도 볼 수 있다. 꼭 이곳에 묵지 않더라도 섬을 일주할 수 있는 산책로는 일부러 찾아가볼 만하다. 안면도에는 펜션뿐 아니라 깨끗한 민박과 모텔이 많아 잠자리가 넉넉하다. 펜션과 민박형 숙박 정보는 안면도닷컴(www.anmyondo.com)에서 확인할 수 있다. 깨끗하고 저렴한 잠자리는 허브나라(041-673-3100), 비치힐펜션(041-674-6222)이 좋다.

가는 법

서해안고속도로 홍성IC로 빠져나와 첫 번째 고가에서 좌회전한 후 안면도 이정표를 보고 달린다. 서산방조제 A · B지구를 달리면 안면도 입구 삼거리가 나온다. 여기서 좌회전한 후 안면도 연육교를 넘으면 첫 번째 사거리에서 우회전. 백사장해수욕장이 나오고 여기서 해안도로를 달리면 크고 작은 해수욕장이 이어진다.

제주 재즈마을

제주도 펜션이 업그레이드 되고 있다. 잠을 자는 공간에 영화와 음악이 더해지고, 미술과 문학을 즐길 수 있는 복합 살롱으로 진화하면서 제주의 손꼽히는 휴식 공간으로 변신하고 있다.

TRAVEL COURSE

1일 제주공항 – 제주 시내 – 점심식사(고등어조림) – 서부산업도로 – 중문관광단지 – 여미지식물원 – 아프리카박물관 – 중문 지삿개 주상절리 – 재즈마을펜션 – 저녁식사(흑돼지 바비큐) – 숙박

2일 아침식사(해장국) – 화순해수욕장 – 산방산 – 송악산 – 모슬포항 – 점심식사(물회) – 차귀도 – 재즈마을 펜션

Address 제주도 서귀포시 소보리당로 220
Tel 064-738-9300
Web www.jazzvillage.co.kr
Price 로맨틱 원룸 10～16만원, 복층 펜트하우스 17～30만원, 패밀리 투룸 16～28만원

제주는 펜션 열풍의 진원지다. 아담하고 예쁜 펜션들을 제주 곳
곳에서 쉽게 볼 수 있다. 하지만 전국적으로 유사한 펜션들이 늘어
난 것도 사실. 이제 제주에서는 한 단계 업그레이드된 펜션을 만날
수 있다. 10개 남짓하던 객실 숫자를 크게 늘렸으며, 숙소 내에서 고
객이 참가할 수 있는 다양한 이벤트를 선보이는 이른바 테마 펜션으
로 변신하고 있는 것이다.

재즈마을은 이러한 펜션 트랜드를 가장 잘 살린 테마펜션이다. 대
규모 객실을 갖추면서도 각 동마다 테마를 살렸으며, 문화가 있는
자연주의 펜션이라는 타이틀을 내걸었다. 여행을 좋아하는 사람들
이 모여서 만든 '펜션공동체'답게 펜션의 테마도 다양하다.

각 동에는 '더 왈츠' '시네마천국' '샤갈의 마을' 등의 이름이 붙어
있다. 음악과 영화, 문학, 미술 등 각 문화를 테마로 설정하고 여기
에 맞춰 내부 인테리어도 다르게 꾸몄다.

'더 왈츠'는 곳곳에서 음악적 향기가 묻어나는 오스트리아 풍을
토대로 한다. 객실마다 고급 오디오시스템을 갖추고 각종 음악 CD
를 무료로 대여한다. '노래하는 산호'에 투숙하면 숙소 내 도서관에

비치된 다양한 도서를 무료로 읽을 수 있다. '시네마천국'의 전 객실은 DVD시설을 갖추고 있고, 각종 DVD타이틀을 무료로 대여해준다. 펜션이 단순하게 잠만 자는 공간이 아니라 문화를 즐길 수 있는 휴식 공간이라는 이미지를 최대한 부각시킨 것이다.

나무 향기가 은은하게 배어나오는 인테리어

이곳은 인테리어 자재는 물론 작은 소품까지도 최고급 마감재를 사용했다. 원목으로 벽과 바닥을 장식해 실내 분위기가 편안하고, 나무 향기가 은은하게 배어나기 때문에 기분이 좋아진다. 전체적으로 조화를 이루는 느낌이 좋다.

실내 공간에 대한 여유도 배려했다. 투숙객이 객실에 머무는 시간을 위해 특히 침대, 소파, 테이블, 화장대 등 집기류를 고급 제품으로 갖췄다. 침실과 거실을 예쁜 칸막이로 구분해 침실의 분위기를 살린 것도 장점. 욕실은 크지는 않지만 샤워부스와 세면대를 구분했다. 다른 펜션과 비교하면 펜션 이용요금은 비슷하다. 음반을 무료로 대여해주고 자전거도 무료로 이용할 수 있다.

제주의 에코투어도 덤으로 즐기기

펜션 관리인이 펜션에 상주하면서 투숙객과 함께 펜션을 가꿔나간다. 여행을 좋아하는 사람들의 특징을 살려 프로그램을 만들었다. 제주의 가을 맛을 제일 멋지게 느낄 수 있는 감귤 따기 체험, 억새꽃 하늘거리는 오름으로 떠나는 트레킹, 누구나 쉽게 월척을 잡을 수 있는 바다낚시 등 주인장들이 직접 투숙객과 함께 여행을 나선다.

펜션 내부 이벤트도 재미있다. 미리 예약만 하면 잔디밭에서 바비큐 파티를 할 수 있다. 주말 저녁마다 잔디정원에서 영화시사회가 개최되고, 재즈 연주회도 열린다. 연주회에 직접 참가하는 투숙객에게는 무료숙박권도 선물한다. 문화를 나누고 여행을 이야기할 수 있는 자리를 만드는 주인장의 철학과 마음을 열고 한데 어울릴 줄 아는 여행객들이 모여드는 재즈마을의 밤. 어느덧 예술의 향기가 피어나는 공간으로 변신해 편안하고 아늑하다.

재즈마을은 웰컴센터 사무실을 운영하며 고객의 문의사항이나 불편한 점을 즉각 해결한다. 또한 주말 위주로 체험여행을 기획해 주인장들이 직접 동행한다. 직접 체험할 수 있는 테마를 추천하기 때문에 만족도가 높다.

중문관광단지와 산방산이 자동차로 3분 거리에 있다. 산방산에서 송악산까지 연결되는 해안도로는 인기 드라이브 코스다. 송악산은 제주에서도 손꼽히는 아름다운 바다가 보인다. 또한 중문관광단지는 테디베어뮤지엄, 여미지식물원, 고급 호텔 등 편의시설이 몰려 있어 데이트 코스로 인기가 좋다.

서귀포 인근의 감귤밭

근교 여행지

1 | 지삿개 주상절리대

중문관광단지 절벽에 신이 다듬은 듯 정교하게 겹겹이 쌓은 육각형의 돌기둥이 병풍처럼 둘러쳐져 있다. 주상절리대는 중문관광단지 일대와 동두 지역 해안가에 분포되어 있는데 컨벤션센터 옆에 있는 주상절리대가 가장 아름답다. 이곳에는 산책로가 조성되어 있다.

자연의 위대함과 절묘함을 동시에 느낄 수 있는 천혜의 관광자원으로, 제주도 지정문화재 기념물 제50호로 지정되었다. 아득한 옛날 지각 변동으로 인해 이루어진 주상절리대를 보고 있으면 새하얗게 부서지는 포말 속에 석수장이의 애달픈 사연이라도 실려 오는 듯하다. 파도가 심할 때는 높이 20m 이상 용솟음치는 장관을 연출한다. 주상절리대는 최근 새로운 테마 여행지로 떠올라 인기가 좋다.

2 | 송악산

송악산 정상에 올라 절벽에 서면 최남단의 섬 마라도와 가파도가 바다 위에 있고, 정상 부근에는 하늘거리는 억새밭이 은빛으로 빛난다. 송악산은 그 모양새가 다른 화산들과는 달리 여러 개의 크고 작은 봉우리들이 모여 이루어져 있다. 주봉의 높이는 해발 104m. 이 주봉을 중심으로 하여 서북쪽은 넓고 평평한 초원이고, 서너 개의 봉우리가 있다.

주봉에는 둘레 500m, 깊이 80m 정도 되는 분화구가 있는데, 그 속에는 아직도 검붉은 화산재가 남아 있다. 송악산 아래 해안은 감성돔이나 뱅에돔 다금바리가 많이 잡히는 낚시터로 유명하다.

가는 법

제주 공항에서 서부산업도로(95번 국도)를 타고 중문 방향으로 40분 정도 직진하면 12번 국도와 만나는 창천삼거리가 나온다. 여기서 중문 방향으로 4km 정도 지점에 예래초등학교 입간판과 재즈마을 입간판이 나온다. 입간판을 따라 우회전 후 50m 가면 좌측에 재즈마을.

근처 맛집

쌍둥이횟집

서귀포 시내에 있는 쌍둥이횟집은 제주 토박이들이 찾아가는 별미집이다. 줄을 서서 먹을 정도로 단골이 많다. 이 집의 인기 메뉴는 모둠회 정식코스. 처음엔 물회와 굴무침이 나오고 전복회, 낙지무침, 소라회, 초밥, 생선구이, 호박죽이 다음 코스로 나온다. 본격적인 회를 시식하기 전에 배가 부를 정도로 푸짐하게 나온다. 이 집의 대미는 역시 싱싱한 회. 주인이 직접 수산을 운영하면서 싱싱한 활어를 푸짐하게 내놓는다. 여기서 끝나지 않는다. 회를 다 먹고 나면 전복 내장으로 양념한 볶음밥이 나오고, 비린 입맛을 없애기 위해 디저트로 팥빙수가 나온다. 이 집이 내놓는 미식 코스를 다 먹으면 1시간이 훌쩍 지나갈 정도로 맛에 취할 수 있다.

✉ 제주 서귀포시 중정로62번길 14

☎ 064-762-0478

🍴 2인 스페셜 7만원,
매운탕 1만원

몸이 더 좋아하는 럭셔리 건강 여행지

가족과 함께 떠나는
웰빙여행

52

웰빙 온천과 물놀이의 유쾌한 만남

덕산 리솜스파캐슬

이번 겨울은 더 신나겠다. 야외에서 뜨끈뜨끈한 천연 온천수로 신나게 물놀이를 즐길
수 있는 덕산 리솜스파캐슬에서 하루 동안 데이트도 즐기고 지친 몸을 달래보자.

ⓒ스파캐슬

TRAVEL COURSE

1일 해미IC – 해미읍성 – 점심식사(산채정식) – 덕산 리솜스파캐슬 – 천천향 –
한방탕 – 온천 공연 – 저녁식사(더덕구이) – 덕산 리솜스파캐슬 숙박

2일 아침식사(비빔밥) – 수덕사 – 대웅전 – 성보박물관 – 덕숭산 트레킹 –
점심식사(산채정식) – 해미읍성 – 해미IC

Address	충남 예산군 덕산면 온천단지3로 45–7
Tel	041-330-8000
Web	www.resom.co.kr/spa
Price	사우나 어른 1만원, 사우나+스파 종일권 어른 4만 8천원

한방치료와 워터파크를 동시에
즐길 수 있는 덕산 리솜스파캐슬 전경

덕산은 오염되지 않은 땅 속에서 솟아난 온천수로 명성이 자자한 곳이다. 이곳은 덕산 리솜스파캐슬의 '천천향(天泉香)'이 오픈하면서 다시 유명세를 타고 있다. '하늘의 향기로 가득한 곳'이라는 뜻의 천천향은 유럽·동남아·일본 등의 스파 방식을 한국식으로 새롭게 즐길 수 있도록 한 온천테마파크다. 약 20,000㎡ 규모의 거대한 천천향을 제대로 즐기기 위해서는 일단 시설을 꼼꼼히 살펴본 후 계획을 세워야 한다. 자칫하면 미로처럼 오밀조밀한 센터 내부를 헤매거나, 곳곳에 숨은 멋진 스파 시설을 놓치기 쉽기 때문.

일단 사우나를 통과하면 실내 스파와 실외 스파가 나타난다. 실내 스파에는 어른을 위한 수(水) 치료 마사지를 받을 수 있는 바데풀과 그리스 신전 분위기의 유러피안 스파, 풋스파와 키디풀 등이 있다. 바데풀은 11종 29가지의 부위별 물 마사지 코스로 구성된다. 50분 정도의 시간 동안 모든 코스를 돌고 나면 조금 힘들긴 하지만 온몸의 군살이 쭉 빠진 듯 한결 몸이 가벼워진다.

날씨가 차가워질수록 노천탕은 제 진가를 발휘하는 법. 차갑고 상쾌한 공기를 마시며 따끈한 노천탕에 몸을 푹 담그면 세상 부러울 것이 없다. 노천 스파는 '워터레이'와 '써니레이'라는 이름의 공간으로 나뉜다. '워터레이'에서는 온천수를 이용한 액티브한 물놀이를 즐겨보자. 200m 길이의 유수풀에 몸을 맡기면 거센 파도에 떠밀려 다니는 짜릿함을. '마스터브라스터'를 타면 스릴 만점의 워터슬라이딩을 경험할 수 있다.

'오감원'이라는 이름의 스파 존은 커플끼리 오붓하게 즐길 수 있는 다섯 개의 테마탕으로 구성돼 있다. 로맨틱한 분위기의 클래식탕, 국악이 은은하게 들려오는 가야금탕, 컬러풀한 색채의 벽화가 독특한 재즈탕, 그리고 나란히 앉아 노을을 감상할 수 있는 로맨틱탕 등. 각 탕은 테마에 맞게 서로 다른 장르의 음악을 감상할 수 있게 했다. 나이트 스파는 밤 9시까지 즐길 수 있으니 연인 간의 은밀한 데이트도 문제없다. 혹시라도 첫눈이 내린다면 그야말로 부러울 게 없는 행복한 날이 될 듯.

한방탕으로 건강도 챙기는 천천향

천천향의 다양한 마사지 프로그램도 추천한다. 온천욕으로 기분 좋게 나른해진 몸을 허브와 아로마 요법을 기본으로 한 정통 마사지에 맡겨 봐도 좋다. 인삼을 사용한 '코리안 리트리트'가 대표 프로그램. 또 뮤직, 영상, 컬러, 향기 등을 결합시킨 오감 테라피와 요가, 기공, 슬링 등 각종 웰니스 프로그램에도 참여할 수 있다.

천천향은 지하 658m의 암반에서 솟아나는 49℃의 온천수를 100% 사용하는데, 하루 용출량이 3,800t이나 된다. 예로부터 덕산의 온천수는 피부병과 부인병, 위장병에 좋고 동맥경화, 신경통, 근육통과 세포 재생을 촉진해 피부 미용에 탁월한 효과가 있다고 알려졌다. 특히 천천향의 온천수에는 게르마늄 성분이 있어 면역력을 높여주고, 체내에 부족한 산소를 공급해 노화를 예방한다. 몸의 자연 치유력을 높이는 게 도움을 주는 것이다.

이렇게 덕산 리솜스파캐슬은 웰빙과 온천이 만나 복합적으로 구성돼 있어 리조트 안에만 머물러도 최고로 럭셔리한 시간을 누릴 수 있다.

건강증진 프로그램은 소리와 컬러, 향기요법이 더해진 '웰루스 센터'에서 완성된다. 이곳은 동양의 대체의학을 대중적으로 접목시킨

덕산 리솜스파캐슬만의 독창적인 공간이다. 오라테스트를 통한 개인의 건강 컨설팅과 함께 신개념 멘탈 요법으로 스스로의 마음을 다스리도록 도와주고, 전문적이고 체계적인 향후 관리방법도 알려준다.

스파를 즐긴 후 로맨틱 공연은 덤!

아무리 좋은 노천 스파라도 강렬한 햇빛과 인파 때문에 피하고 싶다면 '로맨틱 나이트 스파'를 선택하라. 오후 5시부터 입장객에게 40% 할인된 가격에 제공되는 나이트 스파에는 특별한 혜택이 있다. 로맨틱한 야외 라이브 공연, 그리고 이색 수중 아쿠아 바에서 무료 칵테일까지 즐길 수 있다. 또한 워터파크의 롤러코스터인 국내 최장 '마스터블라스터', 후룸라이드를 연상케 하는 국내 유일의 계곡 물살 '토렌트리버'가 연장 운행된다. 환상적인 나이트 조명 아래 짜릿한 느낌을 맛볼 수 있는 시간을 즐기자.

놀다 지칠까 겁낼 필요도 없다. 실내 스파에 마련된 찜질스파 공간 '사랑채'에서는 남녀노소 누구나 편하게 휴식할 수 있는 대청마루 산소방을 비롯해서 다양한 프라이빗 공간도 마련되어 있다.

커플이 함께 다정한 야경을 즐기고 싶다면 해미원 옆 한식 레스토랑 '수향채'를 이용하자. 아름다운 조명이 특별한 천천향을 보며 조용하고 아늑한 분위기의 저녁 식사를 즐길 수 있다. 사랑하는 연인과 혹은 내 가족과 함께 즐길 수 있는 사계절 스파리조트, 덕산 리솜스파캐슬에서 웰빙 스파와 신나는 워터파크 시설을 마음껏 누려보자. 단 하루만 투자하더라도 무료했던 일상에 잊지 못할 추억을 만들 수 있는 최고의 경험이 될 것이다.

근교 여행지

1 | 수덕사 대웅전

대웅전 전각은 볼수록 그 단아함에 매료된다. 절의 창건 기록이 남아 있지 않으나 여러 사료를 종합하면 백제 말에 세워져 고려시대에 중수한 것으로 추측하고 있다. 그런데 대웅전의 경우 1937년 해체수리를 할 때 1308년(고려 충렬왕 34년)에 지은 것이란 기록이 발견되었다. 수덕사 대웅전은 건립 연대가 정확한 목조건물로는 국내에서 가장 오래된 것이다.

2 | 해미읍성

조선 성종 22년, 1491년에 완성한 석성이다. 해미읍성 복원사업을 벌여 옛 모습을 되찾아 사적공원으로 조성되었으며, 조선말 천주교도들의 순교 성지로도 유명하다.
성내 광장에는 대원군 집정 당시 체포된 천주교도들이 갇혀 있던 감옥의 터와 나뭇가지에 매달려 모진 고문을 당했던 노거수 회화나무가 서 있다.

3 | 봉수산 자연휴양림

2007년에 개장해 다양한 삼림휴양시설을 갖추고 있으며, 천연림과 인공림이 조화를 이룬 절경에 각종 야생조수가 서식하고 있는 곳으로 알려져 있다. 주변의 예당저수지와 어우러진 풍경도 아름답다. 또한 휴양림 내 등산코스는 1시간부터 3시간 코스까지 다양하다. 휴양림 내 삼림욕을 통해 상쾌한 솔내음을 온몸으로 만끽할 수 있고, 아름다운 숲 사이에 숲속의집과 광장, 산책로, 체험장 등 각종 편의시설이 있다.

가는 법

서해안고속도로 해미IC로 나와 덕산온천 방향으로 45번 국도를 탄다. 해미고개를 지나 충의사 앞 삼거리에서 좌회전하면 덕산 리솜스파캐슬.

근처 맛집

그때 그집

수덕사 입구의 이 맛집에서 정갈하고 깔끔한 20여 가지 반찬이 나오는 산채정식을 한 상 푸짐하게 먹어 본 사람들은 이름처럼 '그때 그집'을 잊지 않고 다시 찾게 된다. 산채에 쓰는 음식 재료의 값을 따지지 않고 최상의 재료로 음식을 만들고 20여 가지의 반찬 하나하나가 맛있어 단골이 많다.

✉ 충남 예산군 덕산면 수덕사안길 8-26
☎ 041-337-6633 🍴 산채한정식 1만 2천원, 더덕구이 2만 5천원, 산채비빔밥 8천원

53
꿈결처럼 아름다운 절집의 하루
부안 내소사

울창한 소나무 길도 바람에 사각거리는 대나무 길도 여행객에게는 상쾌하다. 그런 길이
라면 내소사 전나무 숲길도 빠질 수 없다. 내소사 템플스테이에 참가하면 일상을 떨쳐
버리고 휴식을 취할 수 있다. 무엇이든 할 수 있는 자유는 규정에 잠시 맡겨두는 시간.
그러나 몸과 마음을 편하게 다스리고 자연의 품에 안길 수 있는 휴식이 충분히 보장되
는 곳. 그곳이 바로 내소사다.

TRAVEL COURSE

1일 서해안고속도로 줄포IC – 내소사 – 점심식사(발우공양) – 템플스테이 체험 – 저녁식사(공양) – 촛불 명상 – 자유 시간 – 숙박

2일 새벽 예불 – 다도 시간 – 내소사 트레킹 – 점심식사(젓갈정식) – 곰소항 젓갈시장 – 30번 해안도로 드라이브 – 부안IC

Address 전북 부안군 진서면 내소사로 243
Tel 063-583-7281
Web www.naesosa.org
Price 템플스테이 1박 2일 어른 4만원, 학생 3만원
2박 3일 어른 8만원, 학생 6만원(초 · 중학생은 보호자 동반 시 참여 가능)

내소사 대웅전은 단청이 없어도
화려하다. 꽃문살과 오래된 목조건축의
아름다움을 오롯이 느낄 수 있다.

　내소사 경내는 일주문 겸 매표소를 지나면서부터 시작된다. 일주
문 앞에서부터 대웅전 앞까지 500여m의 진입로가 전나무 길이다.
전나무 숲길 안에 야영장도 있고 길 끝머리에는 부도탑도 있다. 내
소사는 투명한 매력을 풍기는 절집이다. 미완성이어서 더욱 아름답
고 화려한 원색을 허공에 털어 버린 내소사. 그 절을 찾아가는 여정
은 꿈꾸는 것처럼 가슴 찡한 감동을 경험하게 한다.

　이런 연유 때문에 내소사 매표소부터 일주문을 지나 경내까지 이
어지는 전나무 숲길은 우리나라에서 손꼽히는 예쁜 산책로로 사랑
받고 있다. 월정사의 전나무 숲처럼 울창하진 않지만 세월의 흐름이
느껴질 만큼 장엄한 아름다움이 배어난다. 일찍부터 변산8경 중 하
나로 꼽히는 이 길은 사계절 푸름을 자랑하기에 계절마다 안겨주는
맛이 다르다. 전나무 숲을 막 벗어나면 벚나무 터널 사이로 바위산
과 천왕문이 보인다.

아이의 미소처럼 화사하게 빛나는 사찰

천왕문을 지나 단나는 내소사에는 거대한 나무 조각이 자아내는 섬세한 아름다움이 있다. 야트막한 석축과 계단이 다가갈수록 조금씩 높아지는 절 마당에는 대웅보전을 비롯하여 설선당과 봉래루가 아기자기한 자태를 보이고 있다. 경내는 아이의 미소처럼 화사하게 빛난다.

내소사는 백제 무왕 34년(633)에 창건되었다고 전한다. 백제의 고승 해구두타 스님이 이곳에 절을 세워 큰절을 대소래사, 작은 절을 '소소래사'라고 했다. 대소래사는 불타 없어지고 소소래사만 남았다. 지금의 내소사가 바로 소소래사다.

절의 내력을 뒤로하고 봉래루에 시선을 맞춘다. 봉래루 아래는 작은 사무실, 위는 누각이다. 이곳을 지나야 비로소 대웅전 안마당에 들어서게 된다. 꾸미지 않은 봉래루의 소박한 구조는 보는 이의 마

템플스테이 즐기기
내소사 템플스테이는 연등 만
들기, 스님과 함께 하는 다도,
108배와 새벽 예불, 직소폭포
산행, 그리고 눈물이 날 만큼
맛있는 공양까지 풍성한 프로
그램을 갖추고 있다.

음을 맑게 한다. 봉래루를 자세히 살피면 24개나 되는 기둥의 길이
가 제각각이다. 그래서 주춧돌의 높이도 들쭉날쭉해서 자연스러운
멋이 묻어난다.

봉래루 안쪽에는 변산의 바위 봉우리를 병풍 삼아 대웅전이 자리
잡고 있다. 화려하지도 볼품없거나 천해 보이지도 않는, 단아하면서
도 위엄 있는 건물이다. 자연스런 봉래루를 지나 계단을 오르면 쇠
못 하나 쓰지 않고 모두 나무로만 이음새를 맞춘 대웅보전이 축대
위에 앉아 경내를 그윽하게 보고 있다.

더불어 대웅보전에서 가장 눈길을 오래 끄는 것은 정면 여덟 짝의
꽃무늬 문살이다. 연꽃, 국화, 해바라기 등 각기 다른 꽃무늬가 꼼
꼼하게 조각되어 있다. 문짝을 계속 쳐다보고 있으면 문 전체가 하
나의 투명한 꽃밭 같은 착시가 생길 정도다. 처음에는 원색의 꽃을
피웠겠지만, 세월에 씻기고 빛바랜 나뭇결이 잎 떨어진 꽃처럼 남아
꽃문양을 이루고 있다. 수려한 아름다움을 간직한 덕분에 보물 제
291호로 지정된 내소사의 대웅보전은 색 바랜 수수한 외관이 매력
을 더하는 전각(殿閣)이다. 날아갈 듯 하늘거리는 처마선과 꽃무늬
창살을 지닌 문짝이 전각의 아름다움을 더한다.

마음까지 시원해지는 트레킹 템플스테이, 부안 내소사

가끔 바람소리 혹은 숲 속에 묻혀 지내고 싶을 때가 있다. 이럴 때 내소사 템플스테이는 가장 적격이다. 내소사 템플스테이 프로그램은 연등 만들기, 스님과 함께 하는 다도, 108배와 새벽 예불, 직소폭포 산행, 그리고 눈물이 날 만큼 맛있는 공양 등으로 풍성하다.

내소사의 자랑은 절집 그 자체에 있다. 크지도 작지도 않은 정갈한 절집 내소사. 절 마당에 서면 누구나 단청 없이 빛바랜 전각의 고색창연한 자태에 멍하니 시선을 잃는다. 맵시 있는 자태와 수수한 외양, 그리고 꽃무늬 창살을 곁들인 문짝에 눈썰미 있는 여행객이라면 누구나 감탄사를 연발케 된다. 은행나무, 보리수나무, 곳곳의 작은 연못과 키 낮은 담장. 이 절집의 분위기를 여성스럽고 부드럽게 하는 이런 것들 덕에 여행자의 마음은 한결 따사로워진다.

내소사 템플스테이의 하이라이트는 트레킹이다. 트레킹은 내소사에서 직소폭포까지 1시간 정도 계곡을 따라 오르는 코스다. 계곡을 따라 올라가면 직소폭포의 우렁찬 물소리가 들린다. 직소폭포는 30m 높이에서 떨어지는 물줄기가 소를 향해 내달린다. 푸른 소는 그 깊이를 가늠할 수 없을 정도다. 폭포를 전체적으로 조망할 수 있

는 전망대가 있으며, 직소폭포 아래로 내려갈 수 있는 길도 있다.

직소폭포까지 오르는 계곡은 경사가 험하지만 내려오는 길은 완만하다. 서해 바다가 보이는 관음봉으로 내려오면 절로 기분이 좋아진다. 3시간 정도 호젓한 자연에 취할 수 있는 트레킹은 참가자라면 100%로 만족하는 코스다. 내소사 트레킹 템플스테이는 짧은 시간의 여행만으로도 큰 울림과 긴 여운을 간직할 수 있는 곳이다. 몸과 마음의 평화로움을 누리고 직접 체험하니 그만큼 산사 여행의 즐거움도 커진다.

내소사 해우소와 기와담장

내소사 입구

근교 여행지

1 | 곰소항 젓갈단지

내소사를 나와 30번 국도를 따라가면 끝없이 펼쳐진 갯벌을 만나게 된다. 이렇게 아름다운 갯벌은 어디서도 볼 수 없다.

갯벌 위로 한줄기 햇살에 내리비치고 갯마을이 갯벌 앞까지 발을 담그고 있는 풍경도 포근한 여행자의 만족감을 선물한다. 갯벌 위로 경운기가 달리는 모습도 이곳에서만 볼 수 있는 진풍경이다.

이 갯벌의 끝에 자그마한 곰소항이 매달려 있다. 곰소항에 도착하면 바닷가의 짠 냄새가 코를 후비고, 곰삭은 젓갈 냄새가 진동한다.

2 | 곰소 염전

젓갈이 특히 유명한 이곳엔 곰소 염전도 있다. 곰소는 예로부터 소금 생산의 최적지여서 염전이 발달했다. 낮은 지형과 적당한 일조량이 만나 최고 품질을 만들어내기 때문이다. 이 소금과 연안 어선들이 잡아오는 싱싱한 해산물이 만나 곰소 특유의 젓갈을 만든다. 전라도 음식은 곰소항에서 나온다는 말이 있을 정도로 젓갈의 질이 좋고 양도 풍부하다.

3 | 변산반도 드라이브

바닷길 여행의 최고의 묘미는 해안도로 드라이브. 햇살이 강하면 바다색이 절로 고와지고, 노을이 지면 감도는 분홍빛 은은한 채색에 마음이 설레는 것이 바로 해안도로 드라이브의 낭만이다.

변산반도의 끝을 에워싸고 있는 30번 국도는 소설가 윤대녕이 '가장 아름다운 길'이라고 극찬했다. 바다와 갯벌과 안개와 석양이 몸을 섞는 길. 이런 변산 바다의 또 하나의 명물이 곰소만의 낙조다.

4 | 변산해수욕장

대천, 만리포와 함께 서해안 3대 해수욕장. 베이지색의 고운 모래사장이 일품이고, 해수욕장 뒤편으로 펼쳐진 소나무 숲이 시원한 그늘을 만들어준다.

☎ 063-582-7808

가는 법

서해안고속도로 줄포IC로 나와 부안 방향으로 우회전하면 영전 삼거리가 나온다. 여기서 좌회전하면 곰소항이 나오고 격포 방향으로 더 달리면 석포 삼거리가 나온다. 삼거리에서 우회전하면 내소사 입구 주차장. 템플스테이 참가자임을 밝히면 입장료가 면제된다.

근처 맛집

곰소쉼터는 곰소항에서 젓갈 정식의 대명사로 꼽히는 맛집. 어리굴젓, 아가미젓, 갈치젓 등 9가지의 젓갈을 된장찌개와 함께 깔끔하게 낸다.

이 집의 젓갈은 불필요한 양념을 섞지 않아 젓갈 고유의 맛을 간직하고 있다. 짜지만 향긋한 젓갈에 밥 한 그릇을 금방 비워 낸다.

✉ 전북 부안군 진서면 청자로 1086

☎ 063-584-8007

🍴 곰소젓갈정식 9천원

54
눈도 마음도 시원해지는 감성 드라이빙
담양 대나무숲
파란 하늘을 찌를 듯한 대숲의 기세가 등등하다. 산자락 짙은 마을마다 병풍처럼 드리우
고 있는 대숲과 동화 속에 등장할 것 같은 메타세쿼이아 가로 명소가 많은 전남 담양. 특
히 담양의 아름다운 풍취를 한눈에 아우르며 초여름 풍취를 만끽할 수 있는 곳이 바로 대
나무숲이다.

TRAVEL COURSE

1일 담양IC – 대나무박물관 – 점심식사(떡갈비정식) – 메타세쿼이아 가로수길 – 죽녹원 – 대나무골 테마 공원 – 담양온천 – 저녁식사(대나무통밥) – 담양리조트 숙박

2일 아침식사 – 메타세쿼이아 가로수길 – 관방제림 – 소쇄원 – 점심식사(한정식) – 식영정 – 명옥헌 – 고서 – 동광주IC

Address 전남 담양군 금성면 금성산성길 202
Tel 담양리조트 061-380-5000
Web www.damyangresort.com
Price **스탠다드** 17만 4천 9백원, **디럭스** 29만 7천원, **온천** 어른 8천원, 어린이 6천원

메타세쿼이아 나무가 늘어선 동화 같은 길. 차창을 스치는 시원한 바람이 뺨을 스칠 때, 한가로운 전원 풍경이 눈앞을 지날 때 드라이브는 또 다른 매력을 전한다. 초록 물결로 뒤덮인 담양의 시원한 메타세쿼이아 가로수길은 여름에 그 진가를 느낄 수 있다.

초여름의 녹을 먹고 자란 신록이 짙어져 어디를 가도 온몸에 초록물이 들 정도다. 이쯤 되면 마음은 어서 빨리 일상을 벗어나 자연으로 달려가야 한다고 채찍질한다. 담양에서 순창을 잇는 24번 국도는 메타세쿼이아 수천 그루가 17km에 걸쳐 이어진 동화 속 세상. 담양읍을 벗어나면 하늘을 향해 쭉쭉 뻗은 가로수 터널이 반긴다.

하늘을 가릴 정도로 울창한 나무는 아무리 더운 여름이라도 시원함을 줄 것만 같다. 메타세쿼이아 터널 사이로 한줄기 햇살이 쏟아지면 하늘에서 선녀가 내려오는 듯 착각에 빠진다. 나무 터널 구간을 지나 죽림욕장 입구부터는 또 다른 분위기. 커다란 나무가 사열하듯 양옆으로 도열해 있다. 개선장군이라도 된 양 의기양양하게 그 사이를 지나니 기분도 좋다.

터널 구간과 달리 나무 사이로 여유로운 논 풍경이 눈에 들어온다. 나무들의 사열이 끝나갈 무렵이면 길은 오르막으로 변하고, 오르막길로 올라서면 메타세쿼이아 길도 끝이 난다.

천천히 달리면 20분 정도 걸리지만, 달리는 내내 바람이 나무를 흔들고 나무는 향기로운 냄새를 풍긴다. 향기에 이끌려 숲길을 빠져 나오면 동화 속 마을을 지나온 듯 멍해진다. 이것이 담양의 매력이다.

한 굽이 돌면 대나무숲이 우거진 시원한 죽림욕장이 기다리고, 광주호로 방향을 틀어 내달리면 조선시대 정자와 원림이 반긴다. 길 자체의 매력과 주변의 독특한 볼거리로 여름에 걸맞은 푸른 길을 추천하라면 이 길이 첫손에 꼽힌다.

대숲에선 나도 드라마 속 주인공

담양은 전국 대나무의 25%가 서식하고 있는 대나무의 고장이다. 옛날에 비해 규모가 작아졌다지만 죽제품을 사고파는 죽물장의 위세는 여전히 만만치 않다. 대나무를 이용한 죽세 공예는 조선시대부터 시작해 5백 년의 긴 역사를 가지고 있다. 특히 삿갓은 하루에

촬영 포인트, 메타세쿼이아 가로수길

영화 〈와니와 준하〉에서 와니가 아버지와 함께 차를 타고 지나가는 장면을 촬영했던 곳. 이국적이고 환상적인 운치를 자랑한다. 메타세쿼이아가 약 8.5km 이어지는데, 짙푸르게 뻗쳐진 가지가 하늘을 가릴 정도로 울창하다. 이 길은 푸르른 녹음이 한껏 자태를 드러내는 여름에 드라이브 하기 가장 좋고, 함박눈이 수북하게 쌓인 겨울철에는 운치 있는 겨울 풍경을 사진에 담기에 좋다.

죽녹원에서는 바람에 사각거리는
대나무 산책로를 걸을 수 있다.
몸도 마음도 맑아지는 기분이 든다.

3만 점이 팔렸는데, 국내뿐만 아니라 중국·몽고·일본까지 팔려나
갔다. 얼마 전까지 이곳의 죽물 장터를 '삿갓점머리'라고 부른 것은
이 때문이다. 대나무의 모든 것을 한눈에 볼 수 있는 죽물박물관도
유익한 구경거리다. 몇 년 전 방영된 무선 통신사의 광고도 이곳 담
양의 대숲에서 촬영된 것이다. 영화 〈흑수선〉의 촬영무대가 된 대나
무골 야영장의 왕대나무도 볼거리고, 죽림욕장의 죽림욕은 새로운
체험거리다. 왕대나무가 우거진 대숲 속을 거닐면 옅은 밤꽃 냄새
같은 댓잎 향이 코끝에 와 닿고, 청량한 바람에 사각거리는 댓잎 소
리가 귓가를 스친다.

　　대나무를 주제로 한 테마 공원인 죽녹원과 죽물박물관도 놓치면
아쉬운 여행지. 두 곳 모두 담양 읍내에 있다. 죽녹원은 여행객이 드
나들기 쉽게 하려고 대문도 만들지 않았다. 대문 대신 홍살문을 지
나 언덕을 오르면 소달구지가 있다. 대밭 속으로 들어가는 산책로에
는 통나무가 깔려 있다. 그 옆으로 촘촘히 서 있는 대나무로 인해 하
늘이 제대로 보이질 않는다. 눈앞에 보이는 것은 오로지 대나무뿐.
대나무 사이로 스미는 바람에 제법 한기가 돌 정도다. 문득 싸늘한
느낌도 들지만 신선하게 다가오는 싸한 공기가 도심의 때를 말끔하
게 씻어줄 것만 같은 곳이다.

대나무숲 드라이브

담양 여행의 끝은 드라이브를
곁들여 명소들을 둘러보는 것
으로 마무리한다.

담양은 정자로 유명한 곳. 광주
호를 지나 위치한 소쇄원은 자
연을 거스르지 않고 인간의 손
길이 아름답게 조화를 이룬 낙
원 같은 정자다. 시냇물 쪽 계
원 마루에 앉으면 저절로 콧노
래가 나온다.

조경가, 건축가들이 둘러보는
필수 코스인 정자는 담양의 트
레이드마크인 대나무숲과 호젓
하게 조화를 이루고 있다.

연인들의 데이트 코스 강추! 고풍스런 정자 여행

담양 여행에서 빼놓을 수 없는 것은 고풍스런 정자를 찾는 일이다. 가사 문학의 산실인 정자에 앉아 옛 사대부의 시흥에 빠져보는 것도 재미있다. 무등산 서북쪽 자락 아래 광주호를 중심으로 소쇄원, 환벽당, 송강정 등 70여 개의 정자가 산재해 있다. 지금도 이 지역 아이들은 여름철이면 이곳에서 시를 낭송하고, 창을 배운다.

광주호를 따라 좌우로 늘어선 70여 개의 정자는 숱한 시인 묵객들이 내왕하며 시작을 즐겼던 곳. 가사 문학의 맥을 이끈 송순의 면앙정, 정철이 머물며 〈사미인곡〉, 〈속미인곡〉 등을 지은 송강정, 백일홍이 일품인 명옥헌 원림, 우리나라 정원 중에서 단연 으뜸인 소쇄원, 그리고 환벽당·취가정·식영정·독수정 원림 등이 있다.

고풍스런 정자의 누마루에 걸터앉아 청명한 하늘과 영롱한 물소리에 귀 기울여보는 것도 여행의 또 다른 맛이다. 관방제림은 홍수를 막기 위해 조선시대부터 조성된 제방이다. 천변에 둑을 쌓고 그 위에 나무를 심은 것이 오랜 시간이 흐른 지금 전국 제일의 풍치림으로 바뀌었다. 수령 2백 년이 넘는 느티나무, 팽나무 등이 우거진 숲길은 지역민들의 휴식처이자 연인들의 데이트 코스다.

한폭의 그림처럼 아름다운 소쇄원 전경

담양리조트 수영장

가는 법

호남고속도로 동광주 톨게이트를 지나면 고서분기점이 나온다. 여기서 88올림픽고속도로 담양IC로 빠져나온다. 24번 국도를 타면 담양읍이 나오고 읍내에서 순창군 경계까지 메타세쿼이아길이 이어진다. 금성면에서 좌회전해 금성산성 이정표를 보고 가면서 담양리조트 지나 5분쯤 달리면 낭만 드라이브를 즐길 수 있는 담양 호반길이 이어진다.

근교 여행지

1 | 담양리조트 온천

온천탕과 호텔, 수영장 등 다양한 편의시설을 갖추고 있다. 호텔에서 사용하는 물은 스트레스 해소와 피부병, 관절염 등에 좋다는 스트론튬을 다량 함유한 온천수. 수영장은 지하에서 끌어 올린 천연 광천수라서 수질이 깨끗하고 미네랄 성분이 많이 녹아들어 있어 피부에도 좋다.

● 061-380-5111 @ www.damyangresort.com

2 | 한국대나무박물관

한국대나무박물관은 전국에서 유일한 대나무 전문 박물관. 대나무의 종류, 생태, 죽제품 공예의 과거와 현재를 한눈에 확인할 수 있는 곳이다. 전시실은 죽제품을 제작할 때 사용했던 도구실, 과거에 생산된 죽제품을 전시한 죽물 전시실, 과거와 현재까지 실생활에 주로 이용되었던 제품들을 진열해놓은 죽물 생활실로 구분된다.

● 061-380-2902~2905

3 | 담양 죽제품 쇼핑

한국대나무박물관 내 쇼핑센터에 가면 죽부인, 대나무 찻잔, 대바구니, 죽비 등 대나무로 만든 각종 그릇과 액세서리를 구입할 수 있다. 또한 한국대나무박물관 안쪽에는 대나무 체험 교실도 있어 짧은 시간에 대나무 제품 만들기 체험도 가능하다.

● 담양 죽세공예사업조합 061-383-4390

근처 맛집

덕인관

남도 음식축제에서 여러 차례 수상을 했을 정도로 떡갈비 맛이 뛰어난 곳. 갈비에 붙어 있는 살을 발라서 인절미 치듯 쳐서 다진다. 그리고 동그랗게 모양을 다듬어서 다시 갈비뼈에 붙여 구워내는 것이 떡갈비다. 고기를 곱게 다지기 때문에 연하고 부드러운 고기 맛을 충분히 느낄 수 있다. 기름이 다 빠지고 나면 뻣뻣해지므로 굽자마자 바로 먹어야 제맛이 난다. 대통밥 떡갈비 정식을 주문하면 담양의 3대 음식으로 꼽히는 떡갈비와 추어탕, 대통밥을 한꺼번에 맛볼 수 있다.

⊗ 전남 담양군 담양읍 담주1길 6
● 061-381-3991 떡갈비 2만 7천원, 대통밥 1만 1천원

숙박 팁

담양리조트

담양 읍내에도 숙박지가 있으나 여독도 풀고 온천도 즐길 겸 담양리조트에서 머무는 것이 좋다. 담양리조트는 금성산성 인근에 있고 온천과 야외 수영장, 호텔까지 갖추고 있다. 담양온천은 대온천탕과 노천탕, 여섯 개의 패밀리 스파가 갖추어져 담양호 드라이브 코스와 함께 담양의 낭만 여행지로 인기가 좋다.

● 061-380-5000

따끈한 온천욕에 체험 여행 곁들이면 금상첨화

문경 온천여행

문경에도 온천이 있다는 사실을 모르는 사람들이 많다. 문경새재 지척에 있는 온천 덕분에 문경의 겨울 여행어 따끈따끈하다. 온천욕을 즐긴 후 문경새재 트레킹과 체험 여행을 하고 약돌돼지 샤브샤브까지 곁들인 밥상을 받으면 금상첨화다.

TRAVEL COURSE

1일 문경새재IC – 문경 유교문화관 – 점심식사(묵조밥) – 문경새재 트레킹 – 세트장 – 조령 원터 – 제3관문 – 저녁식사(약돌돼지) – 문경관광호텔 숙박

2일 아침식사(한식) – 문경종합온천 – 석탄박물관 – 철로자전거 체험 – 진남교반 – 점심식사(매운탕) – 문경새재IC

Address 경북 문경시 문경읍 온천2길 24
Tel 문경종합온천 054-571-2002
Web www.mgspring.com
Price 교통비 5만원, 식비 10만원, 숙박비 5만원, 여비 5만원(1인, 1박2일 기준)

우리나라의 지도를 놓고 보자. 한가운데에 위치한 곳은 어디일까? 바로 문경이다. 문경이 수많은 역사 이야기를 품고 있는 것은 수백 년 동안 중원과 영남을 잇는 관문이었기 때문이다. 그 관문의 핵심에 있는 문경새재로 떠나는 여행에는 소소한 이야기와 화려한 여행 이벤트가 동시에 있어서 여행객을 즐겁게 한다.

문경은 산세가 수려하고 물이 좋은 고장이다. 게다가 온천수까지 솟아나고 있어 겨울철에도 여행객들의 발길이 끊이질 않는다. 더불어 문경 여행의 만족도 문경온천 덕분에 더 높아진다.

전국에서 유일하게 두 가지 온천수를 동시에 체험할 수 있는 곳

문경온천은 전국에서 유일하게 두 가지 온천수를 동시에 체험할 수 있는 곳이다. 약산성 칼슘과 중탄산천이 우리 몸의 신진대사를 촉진시키고, 알레르기성 피부염과 관절염에도 치료 효과가 좋다고 한다. 이곳은 문경읍에 위치하고 있어 주변 여행지로 이동하기 좋

고, 음식점과 숙박 시설이 집중되어 있다는 것도 장점이다. 문경새재IC로 나가면 문경 온천지구로 쉽게 접근할 수 있다.

먼저 문경 관광진흥공단에서 운영하는 '고급 기능성 문경온천'에 들어가보자. 온천 분수가 콸콸 쏟아지는 기능성 온천 욕조가 중심 시설이다. 이 기능성 온천 욕조는 헬스풀 또는 바데풀이라고도 한다. 동양 의학과 서양의 전통욕법을 결합해 탄생시킨 건강 증진형 온천욕조다. 수심이 약 1.1m, 수온 섭씨 약 34℃에서 물이 갖는 물리적, 화학적 특성을 인간의 생리적 조건에 결합시켜 심신을 편안하게 하는 것이 특징이다. 근육이완, 다이어트, 피로회복, 건강증진을 비롯해서 원기촉진을 위한 현대인 특유의 스트레스 해소와 웰빙에 적합한 온천 욕조다.

문경새재 과거길 체험

영남의 선비들은 새재에 이름 붙여진 과거급제 길을 걸어 한양으로 발길을 옮겼다고 한다. 입신양명의 꿈을 이루려는 선비들의 애환이 서려 있는 이 길은 트레킹 코스 또는 극기 훈련 코스로 각광받고 있다. 문경 방면의 1관문에서 2관문을 거쳐 괴산 쪽 3관문까지는 6.5㎞의 오르막길이 있다. 넓고 맑은 계곡과 울창한 수림이 줄곧 이어져 도보로 행군하기에 안성맞춤이다. 1관문에서 3관문까지는 2시간 30분에서 3시간쯤 걸린다.

문경새재는 걷기 여행의 즐거움을 제대로 느낄 수 있는 길이다.
황토길을 따라 걷다보면 근심이 사라진다.

조령 원터와 주막

주흘관에서 제2관문 쪽으로 1.2km 정도 걸어가면 거대한 자연석을 쌓은 돌담에 둘러싸인 600여 평의 조령 원터가 나온다. 원(院)이란 역과 역 사이 인가가 드문 곳에 설치한 고려와 조선시대의 국영 여관에 해당된다.

특히 1977년 발굴조사 때 고려·조선 온돌 유기가 나타나 중요한 건축사료로 평가되고 있다. 원터에서 500m쯤 떨어진 곳에는 청운의 꿈을 품고 한양 길을 오르던 선비들을 비롯한 보부상들이 험준한 이 길을 오르다 한 잔의 술로 피로를 달래며 쉬어가던 주막을 원형대로 복원해놓았다.

기존의 온천욕 개념은 온천수에 몸을 담그기만 하는 수동적 개념이었다. 하지만 기능성 온천 욕조는 물의 수압을 이용하여 지압 효과, 혈액순환 촉진을 극대화한다. 또한 물속에서 다양한 운동을 병행하면서 알칼리성 온천수의 효능까지 체험할 수 있다. 세부 시설로는 플로팅, 드림배스, 벤치 젯, 하이드로 젯, 기둥 분수 등이 있다.

대형 욕탕 안에 들어가서 30분 정도 몸을 담그고 나면 한결 몸이 가뿐해짐을 느낄 수 있다. 이 대형 기능성 온천 욕조는 일명 '대왕 세종탕'이라고 한다. 그 주변으로 대조영탕(물빛이 붉은 탄산탕), 왕건탕(알칼리온탕), 이제마탕(냉탕)이 있으니 한 번씩 들락날락거리면서 온천수의 효능을 점검해봐도 즐겁다. 사우나를 좋아하면 보석사우나(건식), 옥돌사우나(습식)도 이용해보자. 고급 기능성 문경온천의 영업시간은 오전 6시부터 오후 8시까지, 요금은 5천원(7세 이상)이다.

한편 고급 기능성 문경온천 남쪽에는 문경종합온천이 있다. 2001년 3월에 문을 연 이곳 역시 욕장 안으로 들어가면 두 종류의 탕이 있고, 대형안내판이 눈길을 끈다. 하나는 칼슘중탄산 온천수에 대한 설명이고, 다른 하나는 알칼리성 온천수에 대한 설명이다.

온천측의 설명을 들어보면 칼슘중탄산 온천수는 만성질환, 류머티즘, 만성피부염, 알레르기성 피부염, 심장병에 좋다고 한다. 또 알칼리성 온천수는 만성질환, 신경통, 상처회복, 호흡작용 촉진, 병후회복, 불면증 등에 좋다고 한다. 문경종합온천에는 자그마한 규모의 노천탕도 설치돼 있어 겨울 하늘을 보고 차가운 바람을 맞으면서 온천욕을 즐길 수 있다. 문경종합온천은 오전 6시부터 오후 9시까지 영업하며 입욕료는 어른 6천원, 어린이 5천원이다.

문경 온천지구에서 가까운 여행 명소는 문경새재! 고려 태조 때 처음 열린 새재는 조선시대 때에는 영남과 한양을 잇는 큰 길인 영남대로였다. 한양으로 과거를 보러 가던 영남의 선비들과 장터를 찾아가던 백성들이 이 고갯길을 넘었다. 길 중간 중간에는 드라마 촬영장, 조령 원터 등의 문화유적지와 조곡폭포 등이 있어 조금도 지루하지가 않다. 제3관문 가까운 곳을 제외하고는 전 구간이 완만한 경사를 이뤄 어린이나 노약자도 어렵지 않게 걷기를 즐길 수 있다.

제1관문(주흘관)에서 제2관문(조곡관)까지는 약 3km이고, 제2관문에서 제3관문(조령관)까지는 약 3.5km다. 이를 합하면 6.5km에 이른다. 각자의 시간과 체력에 따라 제3관문까지 왕복을 해도 좋고, 제2관문까지만 다녀와도 좋다. 또는 제3관문에서 출발해서 줄곧 내리막길을 걸어 제1관문에서 트레킹을 마치는 방법도 있다.

문경새재 트레킹 후 이벤트 체험하기

아이들과 함께 하는 문경 겨울 여행이라면 문경새재 도립공원 매표소 인근의 오미자 체험관이나 공원 초입의 문경 도자기 전시관과 문경 유교문화관 등도 가보자. 오미자 체험관은 문경의 특산물 가운데 하나인 오미자에 대해서 이모저모를 알아보고, 가공품도 판매하는 공간이다. 도자기 전시관에서는 문경 도자기의 역사와 제작 과정 등을 배우고 자기만의 도자기도 만들어볼 수 있다. 도자기 전시관 바로 옆의 유교문화관은 남성의 선비문화, 여성의 규방문화, 문경의 유교문화, 문경의 풍류문화 등을 이해할 수 있는 공간이다.

또 호계면의 전통문화마을 성보촌에 가면 근대사 박물관 관람 외에 승마, 도예, 염색, 다도, 한지공예, 토피어리(식물장식품) 만들기 등 다양한 체험을 해볼 수 있다. 가은읍의 석탄박물관도 문경의 대표적 교육 여행지다. 그 이름에 석탄이라는 말이 들어가긴 했지만

문경새재 관문 앞에
세워진 장승들

석탄 외에도 지구의 형성, 여러 가지 광물 자원과 화석 등에 대해서 두루 두루 배울 수 있는 곳이다. 은성 탄광이라는 회사가 문을 닫기 직전까지 사용하던 실제 갱도도 여행객들의 이해를 돕기 위한 전시 공간으로 꾸며 졌다.

석탄박물관 바로 옆에는 드라마 〈연개소문〉 등을 촬영한 가은 세트 장이 조성되어 있다. 제1세트장은 고구려궁과 신라궁, 제2세트장은 안시 성, 제3세트장은 요동성으로 꾸며졌다. 매표소에서부터 제1촬영장까지 330m 구간에 설치된 모노레일카를 타면 촬영장에 어렵지 않게 오른다. 이 모노레일카를 타면 석탄박물관 전경은 물론 멀리 문경의 명산인 대야 산까지 시원하게 조망할 수 있다. 철로자전거 역시 문경의 명물이다. 석 탄을 실어 나르던 철로를 관광 자원으로 이용한 철로자전거는 가족끼리, 친구끼리, 연인끼리 즐기기에 제격이다. 여러 개의 코스가 있는데 코스에 따라 이용료가 다르다.

근교 여행지

1 | 문경새재 세트장

문경새재의 제1관문을 넘어 좌측 돌다리를 넘어서면 나타나는 웅장한 세트장의 위엄에 압도된다. 세트장에 마련된 당궁은 실제 규모보다 왜소하지만 당시의 건물을 실제 모습에 가깝게 복원했다. 우측으로는 두 종의 고려 왕궁이 나래를 펼치고 있다. 고려 왕궁은 건물의 규모나 외관이 화려하다.

2 | 문경석탄박물관

한국 근대화를 이끌고 역사의 뒤편으로 사라지는 광업의 어제와 오늘을 생생히 배울 수 있는 곳. 〈태조왕건〉 세트장에서 3번 국도를 타고 가은읍 쪽으로 20분쯤 가면 1만 5천여 평의 부지에 3층 규모의 전시관과 야외전시장이 있다. 특히 실제 갱도 230m 정도를 이용해 만든 갱도 전시장에 들어서면 갱내 생활 및 채탄 현장을 생생하게 체험할 수 있다.

☎ 054-550-6424

3 | 철로자전거

진남역에서 진남교반 터널을 지나는 왕복 4km 구간의 철로자전거는 문경 여행의 필수코스로 등장했을 만큼 인기 테마로 떠올랐다. 현재 철로자전거는 문경과 정선. 곡성 등에서 체험할 수 있는데 문경의 진남교반 코스가 원조격이다. 철로자전거는 말 그대로 철로를 달리는 자전거를 특수제작해서 만든 것이다. 철로자전거를 이용할 때 사격장, 유스호스텔, 휴양림 등을 이용했던 고객이라면 티켓을 버리지 말고 가져가자. 철로자전거 이용료를 20% 할인해준다. 티켓을 끊을 때 4명이 탄다고 그 숫자대로 끊으면 안 된다. 한 대에 어른은 두 명, 아이는 두 명이 정원이다.

☎ 054-550-6478

문경새재 세트장

근처 맛집

1 | 약돌돼지 샤브샤브

약돌돼지 샤브샤브는 문경에서만 나는 거정석(일명 약돌)을 가루로 만들어 사료에 섞어 먹인 돼지고기로 만들어 인기. 특유의 고기 냄새가 거의 없고 불포화지방산이 많으며 특히 비계 부위의 맛이 좋다. 샤브샤브는 얇게 저민 고기를 해물 육수에 살짝 익혀 먹는 맛이 좋다.

삼겹살과 족살을 한약재와 인삼. 새송이. 호두. 마늘. 은행. 솔잎 등의 재료와 함께 쪄낸 한방찜도 인기 메뉴. 고추냉이에 절인 무에 돼지고기를 얹고, 양파와 산초와 고추를 곁들여 먹는다. 입안에 솔 향이 은은하게 배어 좋고, 국물도 진해서 보약을 떠먹는 느낌이다.

✉ 경북 문경시 돈달로 43 ☎ 054-556-7192

🍴 약돌돼지샤브샤브 2~3만원(2인분), 약돌건강한방찜 2만원(2인분)

2 | 소문난 식당

문경뿐만 아니라 방송에 소개되면서 '소문난 맛집'으로 통한다. 소문난 식당의 별미는 단연 묵조밥. 문경새재 일대에서 직접 수확한 도토리로 묵을 만들고, 조와 각종 나물을 섞어 비벼 먹는 묵조밥은 옛날 어려웠던 시절의 입맛을 그대로 전해준다.

✉ 경북 문경시 문경읍 새재로 876

☎ 054-572-2255 🍴 묵조밥 8천원

가는 법

영동고속도로 여주 분기 점에서 충주 방향 중부내륙고속도로로 진입한다. 문경새재IC에서 나와 문경읍과 문경 온천 이정표를 보고 나온다. 문경 온천이 지척에 있다. 문경새재는 문경온천에서 자동차로 5분 거리에 있다.

숙박 팁

예인과 샘터

가족과 함께라면 펜션을 추천한다. 문경에는 숙박 시설이 부족한 것이 흠. 그런 면에서 펜션 '예인과 샘터'는 가족에게 안성맞춤인 숙박지다. 객실마다 주인 신상현 화백의 작품이 걸려 있고, 집안 곳곳에서 예술 감각을 느낄 수 있다. 주인 내외의 삶이 녹아 있는 전형적인 홈스테이 펜션.

☎ 010-6211-4643 @ www.yein-semter.com

🅦 퍼스트스텝(2인) 8~15만원

독일식 수 치료를 도입한 '닥터피쉬' 온천탕

이천 테르메덴

테르메덴은 서울에서 1시간 30분이면 닿을 수 있는 거리에 있다. 자가용을 이용해도 좋지만 버스 전용차선이 있어 대중교통을 이용하는 것이 더 빠르다. 경부선을 타고 이천 종합터미널에서 내려 셔틀버스만 타면 바로 이곳에 도착할 수 있다.

ⓒ테르메덴

BEST SEASON
봄 ★★★★
여름 ★★★★★
가을 ★★★★
겨울 ★★★★★

TRAVEL PARTNER
가족 ★★★★★
연인 ★★★★★
친구 ★★★★★

TRAVEL COURSE

1일 서이천IC – 설봉공원 – 해강도자미술관 – 점심식사(이천 쌀밥) – 테르메덴 –
세종대왕릉 – 명성왕후 생가 – 신륵사

Address   경기 이천시 모가면 사실로 988
Tel   031-645-2000
Web   www.termeden.com
Price   주중 어른 3만 4천원, 어린이 2만 4천원
          주말 어른 3만 8천원, 어린이 2만 8천원
          (기간별 요금 변동 가능)

이천 온천을 즐길 수 있는 두 곳은 호텔 미란다에서 운영하는 스파플러스와 독일식 온천탕 테르메덴. 두 곳 모두 워터파크형 온천이기 때문에 시설은 훌륭한 편. 테르메덴은 국내에서 유일하게 닥터피쉬탕도 운영 중이다.

이천에 위치한 온천 중에서 수질이 좋기로 소문난 테르메덴은 2006년에 오픈했다. 삼림욕장과 스포츠 시설을 더한 온천 워터파크다. 테르메덴은 독일식 온천이다. 독일식 온천은 일본식 온천과 달리 평균 30만㎡ 이상의 광활한 대지에 울창한 숲으로 둘러싸인 것이 특징이고, 바데풀 안에 있는 워터제트가 분사되면서 신체 각 부분에 자극을 주어 안마의 효과를 내는 동시에 피부의 활성화를 돕는다.

또한 테르메덴의 상징처럼 인기를 모은 '닥터피쉬'는 피부 질환 치료에 탁월하다. 처음엔 호기심으로 닥터피쉬탕에 입수를 하던 사람들도 피부 질환이 치료되는 효과를 느끼면서 고정으로 찾는 단골이 되기도 한다.

로비를 지나 2층에 오르면 대욕장이 나오는데 레몬, 허브, 녹차 등 다양한 아이템탕과 사우나 시설을 갖추었다. 대욕장은 동시에

3,000명이 입욕할 수 있을 정도로 넓고, 한증막과 삼림욕장 등 다양한 시설도 있다.

대욕장은 실내 바데풀과 연결된다. 넥샤워, 보디마사지, 플로팅, 바셔월, 드림배스 등을 즐기는 사람들의 모습이 마치 열대의 어느 리조트에 들어온 기분을 들게 한다. 바깥 기온은 영하를 오르내리더라도 실내는 훈훈하다. 여느 실내 온천과 달리 외벽이 모두 통유리라 탁 트인 전망도 좋다.

노천탕에서도 온천수로 온천욕 즐기기

실내 바데풀은 곧바로 실외 바데풀과 연결된다. 문을 열고 실외로 나가는 순간 찬바람이 몸을 덮치지만 곧 따뜻한 기분이 느껴진다. 아이들은 즐겁게 슬라이드를 타고 연인들은 동굴탕에서 오붓한 분위기를 즐긴다. 노천탕에서 느긋하게 온천욕을 하는 사람들의 모습도 편안해 보인다.

테르메덴의 온천수는 지하 800~1,200m에서 암반을 뚫고 용출하는 평균 섭씨 40℃의 중탄산나트륨 알칼리성 단순천이다. 수질의 자

해강도자미술관

해강도자미술관은 2대째 가업을 잇는 유광열 명장이 아버지와 함께 개인적으로 건립한 박물관. 이곳에 가면 도자기 전반에 걸친 개념을 이해할 수 있으며 해강의 다양한 작품도 감상할 수 있다.

극성이 없고 부드러워 노인과 어린이에게도 잘 맞는다. 신경통, 관절통, 미용, 피로 회복, 스트레스 해소 등에 효과가 있다는 것이 테르메덴 측의 설명이다.

테르메덴의 부대시설은 훌륭한 복합 웰빙 공간이다. 카페테리아와 푸드코트, 피트니스센터, DVD 영화관, 유아놀이방, 마사지 숍 등을 갖추었다. 단순히 온천욕만 하는 온천이 아니라 충분히 휴식까지 취할 수 있도록 배려한 것이다. 실내에서는 아쿠아로빅 강사가 정해진 시간에 무료 강습도 한다.

온천욕 후 쌀밥 정식으로 웰빙 여행 완성

테르메덴에서 온천욕을 느긋하게 즐긴 후 이천 쌀밥을 맛보는 것도 좋다. 이천 쌀밥에 노릇노릇 구운 굴비, 맛깔난 반찬이 한 상 가득한 한정식을 맛본다면 그야말로 웰빙 나들이를 즐긴 셈이다.

수라상에 오르던 이천 쌀밥까지 먹고도 시간이 남는다면, 지척에 있는 여주의 관광명소를 둘러보는 것도 좋다. 여주의 관광지는 여주읍을 기준으로 자동차로 5분 거리에 위치해 있어 이동 거리가 짧아 부담이 없다. 또한 아이들과 동행했다면 체험 학습하기 좋은 곳이 많다. 여주 영릉은 입구에 세종대왕기념관과 야외전시관이 있어 아이들의 놀이터로 인기가 좋다. 측우기와 해시계를 비롯해 볼거리가 많다. 또한 조선의 마지막 국모인 명성황후 생가에는 박물관이 별도로 마련되어 있다. 이곳에서는 조선의 마지막 왕실 유물을 관람할 수 있다.

가는 법

중부고속도로–서이천IC 우회전–여주방향 42번 국도–설성 방향 우회전–어농성지 방향 우회전 –1km 직진–테르메덴

근처 맛집

1 | 청목

이천의 명품 특산물은 쌀과 도자기다. 이천 곳곳에서 맛있는 쌀밥집을 만날 수 있다. 모두 임금님표 이천 쌀을 사용해 밥을 짓는다. 해강도자미술관 인근에 위치한 음식점 청목은 반찬도 20가지 정도로 푸짐하고, 도두 맛있다. 돌솥에 밥을 하기 때문에 갓 지은 밥이 식욕을 당긴다. 가격은 1인분에 1만원 선이며 2인분 이상 주문할 수 있다. 쌀밥집에서는 이천 쌀을 살 수도 있다.

- ✉ 경기도 이천시 경충대로 3046
- ☎ 031–634–5414
- 🍴 쌀밥정식 1만 1천원

2 | 이천의 소문난 쌀밥집

임금님 쌀밥집 ☎ 031–632–3646
정일품 ☎ 031–631–1183
이천쌀밥집 ☎ 031–634–4813
덕제궁 ☎ 031–634–4811

숙박 팁

이천 시내에 호텔이 많고 해강도자미술관 주변에 펜션이 많다.

호텔 미란다 ☎ 031–639–5118
도예공방 들꽃마을 ☎ 031–631–6832

근교 여행지

1 | 명성황후 생가

명성황후의 생가는 학생들의 역사 체험 학습장으로 부각돼 주말이면 가족 단위의 관광객들이 몰려 북적댄다. 명성황후 생가는 1687년 지어져 그녀가 태어나서 16세까지 살던 집으로 안채뿐이던 것을 1996년에 행랑과 사랑채, 별당 등을 복원했다. 아담한 기와집이지만 조선 중기 사대부가 살림집의 특징을 잘 보여주고 있어 고건축 답사객들의 눈길을 끌고 있다.

2 | 신륵사

나옹화상과 무학대사의 영정을 봉안한 조사당과 나옹화상의 다비식 자리에 세운 다층전탑, 보제존자 석종, 석종비, 대리석의 다층석탑 등 보물이 7점이나 된다. 신륵사에는 천년고찰답게 이성계가 심었다는 향나무와 나옹화상의 지팡이가 싹터 자랐다는 은행나무 등이 있어 탐방객들을 즐겁게 한다.

3 | 세종대왕릉

세종대왕과 소헌왕후의 합장릉. 조선 왕조 최초의 합장릉이다. 세종대왕의 릉은 처음에 서울 내곡동 태조의 능인 헌릉 옆에 있었으나 예종 때 이곳으로 이장했다. 현 위치는 정남향에, 봉황이 날개를 펴고 내려오는 모습을 한 천하의 명당으로 알려져 있다. 정문을 들어서면 먼저 보이는 것이 측우기, 해시계 등의 모형 전시물과 세종전. 1977년 건립한 세종전에는 훈민정음 언해본, 용비어천가, 월인천강지곡과 지도, 악기 등이 전시되어 있다. 세종대왕이 우리 문화를 얼마나 풍요롭게 만들었는지 새삼 느끼게 된다.

온천수를 이용한 국내 최대 규모의 워터파크

속초 설악 워터피아

온천은 마음을 안정시키고, 피로 회복을 통해 활력을 불어넣는다. 또한 매끄럽고 탄력 있는 피부를 만듦과 동시에 함유한 성분별로 다양한 약리 작용도 한다. 마음먹고 떠난 여행길에 온천욕은 물론 가족 단위의 물놀이와 함께 편안한 잠자리까지 마련된다면 더 없이 좋은 웰빙 여행이다.

ⓒ속초시청

TRAVEL COURSE

1일 양평 – 홍천 – 인제 – 미시령터널 – 속초 – 점심식사(순두부) – 학사평 순두부 – 설악 워터피아 – 저녁식사(활어회) – 장사항 횟집단지 – 한화리조트 숙박

2일 아침식사(한식) – 설악동 – 권금성 – 영금정 – 속초등대 – 동명항 – 점심식사(냉면) – 미시령터널 – 인제 – 홍천 – 양평

Address　강원도 속초시 미시령로2983번길 88호
Tel　033-630-5800
Web　www.seorakwaterpia.co.kr
Price　어른 5만 8천원, 어린이 4만 3천 5백원
(온라인 구매 시 할인된 요금 적용)

설악산 울산바위가 눈앞에 잡힐 듯 다가서는 자리에 워터피아가
있다. 청정한 하늘, 눈 덮인 설악산 대청봉이 어울려 더욱 빛이 난다.
설악산 한화콘도 내에 있는 테마파크인 워터피아는 놀이랜드, 콘
도를 양옆에 두고 두 동의 온천단지가 있다. 온천지구 앞에 만들어
진 연못에서는 김이 모락모락 피어오른다. 나지막한 건물들과 넓은
정원은 설악산과 조화를 이루고 있다. 사계절 내내 물놀이와 온천
을 동시에 즐길 수 있다. 또한 다양한 테마탕을 갖추고 있어 연인들
이 특히 좋아한다. 노천탕에 몸을 담그고 울산바위의 웅장한 자태를
올려다보는 풍경도 아름답다.

한화리조트 속초의 설악 워터피아는 동시에 5천 명을 수용할 수
있다. 바데풀, 실내외 파도풀, 노천 온천, 스파, 찜질방 등 한겨울에
도 이용할 수 있는 다양한 시설을 갖췄다. 지하 680m에서 하루 3천
톤씩 용출되는 섭씨 49℃의 온천수는 알칼리성 중탄산나트륨 온천수
다. 이 물은 피로 · 불면증 · 고혈압 · 신경통 · 관절염 · 성인병 · 부인병
등에 효과가 있다.

아이들이 있는 가족들은 바닷가를 연상시키는 파도풀에서 튜브

를 타고 즐긴다. 노령자들은 이벤트탕을 즐겨 찾는다. 액션 스파에서 강한 물줄기를 맞으며 안마를 받고, 버섯 모양의 급수대에서 물이 떨어지는 버섯탕에서 폭포수를 맞으면 관절염, 노인병 등에 큰 도움이 되기 때문. 이 밖에 벤치에 누워 기포마사지를 받는 것과 수압을 이용한 아크아포켓 등도 인기다.

이곳을 찾는 사람들의 기쁨 중 하나는 워터슬라이드다. 청소년들은 꽈배기 모양의 슬라이드를 타면서 짜릿함을 만끽한다. 슬라이드는 야외로 나갔다가 다시 실내욕장으로 들어오게 설계되어 있다.

또한 파도타기의 즐거움을 실내에서 즐기는 샤크블루, 흐르는 온천수를 따라가는 유수풀, 건강 마사지를 받을 수 있는 스파빌 등이 있다. 뭐니 뭐니 해도 가장 인기 있는 시설은 옥외 파도풀인 샤크웨이브. 길이 50m, 폭 45m의 복합 물놀이 시설로 최고 1.2m 높이까지 여섯 가지로 조절되는 파도는 이국적 바다 분위기를 뿜어낸다.

당일치기보다는 1박2일 코스가 좋다. 도착한 날에는 옥외 레저 시설을 즐기고, 다음날엔 혈액 순환을 돕는 침탕이나 마사지 효과가 있는 버섯탕에서 피로를 푸는 것이 효과적으로 놀 수 있는 방법.

주변 비치는 선탠과 휴식을 취할 수 있도록 비치체어와 원두막 등으로 꾸며져 있다.

아쿠아관은 건강과 휴식을 즐기는 대형 테라피시설인 '아쿠아돔'을 비롯해 피부 미용과 마사지를 경험할 수 있는 '뷰티 슬림센터', 물의 흐름에 온몸을 맡기는 '레인보우 스트림', 가족이나 연인들이 오붓하게 온천을 즐길 수 있는 '패밀리 스파' 등을 갖추고 있다. 몸에 좋은 온천과 놀기 좋은 수영장이 한데 어우러져 기호에 맞게 즐길 수 있다. 이곳의 물은 100% 온천수. 수영복 렌탈도 가능하다. 1만원이면 수영 모자에서 구명조끼, 튜브까지 빌릴 수 있다.

숙박은 주변 시설 이용이 경제적

한화리조트와 워터피아는 입장료가 다른 곳에 비해 비싸다. 근처 민박이나 저렴한 숙박 시설을 이용하는 것도 알뜰 여행의 방법. 입욕을 마친 후 동해 바다를 거닐거나 15분 거리에 있는 대포항에 들러 회를 즐기거나 구수한 순두부를 먹는 것도 좋다.

별미와 놀 거리 가득한 속초 쏘다니기

속초 여행을 계획하는 이들은 대형 숙박시설을 고루 갖춘 속초만의 편안함을 즐기기 위해 떠난다. 속초에는 젊음과 환호가 있다. 바다에서 환상을 만끽하는 것은 물론 그린을 누비는 골프, 설악의 기상에 도전하는 레저도 있다. 또한 청초호 주변에는 수상스키, 요트, 영랑호의 카누, 골프 등이 있어 호수에서 나만의 여유를 찾아 즐길 수 있다. 속초 구석구석을 누비며 특별한 테마 여행을 만들어보자.

속초는 볼거리가 많은 곳이다. 특히 속초의 산, 바다, 호수, 온천은 반드시 봐야 할 속초의 4대 자랑. 또한 속초는 도로망이 잘 연결되어 있어 많은 시간을 할애하지 않아도 속초의 관광지를 두루두루 둘러볼 수 있는 장점이 있다. 속초 바다는 맛과 재미가 넘친다. 그리고 어느 바다보다 낭만이 있다. 대포항과 동명항, 장사동으로 이어지는 해안선에는 맛집이 많다.

속초의 음식 문화 중 가장 발달한 회 문화

어느 집을 가도 맛있게 먹을 수 있고, 음식점마다 특색이 있다. 속초에서 회를 맛있게 먹으려면 자신의 취향에 맞게 음식점을 골라잡는 것이 후회 없는 선택이다. 속초 동명항과 대포항, 청호동 주변은 별미집들이 몰려 있다. 특히 오징어 순대는 속초의 대표적인 별미. 오징어에 두부, 당면, 계란 등 갖은 양념을 섞어 만든 음식으로 다른 곳에서는 이 맛을 느낄 수가 없다.

속초8경으로 손꼽히는 속초등대

영랑호의 전설을 품은 범바위

갓 잡아 올린 산오징어로 요리한 물회를 먹어보면 오징어 특유
의 담백한 맛이 일품이다. 영랑호, 동명항, 중앙동, 대포항에서 맛
볼 수 있다. 이외에도 감자부침, 도토리묵, 막국수, 함흥냉면 등은
속초의 유명한 별미음식으로 통한다.

동명항

근교 여행지

1 | 동명 활어난전

동명 활어난전은 이곳 어촌계 주민들이 직접 잡은 자연산만 취급한다. 활어 판매장에서 활어를 직접 구입하기도 하고 방파제를 따라 길게 형성된 좌판에서 저렴하게 회를 먹을 수도 있다. 동명 활어난전은 대포항보다 가격이 저렴하다. 아울러 어판장 주변에 넓은 무료 주차장이 있어 주차도 편리하다. 방파제로 나가면 바다와 설악산을 함께 조망할 수 있다. 영금정 정자도 풍치를 더한다. 1인당 2만원이면 싱싱한 활어를 맘껏 먹을 수 있다.

2 | 속초 중앙시장

속초 중앙시장은 재래시장과 종합상가가 같이 있다. 인근 농촌에서 가꾼 각종 야채와 과일 등을 살 수 있고, 각종 젓갈류 등도 직접 맛을 보고 구입할 수 있다. 또한 문어, 자연산 미역, 곰치(물곰), 멍게, 성게, 해삼 등 동해에서 잡은 싱싱한 수산물을 바로 구입할 수 있는 시장 가판도 또 다른 볼거리.

3 | 외옹치

대포항의 분주함과 번잡함이 싫다면 바로 이웃 항인 외옹치항으로 가라. 외옹치항은 규모는 작지만 그만큼 호젓하고 아늑한 맛을 느낄 수 있다. 외옹치의 정상에서 보는 대포항의 등대, 조도, 파도가 아름답다. 멀리 보이는 속초 시가지 풍경도 외옹치항에서만 느낄 수 있는 호젓함 중 하나. 외옹치 입간판에 주차 후 바다 쪽 언덕길로 300m쯤 걸어가면 외옹치가 나온다.

가는 법

서울에서 6번 국도를 타고 양평 삼거리에서 홍천 방향(44번 국도)으로 좌회전한다. 긴제, 원통을 거친 뒤 한계리 삼거리에서 미시령 이정표를 따라 6km 정도 계곡을 끼고 달리다 미시령터널을 지나면 콘도 단지가 나오고 한화리조트 안에 워터피아가 있다.

근처 맛집

1 | 이모횟집

장사동 횟집 단지는 격식을 갖춰야 하는 모임에서 속초 사람들이 필수 코스로 찾는 곳이다. 이모횟집의 최대 만족은 한 상 가득 펼쳐지는 반찬이다. 생새우, 문어 데침, 황태포, 참치, 가자미식해, 털게, 성게알, 전복, 해삼, 소라회 등 푸짐한 해산물이 상을 가득 채운다. 회를 다 먹고 나면 뒷맛을 개운하게 해주는 전복죽이 나온다.

- ✉ 강원도 속초시 장사항해안길 47
- ☎ 033–635–4255
- 🍽 모둠회 7~10만원

2 | 옛고을순두부

학사평 순두부촌은 순두부 마을로 유명하다. 설악산의 맑은 물과 동해 바다의 바닷물을 간수로 이용한다. 순두부 전문점에는 음식 종류가 다양하다.
우선 맑은 순두부를 담백하게 먹는 것이 보편적이고, 얼큰하게 보글보글 뚝배기에 끓여내면 더욱 구수하다. 순두부찌개도 순두부에 신김치, 돼지고기, 바지락조개를 넣고 뚝배기에 얼큰하게 끓여내 부드러운 순두부의 담백함과 매콤한 찌개 맛이 어우러진다.

- ✉ 강원도 속초시 원암학사평길 114
- ☎ 033–636–5966
- 🍽 순두부정식 8천원, 황태구이(2마리) 2만원

숙박 팁

설악 쏘라노

객실 1,564실로 속초에서 가장 큰 숙박시설이다. 숙박동이 본관과 별관으로 구분되어 있고 그 사이에 설악 워터피아와 플라자 CC 골프클럽 등 놀 거리와 즐길 거리가 다양하다. 단지 내에는 대규모 인공호수가 있고 호수를 따라 산책로가 조성돼 있다.

- ✉ 속초시 장사동 24–1
- ☎ 033–630–5500
- ₩ 패밀리 23평형 42만원

꼼꼼한 디카 기능 체크로
전문 사진가 되기!

1 클로즈업 촬영
벽이나 돌담은 매력적인 오브제가 된다. 멀리서 전체를 찍어보고, 렌즈의 줌을 이용해 중간 거리에서 한 번 더 찍어보고, 가까이에서 접사 모드를 이용해 찍는다면 여러 각도의 사진을 얻게 된다. 태양광이 직접 내리쬐는 시간보다 흐리거나 그늘이 진 상황에서 촬영하면 역광 없이 빛의 난반사를 피할 수 있다.

2 마이크로(접사) 기능 활용
보급형 디카의 접사 기능은 대개 20cm 거리의 근접 촬영이 가능하다. 메뉴에서 마이크로 기능으로 설정하고, 강조하고 싶은 부분에 과감히 다가가 확대해서 찍어보자. 접사 거리에서 벗어난 물체는 뿌옇게 날리는 효과를 얻을 수 있다. 특히 야생화, 물방울, 인물 등을 촬영할 때 활용하면 좋다.

3 움직이는 사진(패닝)
수동 조작이 가능한 카메라(셔터스피드가 조절되는 카메라)라면 움직이는 과정을 부드럽게 표현해 재미있는 사진을 얻을 수 있다. 셔터스피드 조절 기능이 없다면 야간 모드를 설정해 셔터가 자동으로 느리게 닫히는 기능을 활용하면 된다. 폭포, 분수, 달리는 자동차 등을 촬영할 때 효과가 있다.

4 그림자 사진(실루엣)
저녁 시간에는 그림자가 길어 인상적인 사진을 얻을 수 있다. 또한 역광을 이용해 인물이나 풍경의 실루엣을 촬영한다면 수묵화처럼 멋진 사진을 찍을 수 있다. 실루엣 촬영의 경우 역광이 강한 정오에 태양을 넣어서 찍으면 빛의 줄기를 이용한 인상적인 사진 촬영이 가능하다. 석양 무렵의 그림자를 이용해 인물을 찍는 것도 재미있다.

5 황금분할 구도 잡기
보통 풍경 사진에서 가장 많이 사용하는 구도로 안정적인 느낌과 와일드한 화각을 이용해 멋진 사진을 찍을 수 있다. 강이나 바다, 산 등을 촬영할 때 하늘을 1/3 정도 남기고 2/3는 풍경을 담으면 황금분할 촬영이 완성된다.

다양한 디카테크닉으로
여자 친구의 마음을 사로잡자

'왓 위민 원트'에 부합하는 사진은 과연 어떻게 찍을 것인가. 의외로 방법은 간단하다. 배경보다 인물을 크게 찍고, 카메라의 각도를 과감하게 위아래로 변화를 주고, 시선을 자연스럽게 처리한다면 당신은 여성의 마음을 이미 사로잡은 것이나 다름없다.

1 인물 촬영 코드로 전환하라

디카의 촬영 모드를 인물 촬영 모드로 전환해보자. 혹은 P모드에서 촬영해도 상관없다. 중요한 것은 배경을 버리고 인물을 크게 찍는 것. 인물사진이란 사람이 중심이 되는 사진이므로 배경은 신경 쓰지 말고 상반신 위주로 찍어보자. 카메라의 렌즈와 인물을 가까이 두고 촬영하면 자연스럽게 배경보다 인물이 강조된 사진을 찍을 수 있다.

2 얼짱 각도 완전정복

카메라를 정면보다 45도 위에서 내려 찍으면 '얼짱 각도' 완성! 얼굴이 작고 갸름해 보일 뿐만 아니라 이목구비도 훨씬 뚜렷해 보인다. 이제 '얼큰이'로 불리는 사람들도 얼짱 각도를 통해 카메라 앞에서 당당해질 수 있다.

3 시선 처리로 자연스러운 사진 얻기

강조하고 싶은 것은 시선 처리다. 카메라 렌즈를 정면으로 바라보고 찍은 사진도 좋지만, 의도적으로 시선이 다른 쪽으로 빠져나가 있을 때 훨씬 자연스러운 사진이 된다. 렌즈를 피해서 보되, 촬영하는 사람이 시선을 조정해가면서 자연스러운 위치를 찾는 것도 좋은 방법이다.

4 레드 아이는 적신호

인물사진을 찍다 보면 부득이하게 플래시를 터뜨려야 하는 경우가 있다. 그러다 보면 공포영화 뺨치는 붉은 눈이 되기도 하는데, 이를 레드 아이 혹은 적목 현상이라고 한다. 이를 막기 위해서는 플래시 종류 중 적목 감소 모드를 선택하자. 눈동자 모양으로 된 아이콘에 맞추면 되고, 모델이나 촬영자 모두 약간 여유를 주는 것이 좋다.

5 셀프타이머는 러브타이머다

삼각대를 준비 해 셀프타이머를 활용해보자. 셀프타이머로 둘이 함께 사진을 찍는 것만큼 좋은 기회도 없다. 셔터를 누르고 난 후 카메라 앞쪽 타이머 불빛의 속도가 빨라지면 바로 찍힌다. 삼각대가 없다면 우산을 활용하자. 우산 꼭지를 돌려 뺀 후 디카에 돌려 넣으면 임시 삼각대로 최고!

6 사랑의 빛을 사수하라

한낮의 태양을 벗 삼아 촬영해보자. 이때 태양빛을 10시 혹은 2시 방향으로 잡으면 훨씬 입체 느낌이 나는 인물사진을 얻을 수 있다. 스튜디오 촬영으로 얻는 멋진 사진의 조명이 모두 10시, 2시 방향임을 기억해두자.

이국적인 제주의
촬영지 명소 BEST 5

둘만의 추억을 제주만의 이국적인 풍경 속에 고스란히 담아보는 추억의 명소 촬영. 중문에 인접한 화순해수욕장을 시작으로 천지연 폭포, 섭지코지, 산굼부리 등 제주 속 커플 촬영 명소 베스트 5를 소개한다.

1 아름다운 섬을 배경으로 찰칵찰칵, 화순해수욕장

중문관광단지에서 가까운 해수욕장. 산방산, 형제섬, 마라도의 전경까지 한꺼번에 만날 수 있어 인기가 높은 편이다. 시원하게 펼쳐지는 검은 모래사장과 푸른 바다가 산방산의 위용과 어우러져 독특한 풍취를 만들어내기 때문에 야외 촬영을 하는 예비 신혼 커플들이 많이 찾는 장소다. 특히 해수욕장 바로 옆에 보이는 산방산의 기암절벽이 이곳을 웨딩 촬영의 메카로 만들었다.
게다가 해변 한쪽에는 용천수가 풍부하게 솟아나 담수욕을 즐길 수 있고 숙박, 매점, 음식점 등 다양한 편의시설도 잘 갖춰져 있어 여름철 휴양객들이 많이 찾는다.

2 해외 리조트 부럽지 않은 중문관광단지

중문관광단지는 연인들의 데이트 코스로 사랑받는 장소다. 입구부터 폭포까지 1km 정도 되는 산책로는 양옆으로 줄지어 선 울창한 나무들이 여유로운 분위기를 연출한다. 길 끝에 서면 기암절벽에서 웅장한 소리를 내며 내리꽂히는 폭포에 넋을 빼앗길 정도. 산책로의 천지연 계곡에는 송엽란 등의 희귀식물과 동백나무, 산유자나무, 밤나무들이 어우러져 호흡을 맑게 한다. 야간에는 아름다운 조명이 자아내는 또 다른 분위기를 느낄 수 있다.

3 제주 최고의 드라마와 영화 촬영지, 섭지코지

드라마 〈올인〉의 여운이 여전히 남아 있는 곳. 드라마나 영화 촬영지로 워낙 유명한 섭지코지는 영화 〈단적비연수〉에서 여주인공이 살았던 곳은 물론 영화 〈자귀모〉에서 여주인공의 도피처로도 등장했었다. 이 밖에 드라마 〈이재수의 난〉, 〈신데렐라〉 등 각종 영화와 드라마의 촬영 장소로 쓰였다. 웨딩 촬영지로도 암암리에 유명세를 타던 곳인데 지금은 너무 유명해져 이른 아침부터 서두르지 않으면 밀려드는 인파에 촬영 엄두도 내기 힘들 정도다. 해 질 무렵 야트막한 평지 위로 빨갛게 물드는 석양이 특히 아름답다.

4 제주 서남부의 최고 전망 포인트, 산굼부리

'굼부리'란 기생화산체의 분화구를 가리키는 제주 방언. 산 위나 중턱에 둥그렇게 움푹 패인 분화구로 넓은 평지나 다름없는 밋밋한 등성이에 움푹 파인 자국이 한라산 정상의 분화구와 비슷한 모양을 하고 있다.
희귀식물 420여 종이 자연식물원을 이루는 이곳은 천연기념물 제236호로 지정·보호되고 있는데, 탁 트인 주변의 경관과 제주만의 독특하고 시원스러운 풍경이 펼쳐져 관광객들이 사랑하는 최고의 장소로 자리매김했다. 한라산 정상의 백록담을 보지 못한 관광객들에게 위안이 되어줄 만한 코스.

5 에메랄드빛 물빛이 환상적인 협재해수욕장

협재해수욕장은 제주시를 기준으로 서쪽 32km 거리에 있는 곳으로 한림공원과 인접해 있다. 제주 최고의 아름다움을 자랑하는 바다 빛깔이 유명한데 완벽한 코발트색과 백사장, 울창한 소나무 숲이 한 폭의 그림으로 그려진다. 바다 수심이 얕고 경사도 완만해서 여름철 가족 여행객들이 많이 찾으며, 주변에는 한림공원 등 볼거리도 다양하다. 앞바다에 보이는 곳이 바로 비양도다.

명장면 속의 그림 같은 여행지! 그곳이 어디지?

1 섬 자체가 무척이나 아름다워서일까

제주도를 찾은 사람들은 절대로 후회하지 않는다. 드라마 〈러빙유〉에서 주인공의 데이트 장소로 자주 나왔던 신영영화박물관에서 금호제주리조트로 이어지는 산책로는 제주도가 아니면 보기 힘들 정도로 이국적인 장소다. 영화 〈시월애〉에서 전지현이 거닐던 산호사해수욕장이 있는 우도 또한 빼놓지 말아야 할 곳.

2 드라마 〈가을동화〉의 인기는 배경의 힘이라 해도 과언이 아닐 정도

극중 주인공 은서와 준서가 도망쳐서 즐거운 한때를 보냈던 곳이 바로 대관령 삼양목장. 넓은 초지와 젖소가 어우러져 색다른 정취를 풍긴다.

3 이동통신 CF로 유명해진 보성 차밭

보성 차밭 역시 절대 후회하지 않는 여행지 중 하나. 이미 최고 인기 여행지로 자리 잡은 곳이다. 녹차밭으로 들어서기 전 분위기 좋은 삼나무밭도 데이트 명소. 영화 〈선물〉에서 이정재와 이영애가 손을 꼭 잡은 채 거닐던 그 길이다.

4 거제도 일대 역시 드라마와 CF의 단골 배경지

드라마 〈겨울연가〉의 마지막 장면으로 인기를 끈 외도는 섬 전체가 이국의 열대 식물로 가득한 파라다이스. 드라마 〈로망스〉에서 주인공이 자전거를 타고 섬 여행을 하던 곳은 동백섬으로 이름 높은 지심도다. 둘 다 배를 타고 들어가야 하는 번거로움은 있지만 절대 후회 없는 아름다운 곳들이다.

 촬영지 제대로 즐기는 노하우

1 떠나기 전에 영화, 드라마를 꼼꼼히 봐둘 것
당연한 이야기겠지만 자신이 감동받은 영화나 드라마 속 장소를 찾아갈 때 그 즐거움이 더 커지는 법이다. 대부분 매체 속 여행지는 다소 과장되게 마련이라 아무 내용도 모르고 찾으면 실망하기 십상이니 여행 전에 미리 봐두는 것을 추천한다.

2 세트는 구경만!
세트란 말 그대로 임시로 지은 건물일 뿐. 대부분의 세트가 비나 바람에 약한 것도 그 때문이다. 따라서 화려한 겉모습과는 달리 그 내부는 부실한 경우가 많으니 굳이 들여다보고 확인하지 않아도 된다.

3 촬영 중인 배우들에게 쭈뼛거리지 말 것
배우나 촬영 스태프 모두 사람이다. 선입견을 가지고 쭈뼛거리는 사람은 신경에 거슬리게 마련. 오히려 반갑게 인사를 건넨다거나 당당하게 팬임을 밝히고 사인을 부탁하는 사람들에게 호감을 느낀다고 한다.

4 사진도 영화 속 한 장면으로!
기념 사진을 촬영할 때 재치를 발휘해 영화의 한 장면을 흉내내서 찍어보면 어떨까. 한결 재미있는 추억을 만들 수 있다.

행복하고
재미있는 **가족여행 만들기!**

1 떠나기 전에 잠자리 계획을 세우자

혼자 떠나는 여행과는 달리 동행자가 있는 여행일 경우, 특히 아이와 함께 하는 여행은 잠자리부터 확보하는 것이 좋다. 특히 어딜 가든 여행객들이 북적대는 휴가철이라면 반드시 잠자리를 예약해야만 한다.

가족 여행지로 추천할 만한 곳은 '안면도'다. 안면도로 여행길을 나섰다면 꽃지해수욕장 주변의 펜션촌을 찾아보자. 휴가철에는 미리 예약을 해야 할 정도로 경쟁이 치열한 곳이지만 틈새는 반드시 있기 마련이다. 이름처럼 아기자기하고 예쁜 로즈마리펜션(041-673-3136)과 꽃지해수욕장 입구 오른편에 위치한 허브나라(041-673-3100)도 추천할 만하다.

지도를 펼쳐 놓고 마음에 드는 곳을 정한 다음 관할 시군청 문화관광과에 전화로 문의를 하면 친절하게 안내해 준다는 사실도 기억하자. 조금만 시간을 투자하면 재미와 편안함을 간직한 잠자리를 찾을 수 있다는 점을 명심하면 행복이 가득한 여행길을 만들 수 있다.

2 맛있는 여행은 만들어진다

편안한 잠자리를 확보했다면 그 다음은 여행의 묘미인 별미를 맛볼 차례. 우선, 별미를 제대로 즐기려면 몇 가지 선입견을 버려야 한다. '여행지에서 먹는 음식은 비싸다' 혹은 '맛이 비슷하다'는 식의 선입견은 과감히 버린 다음에 별미 사냥을 시작해보자.

별미를 찾는 방법에는 인터넷 맛집 사이트나 블로그 등을 검색하는 방법, 〈6시 내고향〉 같은 프로그램이나 맛집 소개 프로그램 등의 TV 방송을 시청하는 방법, 주위 사람들의 입소문과 추천 등 여러 가지가 있다. 하지만 막상 여행이 시작되면 음식점 찾아 삼만리를 헤매는 경우가 발생한다. 이에 대비해 사전에 맛집 정보가 담긴 책을 구입하거나 그 지역에서 먹고 싶은 음식을 체크하고, 이왕이면 음식점 전화번호까지 메모해서 맛집 정보를 차 안에 두자. 예약은 달리는 차 안에서도 할 수 있다는 것!

예를 들어 안면도해수욕장에서 놀다가 저녁까지 해결하고 싶다면 안면도에서 태안 쪽으로 5분 정도 핸들을 돌려 백사장해수욕장으로 가자. 눈치 빠른 사람들은 이미 알겠지만 백사장포구는 안면도와 태안을 통틀어 맛있는 집이 모여 있는 곳. 특히 오뚜기횟집(041-673-6000)의 꽃게탕과 활어회는 입소문이 자자하다. 자연산만 취급하기 때문에 음식 가격이 다소 부담스러울 수 있지만, 일단 한입 먹고 나면 이내 불만이 사라질 것이다.

3 온 가족이 함께 즐기는 테마를 찾자

온 가족이 함께 여행을 한다면 몸으로 직접 경험하며 다 같이 즐길 수 있는 테마를 찾는 게 좋다. 부모님을 위한 온천여행, 아이들을 위한 체험여행, 부부를 위한 느낌여행… 말은 복잡해 보이지만 태안의 몽산포해수욕장에 가면 이 모든 것이 한꺼번에 해결된다.

몽산포는 체험여행의 대명사로 불리는 갯벌체험을 직접 경험할 수 있는 이벤트가 풍성하다. 일단 아이들이 좋아하는 모래성을 마음대로 쌓을 수 있고, 할아버지, 엄마, 아이가 동시에 참여해 조개를 잡은 다음 불을 피워 즉석에서 조개를 구워 먹을 수도 있다.

깜깜한 저녁이 되면 랜턴을 손에 들고 갯벌을 누비는 사람을 발견하게 된다. '저 사람은 깜깜한 밤에 왜 저럴까?'라고 의구심을 품을 수 있지만 이는 소주 안주로 제격인 '골뱅이'를 줍는 장면이다. 몽산포와 청포대 일대는 모래갯벌이 고와 골뱅이들이 도처에 몸을 숨기고 있다. 랜턴을 모래사장을 향해 비추면 주먹만하게 볼록 튀어나온 '것'들을 발견할 수 있는데 이게 바로 골뱅이다. 발견했다 싶으면 냅다 모래무덤을 덮치자. 맛있는 안주가 바로 생긴다.

3~4일 동안 바닷가에서 뒹굴었다면 몸에 소금기가 배기 마련. 그렇다면 꽃지해수욕장 근처에 의치한 리솜오션캐슬(041-671-7000)을 찾자. 스파와 사우나 시설을 갖추고 있어 물놀이하면서 쌓인 피로를 풀기에 좋다. 연세가 지긋하신 부모님 입에서도 '으~ 시원하다'라는 감탄사가 절로 터질 것이다.

또한 안면도의 최대 자랑인 '안면도 자연휴양림(041-674-5019)' 소나무 숲길을 반드시 걸어보자. 안면도 자연휴양림 '숙소의집'을 이용하기란 하늘의 별따기보다 어렵다. 그렇다면 숙박은 일찍 포기하고 자연휴양림 산책로와 수목원을 감상하는 것이 현명한 방법이다.

이렇듯 온 가족이 함께 할 수 있는 테마를 찾아 즐긴다면 여행의 기쁨도 두 배로 커진다. 자, 그럼 지금부터 바캉스 준비를 시작해보자.

4 행복한 가족여행은 만들어진다

가족여행은 단순히 떠나는 것이 아니라 자연에서 가족의 행복을 찾는 여정으로 확대된다. 일상에서 벗어나 가족만이 만들 수 있는 추억과 행복을 찾아내는 일은 어렵지 않다. 바캉스를 즐기더라도 너무 욕심내지 않고 편안하게 자연과 호흡할 수 있는 여행지를 찾아 떠나면 되는 것이다.

그래서 온 가족이 떠나는 여행은 '행복'이라는 공간으로 되돌아오기 위한 추억 만들기라고 명명해도 좋을 듯 싶다. 당장 다가오는 여름부터 가족여행을 계획해보자. 가정에 화목이 샘물처럼 솟아날 것 같은 기분 좋은 예감에 미소가 절로 번질 것이다.

동해안
바캉스 노하우 10가지

매년 휴가철만 되면 동해안은 피서객으로 발 디딜 틈이 없다. 작년(2015년 기준)만 해도 피서철 주말 하루 동안 동해안 해수욕장 91곳에 약 250만 명의 바캉스 인파가 몰렸을 정도. 하지만 사람으로 넘쳐나는 여행지에서도 충분히 즐거움 가득한 추억을 만들 수 있다. 남들보다 더 실속 있고 똑똑하게 바캉스를 즐기고 싶다면 다음 열 가지 노하우를 기억하자.

1 신장개업 숙소를 노려라

바캉스에서 가장 중요한 것은 숙소. 여행지를 결정했으면 먼저 숙소부터 예약해야 한다. 수백만의 인파가 몰리는 바캉스 기간이면 괜찮은 숙소들은 이미 주말 예약이 거의 끝난 상태. 이럴 때는 올 여름 성수기를 겨냥해 새로 오픈하는 숙소들을 노려보는 것도 좋을 듯.

2 여유 있는 스케줄 잡기

일단 숙소를 잡았다면 여행 일정에 맞춰 스케줄을 짜야 한다. 가족, 연인, 친구 등 동반자에 따라 꼭 가 봐야 할 장소를 선정하는 것이 기본 노하우. 스케줄이 너무 빡빡해 '행군'하듯 여행하는 것은 피할 것. 처음엔 여유 있게 일정을 짠 다음, 현지에 가서 그곳에서 만나는 사람들에게 물어 새로운 장소를 추가하는 것이 좋다.

3 샛길까지 파악하라

승용차를 이용한다면 일요일 오후에 돌아오는 것은 가급적 피해야 한다. 일요일 밤 고속도로는 거의 주차장처럼 변하기 때문이다. 차가 막힐 때를 대비해 샛길 정보를 확실히 알고 가는 것이 좋다.

4 모기약은 필수, 해먹은 선택

먹을 것, 입을 것, 세면도구 등을 제외하고 빠뜨리지 말아야 할 것은 모기약. 특히 분위기 있는 데이트를 즐기기 위해서는 몸에 바르는 모기약이 좋다. 캠핑을 할 생각이라면 해먹을 챙겨보자. 2만원대부터 다양한 제품이 있고, 설치도 쉽다. 휴대용 아이스박스도 바닷가에선 아주 유용하게 쓰인다.

5 관광 정보 꼼꼼 체크

바캉스는 '아는 만큼 즐겁다'. 지방자치단체들이 개설한 관광 관련 사이트만 뒤져도 충분한 정보를 얻을 수 있다. 또한 해당 지자체 사이트에 신청하면 각종 관광 관련 책자와 지도 등을 무료로 받아볼 수도 있다.

6 진짜 '피서'는 계곡에서

동해안에는 수십 개의 해수욕장이 있지만, 바캉스 시즌에는 거의 모든 곳이 인산인해를 이룬다고 보면 된다. 사람들 틈에 끼어 바닷물에 몸을 한 번 담갔다면, 진짜 피서는 가까운 산이나 계곡에서 즐기는 것이 좋다. 물론 그곳에도 사람들이 많지만, 시원한 산 바람과 상쾌한 숲의 공기가 마음에 여유를 가져다줄 것이다.

7 '자연산 회' 찾지 마라

동해안을 여행하는 동안 한 번쯤 먹게 되는 회. 하지만 자칫 잘못하면 바가지만 쓸 수 있으니 주의해야 한다. 해수욕장 주변에 몰려 있는 횟집보다는 항구 쪽에 있는 시장에서 좋은 회를 싸게 먹을 수 있다.
또한 굳이 자연산 회를 고집할 필요도 없다. 아무리 바닷가 근처라 하더라도 거의 대부분 양식이기 때문에 저렴한 가격에 물 좋은 회를 먹는 것이 오히려 더 좋다.

8 바가지 요금 피하기

바캉스 시즌어는 거의 모든 업소들이 어느 정도 인상된 가격을 받는다. 대신 이 가격대를 정확히 알고 가면 터무니없는 바가지를 피할 수 있다. 숙소의 경우는 평소보다 2만원 정도 가격이 올라간다. '해수욕장 자릿세'는 대부분 1만원으로 통일돼 있다. 기타 필요한 용품들은 편의점을 이용하거나 미리 준비해 가는 것이 좋다.

9 저녁 해변의 색다른 즐거움

시끌벅적한 분위기에서 사람 구경하는 것을 좋아한다면 밤바다로 나가보자. 단, 작은 해수욕장은 저녁에 출입을 통제하는 곳이 있기 때문에 밤바다를 즐기기엔 큰 해수욕장이 좋다. 불꽃놀이에, 흥겨운 술판에, '헌팅'을 위해 어슬렁거리는 사람들까지…. 밤의 해수욕장에는 낮과는 전혀 다른 새로운 세계가 펼쳐진다.

10 자동차, 5분 체크하면 휴가가 즐겁다

'설마' 하고 떠났다가 크게 낭패를 보거나 생명을 앗아갈 수도 있는 자동차. 휴가길에는 고속 주행, 장거리 주행, 국도, 비포장 도로 등 예기치 못한 돌발 상황이 발생할 수 있다. 특히 폭우 등으로 인해 전기계통에 큰 고장이 발생하는 경우가 많다. 그러니 그동안 운전하면서 미비했던 사항을 체크해 확실히 고치고 떠나는 것이 좋다.

천국보다 멋진
럭셔리여행

초판 1쇄 | 2015년 6월 9일

글과 사진 | 유철상

발행인 겸 편집인 | 유철상
책임편집 | 황유라
디자인 | 임지연
교정 · 교열 | 황유라
마케팅 | 조종삼, 남유니, 임지연

펴낸 곳 | 상상출판
주소 | 서울시 동대문구 정릉천동로 58, 103동 206호(용두동, 롯데캐슬 피렌체)
구입 · 내용 문의 | **전화** 02-963-9891, 070-8886-9892 **팩스** 02-963-9892
이메일 cs@esangsang.co.kr
등록 | 2009년 9월 22일(제305-2010-02호)
찍은 곳 | 다라니

※ 가격은 뒤표지에 있습니다.

ISBN 979-11-86517-11-6(13980)

© 2015 유철상

※ 이 책은 상상출판이 저작권자와 계약에 따라 발행한 것이므로
   본사의 서면 허락 없이는 어떠한 형태나 수단으로도 이용하지 못합니다.
※ 잘못된 책은 구입하신 곳에서 바꿔 드립니다.

www.esangsang.co.kr